创新型人才培养"十三五"规划教材

电路与电子技术实验教程
（第 2 版）

吴晓新　堵　俊　主　编
王亚芳　林　纯　陈　娟　副主编

电子工业出版社

Publishing House of Electronics Industry

北京·BEIJING

内 容 简 介

本书是根据社会发展及教学改革的新形势，基于培养适应社会需求的高素质应用型人才的目的，依托高等工科院校本科电类专业相关课程（电路、模拟电子技术、数字电子技术）的基本实验要求而编写的实验类课程教材。本书共有四篇：第一篇为电路实验；第二篇为模拟电子技术实验；第三篇为数字电子技术实验；第四篇为 EDA 技术应用。

本书可作为电气、自动化、电子信息、通信及计算机等专业相关课程的实验课程教材或教学参考书，也可作为非电类相关课程的实验课程教材或教学参考书。

未经许可，不得以任何方式复制或抄袭本书之部分或全部内容。

版权所有，侵权必究。

图书在版编目（CIP）数据

电路与电子技术实验教程/吴晓新，堵俊主编．—2 版．—北京：电子工业出版社，2016.9
创新型人才培养"十三五"规划教材
ISBN 978－7－121－29711－3

Ⅰ．①电…　Ⅱ．①吴…　②堵…　Ⅲ．① 电路－实验－高等学校－教材　② 电子技术－实验－高等学校－教材
Ⅳ．①TM13－33　②TN－33

中国版本图书馆 CIP 数据核字（2016）第 196488 号

策划编辑：张　楠
责任编辑：底　波
印　　刷：三河市华成印务有限公司
装　　订：三河市华成印务有限公司
出版发行：电子工业出版社
　　　　　北京市海淀区万寿路 173 信箱　邮编　100036
开　　本：787×1092　1/16　印张：16.25　字数：416 千字
版　　次：2009 年 7 月第 1 版
　　　　　2016 年 9 月第 2 版
印　　次：2019 年 7 月第 5 次印刷
定　　价：39.80 元

凡所购买电子工业出版社的图书，如有缺损问题，请向购买书店调换。若书店售缺，请与本社发行部联系，联系及邮购电话：(010) 88254888，88258888。

质量投诉请发邮件至 zlts@phei.com.cn，盗版侵权举报请发邮件至 dbqq@phei.com.cn。

本书咨询联系方式：(010) 88254579。

前　言

实验教学是培养学生分析和解决实际问题能力的有效途径。实验教学的改革是当前高等学校教学改革的一项重要任务，对培养学生理论联系实际的能力具有重要的作用。电路、模拟电子技术和数字电子技术是电类专业的必修专业基础课，其特点为应用性广、实践性强。而实验教学作为其重要的组成部分，在培养学生的学习能力、实践能力和创新能力方面具有不可替代的作用。

本书以培养适应社会需求的高素质应用型人才为目的，结合各高校实验教学的实际要求，力求做到验证性实验和设计性实验相结合；硬件实验和计算机仿真实验相结合；基础性实验和提高性实验相结合。实现了由验证性实验为主到工程训练为主的转变。适应面广，且针对性强，便于教师和学生阅读和因材施教。

本书由电路实验、模拟电子技术实验、数字电子技术实验和 EDA 技术应用 4 个部分组成。根据电路、模拟电子技术和数字电子技术课程的特点，实验内容既与理论教学内容有机地衔接，又体现理论教学上未充分反映出来的但实际工程中需要解决的问题。实验原理阐述上力求深入浅出，对于设计性实验均有设计举例、思考题和多个实验任务以供学生参考和选用。

本书由南通大学吴晓新、堵俊主编，王亚芳、林纯、陈娟副主编。

由于编者水平有限，书中难免有错误和欠妥之处，恳请读者提出宝贵意见。

编　者

目　录

第一篇　电路实验

第二篇　模拟电子技术实验

第三篇　数字电子技术实验

第四篇　EDA 技术应用

第一篇　电路实验

实验一　电路元件伏安特性的分析测试

一、实验目的

（1）了解线性电阻元件和几种非线性二端元件的伏安特性。

（2）学习元件伏安特性的测试方法。

（3）掌握电工电子实验台的使用方法。

二、实验原理

1. 元件的伏安特性曲线

一个二端元件的特性，用元件两端的电压 u 和通过元件的电流 i 之间的关系 $f(u, i)=0$ 表示。这种关系通常称为元件的伏安特性。

线性电阻元件的图形符号如图 1-1-1（a）所示，其伏安特性符合欧姆定律，它在 u-i 平面上是一条通过原点的直线，如图 1-1-1（b）所示。该特性各点的斜率（是常数）与元件电压、电流的大小和方向无关，所以，线性电阻元件是双向性的元件。

非线性二端元件的伏安特性，不服从欧姆定律，在 u-i 平面上是一条曲线；非线性二端元件可按其伏安特性的特征来分类。

如果元件两端的电压 u 可以表示为电流 i 的单值函数，即 $u=f(i)$，那么，这类二端元件就称为电流控制型二端元件。充气二极管就具有这样的伏安特性，如图 1-1-2 所示。

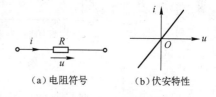

（a）电阻符号　　（b）伏安特性

图 1-1-1　线性电阻

如果流过元件的电流 i 可表示为电压 u 的单值函数，即 $i=f(u)$，那么，这类二端元件就称为电压控制型二端元件。隧道二极管就具有这样的伏安特性，如图 1-1-3 所示。

还有一类非线性二端元件，它既是电流控制型，又是电压控制型，如晶体二极管、钨丝灯泡等就属于这一类。它们的伏安特性如图 1-1-4 所示。

2. 伏安特性的测试方法

（1）电源的选择

图 1-1-5 是一个电压控制型二端元件的伏安特性曲线。在测试这种类型的伏安特性时，必须选择一个输出电压可调的稳压源作为其激励信号。如果采用可调的电流源，那么在电流增加

的过程中，由于电压从 u_B 到 u_D 发生突跳，因此只能测得 O-A-B 和 D-E 两段曲线；同样，在电流减小的过程中，由于电压从 u_C 到 u_A 发生突跳，也只能测得 E-D-C 和 A-O 两段曲线。所以，采用可调电流源，无论怎样测量都不能得到一完整的电压控制型二端元件的伏安特性。

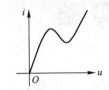

图 1-1-2　充气二极管的伏安特性

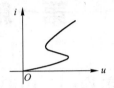

图 1-1-3　隧道二极管的伏安特性

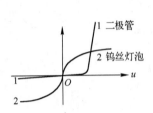

图 1-1-4　二极管和钨丝灯泡的伏安特性

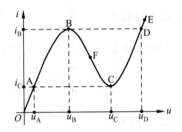

图 1-1-5　电压控制型二端元件的伏安特性

（2）表前法和表后法

鉴于表计内阻的影响，在测试二端元件的伏安特性时，还应注意电压表和电流表的合理接法。如图 1-1-6 所示电路是测量电阻 R_x 伏安特性的两种表计接法。

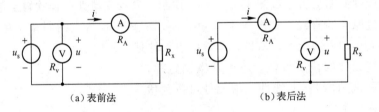

（a）表前法　　　　　　　　　　（b）表后法

图 1-1-6　伏安特性的测量方法

对于图 1-1-6（a）所示电路，根据电路基本定律得 $R_x = \dfrac{u}{i} - R_A = R'_x - R_A$。其中，$u$、$i$ 分别为电压表和电流表的读数，R_A 为电流表内阻，R'_x 为电阻多次测量的平均值或为实验曲线上的某点电阻值，R_x 为电阻的真值。由上式可以得到表前法的方法误差为 $\gamma_A = \dfrac{R'_x - R_x}{R_x} = \dfrac{R_A}{R_x}$（取百分比），在要求不高的情况下，$R_x$ 可用数字万用表测得或直接取它的标称值。仅当 $R_x \gg R_A$ 时，误差 γ_A 才足够小，因此，表前法适合测量较大电阻的伏安特性。

同理，对于如图 1-1-6（b）所示的电路可得表后法的方法误差为 $\gamma_v = \dfrac{R'_x - R_x}{R_x} = -\dfrac{1}{1 + R_v/R_x}$（取百分比）。其中，$R_v$ 为电压表内阻，它可由电压表表头灵敏度（V/Ω）和量程（V）相乘得到，即 $R_v =$ 表头灵敏度 × 量程。同样，仅当 $R_x \ll R_v$ 时，误差 γ_v 才足够小。

所以，表后法适合测量较小电阻的伏安特性。

三、实验内容

1. 测试线性电阻的伏安特性

测试电路如图 1-1-7 所示，按图接线并测试表 1-1-1 中数据。

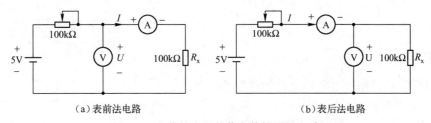

（a）表前法电路　　　　　　　　　　　（b）表后法电路

图 1-1-7　线性电阻的伏安特性测量电路

表 1-1-1　线性电阻伏安特性

类别	$I/\mu A$	-40	-35	-30	0	+30	+35	+40
表前法	U/V							
表后法	U/V							

2. 测试非线性元件"二极管"的伏安特性

测试电路如图 1-1-8 所示，按图接线并测试表 1-1-2 中的数据。

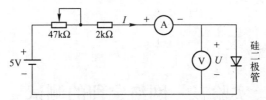

图 1-1-8　非线性元件"二极管"的伏安特性测量电路

表 1-1-2　二极管伏安特性

I/mA	0	0.20	0.40	0.60	0.80	1.0	1.5	2.0
U/V	0							

3. 测试非线性电阻（钨丝小灯泡）的伏安特性

测试电路如图 1-1-9 所示，按图接线并测试表 1-1-3 中的数据。

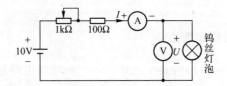

图 1-1-9　非线性电阻的伏安特性测量电路

表 1-1-3　钨丝小灯泡的伏安特性

I/mA	0	10	15	18	20	25	30	40	50	60
U/V	0									

四、预习要求

（1）复习万用表的工作原理和使用方法。
（2）根据实验电路图以及电工电子实验台的元件分布，画出实验电路接线图。

五、报告要求

（1）根据实验数据画出各种元件的伏安特性曲线。
（2）回答思考题（2）。

六、思考题

（1）欧姆表在测量之前为什么要先调零？
（2）用欧姆表判定二极管极性时，回路电流是从表计的哪一端流出？为什么不用 R×1 挡或 R×10kΩ 挡？
（3）为了提高测量精度，应如何选择表计量程？
（4）若有直流电流表量程为 1mA，内阻为 50Ω；直流电压表量程为 20V，内阻为 100kΩ。欲测量 1 只阻值约为 20kΩ 电阻的大小，应采用表前法还是表后法？为什么？

七、仪器与器材

（1）电工电子实验台　　　　1 台。
（2）万用表（500-2 型）　　1 只。

实验二　网络定理的测试

一、实验目的

（1）验证基尔霍夫定律和特勒根定理之一，加深对电路基本定律适用范围的认识。
（2）验证叠加定理，加深对线性电路叠加性和比例性的认识。
（3）验证戴维宁定理，掌握线性网络等效电路参数的实验测定方法。
（4）加深对电路参考方向的理解。

二、实验原理

1. 基尔霍夫定律和特勒根定理之一

基尔霍夫定律是电路普遍适用的基本定律。不论是线性电路还是非线性电路，不论是时变电路还是非时变电路，在任一瞬间，任一节点的各支路电流必须满足 $\sum\limits_{k=1}^{m} i_k = 0$ 这一约束关系；同时，任一回路中的各个元件电压和电源电压一定满足 $\sum\limits_{k=1}^{m} u_k = 0$ 这一约束关系，前者即基尔霍夫电流定律，后者即基尔霍夫电压定律。而特勒根定理之一是在基尔霍夫两个定律的基础上引用了网络的拓扑性质推导而来的，其公式为 $\sum\limits_{k=1}^{b} u_k i_k = 0$（$b$ 个支路）。其中，当支路电压 u_k 与支路电流 i_k 的参考方向取向一致时，其支路电压和电流的乘积项 $u_k i_k$ 取正号；反之，取负号。这个定理表明，任何一个网络其全部支路所吸收和发出的功率之和恒等于零。以上 3 个定律和定理分别基于电流连续性原理、电位的单值性和能量守恒。

2. 叠加定理

叠加定理是指在线性电路中，任何一个元件的电压或电流都可以看成是每个独立源分别单独作用在该元件上的电压和电流的代数之和。由此还可以推理，仅当一个独立源增加或减小 k 倍时，由它作用在各元件上的电压或电流也增加或减小 k 倍。这个特性就称为线性电路的比例性。而线性电路是能够同时满足叠加性和比例性的。

3. 戴维宁定理

戴维宁定理是指任何一个线性含源一端网络，对外电路来说，总可以用一个恒压源与电阻串联的支路来等效代替。此恒压源的电压等于该一端口网络的开路电压，而电阻等于该一端口的输入电阻或等效电阻。

下面是等效电路参数的实验测定方法。

（1）恒压源电压 U_{oc} 的测定

移去一端网络端口处的负载，测量开路电压，即得。

（2）等效电阻 R_o 的测定（两种方法）

方法一：在器件允许的条件下测出端口处的短路电流 I_{sc}，利用公式 $R_o = \dfrac{U_{oc}}{I_{sc}}$ 计算 R_o。

方法二：测量输出端口处的负载电压 U_L，利用公式 $R_o = \left(\dfrac{U_{oc}}{U_L} - 1\right) R_L$ 计算 R_o，其中 R_L 为端口处负载。

4. 参考方向

无论是应用网络定理分析电路还是进行实验测量，都要先假定电压和电流的参考方向，只有这样才能确定电压和电流是正值还是负值。

如图 1-2-1 所示为某网络中的一条支路 AB，如何测量该支路的电压 U 呢？首先假定一个电压降的方向，设 U 的压降方向从 A 到 B，这就是电压 U 的参考方向。将电压表的正极和负极分别与 A 端和 B 端相连，若电压表指针顺时针偏转，则读数取正，说明参考方向与真实方向是一致的；反之，电压表指针逆时针偏转，电压表读数为负，说明参考方向与真实方向相反。显然，测量该支路电流时，与测量电压时的情况相同。应当注意的是，当需要用实验来验证

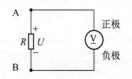

图 1-2-1　电压极性的判别

电路分析结果时，各电量的参考方向在实验与分析时应一致，不得变动。

三、实验内容

1. 验证基尔霍夫定律

按图 1-2-2 所示电路接线，在电源 E_1、E_2 都供电时用万用表测量各电阻两端电压和各支路电流，并将测得的数据计入表 1-2-1 中。

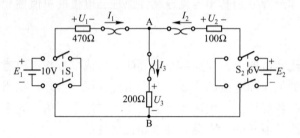

图 1-2-2　实验电路

表 1-2-1　基尔霍夫定律的验证

U_1/V	U_2/V	U_3/V	I_1/mA	I_2/mA	I_3/mA

2. 验证线性电路的叠加性和比例性

（1）仍用图 1-2-2 所示电路，按表 1-2-2 要求的内容测试数据。

表 1-2-2　叠加性的验证

状　态	测　量　电　量					
	U_1/V	U_2/V	U_3/V	I_1/mA	I_2/mA	I_3/mA
E_1、E_2 同时作用						
E_1 单独作用						
E_2 单独作用						
叠加结果						

（2）改接图 1-2-2 所示电路，使 $E_2=0$V，E_1 分别为 10V 和 5V 时，测试表 1-2-3 中的数据。

表 1-2-3　比例性的验证

状　态	测　量　电　量					
	U_1/V	U_2/V	U_3/V	I_1/mA	I_2/mA	I_3/mA
$E_1=10$V						
$E_1=5$V						
比较结果						

3. 验证戴维宁定理

（1）测试如图 1-2-2 所示的 A、B 两点处端口网络的等效电路参数 U_{oc} 和 R_o，其中 200Ω 电阻是端口网络的负载（注意：测定 U_{oc} 时，电源 E_1、E_2 同时供电，测定 R_o 时，可选用原理中的方法二）。

（2）由直流稳压源提供 U_{oc} 值，由电阻箱提供 R_o 值并与负载电阻 200Ω 串联构成一个等效电路。用万用表测量负载电阻 200Ω 两端的电压及其流过的电流，并与表 1-2-2 中相关的数据进行比较验证戴维宁定理。

四、注意事项

注意测量值的取值符号即参考方向问题；注意仪表量程的选择。

五、预习要求

（1）用基尔霍夫定律计算出表 1-2-2 中的数据。

（2）用戴维宁定理求出图 1-2-2 所示的 A、B 两端网络的等效电路参数 U_{oc} 和 R_o。

（3）根据实验电路图 1-2-2 以及电工电子实验台的元件分布画出实验电路接线图。

六、报告要求

（1）完成预习要求（1）、（2）、（3）。

（2）由实验数据验证各网络定理。

七、思考题

（1）在验证 KVL 的过程中，每条支路的电压测量都可能产生误差 ΔX_m，在通过加减运算后，可能产生总的最大误差为各项 ΔX_m 之和。请以此来判别实验结果的误差是否合理（实验中仪表精准度为 0.5 级，电压表量程 20V）。

（2）电位参考点不同，各点电位是否相同？任意两点的电压是否相同？为什么？

（3）在叠加定理中，不作用的电压源和电流源该如何处理？为什么？

（4）如网络中孕有受控源，戴维宁定理和诺顿定理是否成立？若网络中含有非线性元件呢？

八、仪器与器材

（1）电工电子实验台　　　1台。

（2）万用表（500-2 型）　　1只。

实验三　受控源的研究

一、实验目的

（1）通过测试受控源的控制特性和负载特性，加深对受控源特性的认识。

（2）通过实验初步掌握含有受控源线性网络的分析方法。

（3）掌握直流稳压源、直流稳流源的正、负电源供电方式。

二、实验原理

电源可分为独立电源（如干电池、发电机等）与非独立电源（或称受控源）两种。独立电源的电动势或电激流是某一固定数值或某一时间函数，不随电路其余部分的状态而改变，而且理想独立电压源的电压不随其输出电流而改变，理想独立电流源的输出电流与其端电压无关，独立电源作为电路的输入，它代表了外界对电路的作用。受控源与独立电源不同，受控电源的电动势或电激流则随网络中另一支路的电流或电压而变化，它表示了电子器件中所发生的物理现象的一种模型。受控源又与无源元件不同，无源元件的电压和它自身的电流有一定的函数关系，而受控源的电压或电流则与另一支路（或元件）的电流或电压有某种函数关系，当受控源的电压（或电流）与控制元件的电压（或电流）成正比变化时，该受控源是线性的。理想受控源的控制支路中只有一个独立变量（电压或电流），另一个独立变量等于零，即从入口看，理想受控源或是短路，即输入电阻 $R_1 = 0$，因而 $V_1 = 0$；或是开路，即输入电导 $G_1 = 0$，因而输入电流 $I_1 = 0$。从出口看，理想受控源或是一个理想电流源或是一个理想电压源。受控源有两对端钮，一对输出端钮，一对输入端钮，输入端用来控制输出端电压或电流的大小，施加于输入端的控制量可以是电压或是电流。因此，有两种受控电压源，即电压控制电压源 VCVS 及电流控制电压源 CCVS。同样，受控电流源也有两种，即电压控制电流源 VCCS 及电流控制电流源 CCCS，如图 1-3-1 所示。受控源在网络分析中已经成为一个与电阻、电感以及电容等无源元件同样经常遇到的电路元件。

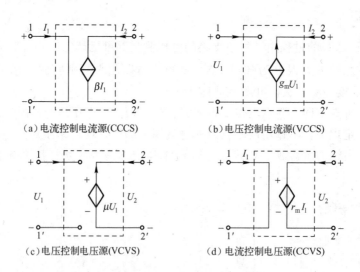

图 1-3-1　受控源的类型

受控源的控制端与受控端的关系式称转移函数，四种受控源的转移函数参量分别用 β，g_m，μ，r_m 表示，它们的定义如下：

(1) CCCS：$\beta = i_2 / i_1$　　　转移电流比（或电流增益）；

(2) VCCS：$g_m = i_2 / u_1$　　　转移电导；

(3) VCVS：$\mu = u_2 / u_1$　　　转移电压比（或电压增益）；

(4) CCVS：$r_m = u_2 / i_1$　　　转移电阻。

三、实验内容

1. CCVS 的伏安特性及转移电阻 r_m 的测试

（1）实验线路如图 1-3-2 所示。

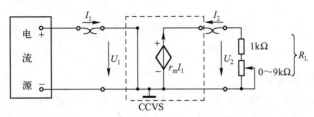

图 1-3-2　CCVS 伏安特性及转移电阻 r_m 测试实验线路图

（2）实验方法。

① 按图接线，接通电源。

② 调节稳流电源的输出电流，使 $I_1 = +5\text{mA}$ 并测出 U_1 值，然后改变 R_L 为不同值时测出 U_2，I_2 值，所测数据列于表 1-3-1 中，并绘制 CCVS 的外部特性曲线 $U_2 = f(I_2)$。

表 1-3-1　$U_1 =$ 　V　　$I_1 = 5\text{mA}$

R_L/Ω	1k	2k	3k	4k	5k	6k	7k	8k	9k	10k	∞
U_2/V											
I_2/mA											

③ 固定 $R_L = 1\text{k}\Omega$，改变稳流电源输出电流 I_1 为正负不同数值时分别测量 U_1、U_2、I_2，所测数据列于表 1-3-2 中，并计算转移电阻 r_m，并绘制输入伏安特性 $U_1 = f(I_1)$ 与转移特性 $U_2 = f(I_1)$。$\bar{r}_m = \sum_{n=1}^{n} r_{mn}/n$。

表 1-3-2　测试数据

I_1/mA	U_1/V	U_2/V	I_2/mA	$r_m = U_2/I_1/\Omega$
5				
2				
-2				
-5				

2. VCCS 的伏安特性及转移电导 g_m 的测试

（1）实验线路如图 1-3-3 所示。

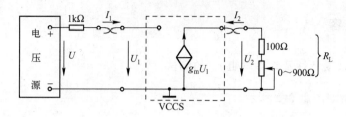

图 1-3-3　VCCS 伏安特性及转移电导 g_m 测试实验线路图

（2）实验方法。

① 按图接线，接通电源。

② 调节稳压电源的输出电压，使 $U_1 = 5\text{V}$ 并测出 U 值，然后改变 R_L，R_L 为不同值时测量出 U_2，I_2 值，所测数据列于表 1-3-3 中，并绘制 VCCS 的外部特性曲线 $I_2 = f(U_2)$。

表 1-3-3　$U = $ 　　V　　　$U_1 = 5\text{V}$　　　$I_1 = 0\text{mA}$

R_L/Ω	1k	900	800	700	600	500	400	300	200	100
U_2/V										
I_2/mA										

③ 固定 $R_\text{L} = 1\text{k}\Omega$，改变稳压电源输出电压，$U$ 为正负不同数值时分别测量 U_1，U_2，I_2，测试数据列于表 1-3-4 中，计算转移电导 g_m，并绘制 VCCS 的输入伏安特性曲线 $U_1 = f(I_1)$ 与转移特性曲线 $I_2 = f(U_1)$。$\overline{g_\text{m}} = \sum\limits_{n=1}^{n} g_{\text{mn}}/n$ 。

表 1-3-4　分别测 U_1，U_2，I_2

U/V	U_1/V	U_2/V	I_2/mA	$g_\text{m} = I_2/U_1 / (1/\Omega)$
5				
2				
-2				
-5				

3. CCCS 的伏安特性及电流增益系数 β 的测试

（1）实验线路如图 1-3-4 所示。

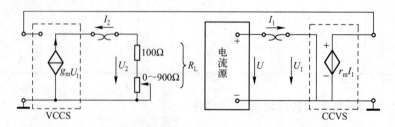

图 1-3-4　CCCS 伏安特性及电流增益系数 β 测试实验线路图

CCCS 的传输矩阵为（理想受控源）：

$$A=\begin{bmatrix} 0 & 0 \\ 0 & -1/\alpha \end{bmatrix}$$

CCVS 与 VCCS 级联合成传输矩阵成为：

$$A=\begin{bmatrix} 0 & 0 \\ 1/r_m & 0 \end{bmatrix}\begin{bmatrix} 0 & -1/g_m \\ 0 & 0 \end{bmatrix}=\begin{bmatrix} 0 & 0 \\ 0 & -1/r_m g_m \end{bmatrix}$$

比较上面两式可得：$\beta=r_m g_m$。

（2）实验方法。

① 将实验台面板上 CCVS 的输出端与 VCCS 的输入端连接起来，并接好电源和负载电阻，然后接通电源开关。公共端地线已在内部接通。

② 调节稳流电源的输出电流使 $I_1=+5\mathrm{mA}$ 并测量 U_1 值，在 $0\sim1\mathrm{k\Omega}$ 范围内改变 R_L 为不同值时，测量 U_2、I_2 值。测试数据列于表 1-3-5 中，并绘制 CCCS 的外部特性曲线 $U_2=f(I_2)$。

表 1-3-5 　 $U_1=$ 　 V 　 $I_1=5\mathrm{mA}$

R_L/Ω	1k	900	800	700	600	500	400	300	200	100
U_2/V										
I_2/mA										

③ 固定 $R_L=1\mathrm{k\Omega}$，改变稳流电源输出电流 I，为正负不同数值时分别测量 U_1，U_2，I_2，所测数据列于表 1-3-6 中，并计算电流增益系数 β，并绘制 CCCS 输入伏安特性曲线 $U_1=f(I_1)$ 与转移特性曲线 $I_2=f(I_1)$，$\bar{\beta}=\sum_{n=1}^{n}\beta_n/n$。

表 1-3-6　测量 U_1，U_2，I_2

I_1/mA	U_1/V	U_2/V	I_2/mA	$\beta=I_2/I_1$	$\beta'=g_m y_m$
5					
2					
-2					
-5					

4. VCVS 的伏安特性及电压增益系数 μ 的测试

（1）实验线路如图 1-3-5 所示。

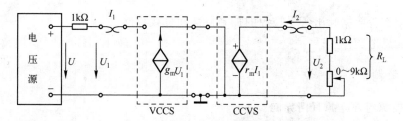

图 1-3-5　VCVS 伏安特性及电压增益系数 μ 测试实验线路图

VCVS 的传输矩阵为：（理想受控源）$\boldsymbol{A}=\begin{bmatrix} 1/\mu & 0 \\ 0 & 0 \end{bmatrix}$

VCCS 与 CCVS 级联合后合成传输矩阵为：

$$\boldsymbol{A}=\begin{bmatrix} 0 & -1/g_{\mathrm{m}} \\ 0 & 0 \end{bmatrix}\begin{bmatrix} 0 & 0 \\ 1/r_{\mathrm{m}} & 0 \end{bmatrix}=\begin{bmatrix} -1/g_{\mathrm{m}}r_{\mathrm{m}} & 0 \\ 0 & 0 \end{bmatrix}$$

比较两式可得：$\mu=-g_{\mathrm{m}}r_{\mathrm{m}}$。

（2）实验方法。

① 将实验台面板上 VCCS 的输出端与 CCVS 的输入端连接，并接好电源和负载电阻，然后接通电源开关。公共端地线已在内部接通。

② 调节稳压电源输出电压，使 $U_1=5\mathrm{V}$ 并测量 U 的值，在 1k～∞ 范围内改变 R_L 的数值，测量出 U_2、I_2 值。所测数据列于表 1-3-7 中，并绘制 VCVS 的外部特性曲线 $U_2=f(I_2)$。

表 1-3-7　$U=$　　　V　　　$U_1=5\mathrm{V}$　　　$I_1=0\mathrm{mA}$

R_L/Ω	1k	2k	3k	4k	5k	6k	7k	8k	9k	10k	∞
U_2/V											
I_2/mA											

③ 固定 $R_\mathrm{L}=1\mathrm{k}\Omega$，改变稳压电源输出电压，$U$ 为正负不同数值时分别测量 U_1，U_2，I_2，测试数据列表 1-3-8，并计算电压增益系数 μ 以及绘制 VCVS 的输入伏安特性曲线 $U_1=f(I_1)$ 与转移特性曲线 $I_2=f(U_1)$。

表 1-3-8　测量 U_1，U_2，I_2

U/V	U_1/V	U_2/V	I_2/mA	$\mu=U_2/U_1$
5				
2				
-2				
-5				

四、预习要求

（1）复习受控源原理。

（2）预习电工电子实验台使用说明中有关直流稳压（流）电源的使用方法及注意事项。

五、报告要求

（1）根据实验数据画出各受控源的控制特性和负载特性。

（2）完成思考题。

六、思考题

（1）受控源与独立源有何异同？

（2）受控源的控制特性是否适合于交流信号？

（3）写出测量 CCCS 转移特性的实验步骤。

七、仪器与器材

电工电子实验台　　　　1台。

实验四　电源等效变换及最大功率传输条件的研究

一、实验目的

(1) 了解理想电流源与理想电压源的外特性。
(2) 验证电压源与电流源互相进行等效转换的条件。
(3) 了解电源与负载间功率传输的关系。
(4) 熟悉负载获得最大功率传输的条件与应用。
(5) 实验证明最大功率传输时电源内阻与负载电阻数值的关系。

二、实验原理

1. 电源等效转换

理想电源除理想电压源之外，还有另一种电源，即理想电流源。理想电流源在接上负载后，当负载电阻变化时，该电源供出的电流能维持不变；理想电压源接上负载后，当负载变化时，其输出电压保持不变。它们的电路图符号及其特性如图 1-4-1 所示。

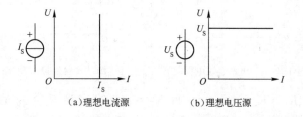

(a)理想电流源　　　　(b)理想电压源

图 1-4-1　理想电流源、理想电压源符号及特性

在工程应用中，绝对的理想电源是不存在的，但有一些电源其外特性与理想电源极为接近，因此，可以近似地将其视为理想电源。理想电压源与理想电流源是不能互相转换的。

而一个实际电源，就其外部特性而言，既可以看成是电压源，又可以看成是电流源。如图 1-4-2 所示，电压源用一个理想电压源 E_S 与一电阻 r_0 串联组合来表示，电流源用一个理想电流源 I_S 与一电导 g_0 并联组合来表示，它们向同样大小的负载供出同样大小的电流，而电源的端电压也相等，即电压源与其等效电流源有相同的外特性。

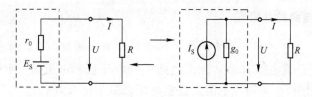

图 1-4-2　电压源与电流源的等效转换

一个电压源与一个电流源相互进行等效转换的条件为：$I_S = E_S/r_0$、$g_0 = 1/r_0$ 或 $E_S = I_S/g_0$、$r_0 = 1/g_0$。

2. 最大功率传输条件

一个实际的电源，它产生的总功率通常由两部分组成，即电源内阻所消耗的功率和输出到负载上的功率。在电子技术与仪器仪表领域中，通常由于信号电源的功率较小，所以总是希望在负载上能获得的功率越大越好，这样可以最有效地利用能量。但由于电源总是存在内电阻，其等效电路为一个无内阻的电动势与一个电阻串联构成的二端有源网络。如图 1-4-3 所示左边框内为电源等效电路，右边框内为负载电阻。

在 R_L 上得到的功率为

$$P_L = I^2 R_L = (E_0 / (r_0 + R_L))^2 R_L$$

当 $R_L = 0$ 及 $R_L = \infty$ 时，电源传输给负载的功率均为零，因此必有某一 R_L 值使 $P = P_M$ 为最大值。可以证明只有当 $R_L = r_0$ 时负载上才能得到最大的功率如图 1-4-4 所示。

将负载功率表达式以 R_L 为自变量，功率 P 为应变量并使 $dP/dR_L = 0$，即可求出最大功率的条件：

$$dP/dR_L = 0，即 \frac{dP}{dR_L} = \frac{(r_0 + R_L)^2 - 2R_L(R_L + r_0)}{(r_0 + R_L)^4} = 0$$

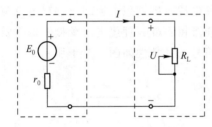
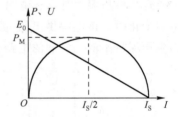

　　　　图 1-4-3　电源等效电路　　　　　　图 1-4-4　最大功率匹配图

使 $(r_0 + R_L)^2 - 2R_L(R_L + r_0) = 0$ 得 $R_L = r_0$。当满足 $R_L = r_0$ 时，电路称为最大功率"匹配"，此时负载上最大功率为：$P = P_M = E_0^2 R_L/4R_L r_0 = E_0^2/4r_0 = 4E_0^2/4R_L$。当然，在"匹配"条件下，电源内阻上也消耗与负载电阻上相等的功率，因此，这时电源效率仅为 50%。在电力工程中因为发电机内阻很低，运用到"匹配"条件时，功率大大超过允许值会损坏发电机，所以负载电阻应远大于电源内阻，这样也可保持较高效率。但在电子技术领域中，因为一般信号源内阻都较大，功率也小，所以效率是次要的，主要的是获得最大输出功率。

三、实验内容

1. 测量理想电流源的外特性

实验电路如图 1-4-5 所示，选电阻箱上的电阻作为负载 R，实验时首先置 $R = 0$，调节 I 至 20mA，然后改变负载电阻 R 值，测出电路中的电压值和电流值，数据记入表 1-4-1 中，画出外特性曲线（图中 R_s 为限流电阻，注意电压表量程选大点）。

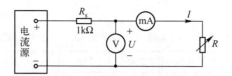

图 1-4-5 理想电流源的外特性实验电路图

表 1-4-1 理想电流源的外特性

电阻 R/Ω	0	100	200	300	400	500	600	700	800
电流 I/mA									
电压 U/V									

2. 测量理想电压源的外特性

电路如图 1-4-6 所示，电源输出电压 10V，改变负载电阻 R 值，测出电路中的电压和电流值，测得数据记入表 1-4-2 中，画出外特性曲线。注意实验时不能使 $R=0$（短路），否则电流会过大。

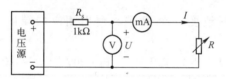

图 1-4-6 理想电压源的外特性

表 1-4-2 理想电压源的外特性

电阻 R/Ω	1k	2k	3k	4k	5k	6k	7k	8k	9k
电压 U/V									
电流 I/mA									

3. 验证实际电压源与电流源等效转换的条件

（1）在实验内容 1 中，已测得理想电流源的电流为 $I_s=20$mA，此时，若在其输出端并联一电阻 $r_0=1$kΩ（即 $g_0=1/r_0$），从而构成一个实际电流源，将该电流源接至负载电阻 R，改变 R 值，即可测出该电流源的外特性，实验线路如图 1-4-7 所示。

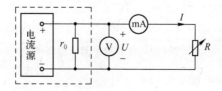

图 1-4-7 实际电流源的外特性实验电路图

（2）改变电阻 R 的值，每改变一个 R 值测出相应的端电压 U 和输出电流 I，记入

表 1-4-3 中。

表 1-4-3 电流源 $I_S = 20\text{mA}$ $g_0 = 1/1000$								
电阻 R/Ω	0	100	300	500	700	1k	3k	5k	∞
电流 I/mA									
电压 U/V									

（3）根据等效转换的条件，将电压源的输出电压调至 $E_S = I_S r_0$，并串接一个电阻 r_0，从而构成一个实际电压源，将该电压源接到负载电阻 R，改变 R 值即可测出该电压源的外特性，线路如图 1-4-8 所示。

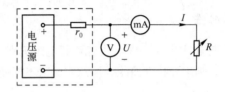

图 1-4-8　实际电压源的外特性实验电路图

（4）改变电阻 R 值，每改变一个 R 值，测出相应的端电压 U 和输出电流 I，记入表 1-4-4 中。

表 1-4-4 电压源 $E_S = 20\text{V}$ $r_0 = 1\text{k}\Omega$								
电阻 R/Ω	0	100	300	500	700	1k	3k	5k	∞
电流 I/mA									
电压 U/V									

（5）在 1 和 2 两种情况下负载电阻 R 相同值时，比较是否具有相同的电压与电流。

4. 验证最大功率传输条件

测量实验台上直流稳压电源在不同外加电阻时负载上获得的功率。因电源的内阻较小，为限制电流，实验时采用外加电阻作为电源内阻。实验线路如图 1-4-9 所示。

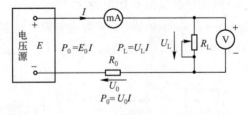

图 1-4-9　负载功率测试电路图

（1）调节 $R_0 = 100\Omega$，$E_0 = 10\text{V}$

R_L 在 $0 \sim 1\text{k}\Omega$ 范围内变化时，分别测量出 U_0，U_L，I 的值，并将数据记入表 1-4-5 中。

（2）调节 $R_0 = 500\Omega$，$E_0 = 15\text{V}$

R_L 在 $0 \sim 1\text{k}\Omega$ 范围内变化时，分别测量出 U_0，U_L，I 的值，并将数据记入表 1-4-5 中。

表 1-4-5 数据测试表

R			0	10Ω	20Ω	30Ω	50Ω	100Ω	300Ω	500Ω	1kΩ
$E_0=10\text{V}$ $R_0=100\Omega$	测量	I									
		U_0									
		U_L									
	计算	P									
		P_0									
		P_L									
$E_0=15\text{V}$ $R_0=500\Omega$	测量	I									
		U_0									
		U_L									
	计算	P									
		P_0									
		P_L									

四、预习要求

明确了解理想电源的概念及其外特性,掌握实际电压源与电流源相互进行等效转换的条件,并掌握最大功率传输条件。

五、报告要求

(1)根据表 1-4-1、表 1-4-2 中的数据绘出所测电流源及电压源的外特性曲线。

(2)根据表 1-4-3、表 1-4-4 中数据,验证电压源和电流源是否等效。

(3)分别画出 $E_0=10\text{V}$、$R_0=100\Omega$ 以及 $E_0=15\text{V}$、$R_0=500\Omega$ 两种不同电压和内阻情况下的下列关系曲线:

① I—R_L ② U_0—R_L ③ U_L—R_L ④ P—R_L ⑤ P_0—R_L ⑥ P_L—R_L

(4)根据表 1-4-5 中的数据说明负载获得最大功率的条件。

六、思考题

(1)试从实验线路中说明电压源和电流源的输出端发生短路时,对电源的影响有何不同?

(2)电压源与电流源的外特性为什么呈下降趋势?稳压源与恒流源的输出在任何负载下是否保持恒值?

七、仪器与器材

电工电子实验台　　　　1台。

实验五　阻抗参数测量和功率因数改善

一、实验目的

（1）通过实验加深对阻抗概念的理解。

（2）学习测量阻抗参数的基本方法。

（3）掌握功率表和单相自耦调压器等电工仪表的正确使用方法。

（4）熟悉日光灯的接线，了解功率因数提高的意义。

二、实验原理

对于交流电路中的元件阻抗值（r、L、C），可以用交流阻抗电桥直接测量，也可以用下面两种方法来进行测量。

1. 三表法

在电路图 1-5-1 中，功率表：粗线表示的电流线圈应该串联在负载回路中，细线表示的电压线圈应该并联在负载两端，标有"*"符号的两线圈端点应该按图 1-5-1 所示的发电机接线规则进行接线。

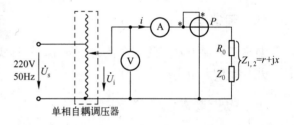

图 1-5-1　三表法测量电路

首先用交流电压表、交流电流表和功率表分别测出元件 Z 两端电压 U、电流 I 和消耗的有功功率 P，并且根据电源角频率 ω，通过计算公式间接求得阻抗参数。这种测量方法称为三功率表法，它是测量交流阻抗参数的基本方法。

在图 1-5-1 中，负载分别是 Z_1，由 50Ω 滑线电阻 R_0 和电感箱 Z_0 串联组成，或者为 Z_2，由 50Ω 滑线电阻 R_0 与电容箱 Z_0 串联组成。功率表的读数 $P =$ 分格常数×格数，分格

$$\text{常数} = \frac{\text{额定电压（伏特）} \times \text{额定电流（安培）}}{150\text{（格）}}\text{（瓦/格）}.$$

被测元件阻抗参数（r、L、C）可由下列公式确定：

$$\begin{cases} |Z| = \dfrac{U}{I} \\ x = \sqrt{|Z|^2 - r^2} = Z \cdot \sin\varphi \\ \cos\varphi = P/IU \end{cases} \qquad \begin{cases} L = \dfrac{x}{\omega} \\ r = \dfrac{P}{I^2} = |Z|\cos\varphi \\ C = \dfrac{1}{x\omega} \end{cases}$$

2. 三电压表法

先将一已知电阻 R 与被测元件 Z 串联，如图 1-5-2（a）所示。当通过一已知频率的正弦交流信号时，用电压表分别测出电压 U，U_1 和 U_2，然后根据这 3 个电压向量构成的三角形矢量图和 U_2 分解的直角三角形矢量图，从中可求出元件阻抗参数，如图 1-5-2（b）所

示。这种方法称为三电压表法。

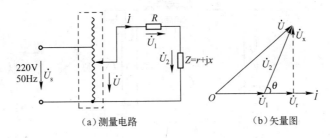

图 1-5-2　三电压表法

由矢量图可得：

$$\begin{cases} \cos\theta = \dfrac{U^2 - U_1^2 - U_2^2}{2U_1 U_2} \\ U_r = U_2 \cos\theta \\ U_x = U_2 \sin\theta \end{cases} \qquad \begin{cases} r = \dfrac{RU_r}{U_1} \\ L = \dfrac{RU_x}{\omega U_1} \\ C = \dfrac{U_1}{\omega R U_x} \end{cases}$$

3. 日光灯功率因数提高

日光灯由日光灯管 A、镇流器 L（带铁芯电感线圈）、启动器 S 组成，如图 1-5-3 所示。

当接通电源后，启动器内发生辉光放电，双金属片受热弯曲，触点接通，将灯丝预热使它发射电子，启动器接通后辉光放电停止，双金属片冷却，又把触点断开，这时镇流器感应出高电压加在灯管两端使日光灯管放电，产生大量紫外线，灯管内壁的荧光粉吸收后辐射出可见光，日光灯就开始正常工作。启动器相当于一只自动开关，能自动接通电路（加热灯丝）和断开电路（使镇流器产生高压，将灯管击穿放电）。镇流器的作用

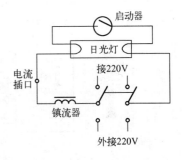

图 1-5-3　日光灯电路

除了感应高压使灯管放电外，在日光灯正常工作时起限制电流的作用，镇流器的名称也由此而来。由于电路中串联着镇流器，它是一个电感量较大的线圈，因而整个电路的功率因数不高。

负载功率因数过低，一方面没有充分利用电源容量，另一方面又在输入电路中增加损耗。为了提高功率因数，一般最常用的方法是在负载两端并联一个补偿电容器，抵消负载电流的一部分无功分量。在日光灯接电源两端并联一个可变电容器，如图 1-5-4（a）所示。当电容器的容量逐渐增加时，电容支路电流 $\dot{I}_C$ 也随之增大，因 $\dot{I}_C$ 超前电压 $\dot{U}$ 90°，可以抵消电流 $\dot{I}_G$ 的一部分无功分量 $\dot{I}_{GL}$，结果总电流 $\dot{I}$ 逐渐减小，但如果电容器 C 增加过多（过补偿 $\dot{I}_{CS} > \dot{I}_{GL}$），总电流又将增大（ $\dot{I}_3 > \dot{I}_2$），如图 1-5-4（b）所示。

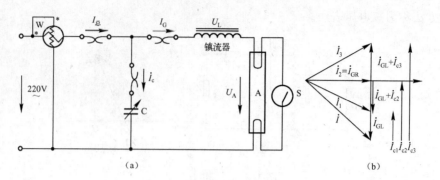

图 1-5-4　功率因数的提高

三、实验内容

1. 三电压表法

测量电路如图 1-5-5（a）、（b）所示，按表 1-5-1 的内容进行测量和计算。

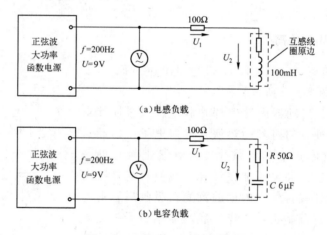

（a）电感负载

（b）电容负载

图 1-5-5　三电压表法测量电路

表 1-5-1　三电压表法

Z	测 量 参 数			计 算 参 数				
	U/V	U_1/V	U_2/V	$\cos\theta$	U_r/V	U_x/V	r/Ω	L/H	$C/\mu\text{F}$
电感	9								
电容	9								

2. 三表法

按图 1-5-6 所示进行接线，并按表 1-5-2 和表 1-5-3 的内容进行测量和计算。

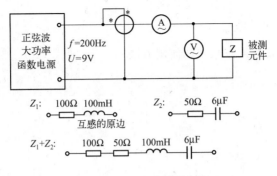

图 1-5-6　三表法测量电路

表 1-5-2　三表法（z_1，z_2）

Z	测量参数			计算参数					
	U/V	I/mA	P/W	Z/Ω	$\cos\varphi$	r/Ω	X/Ω	L/H	$C/\mu F$
Z_1	9								
Z_2	9								

表 1-5-3　三表法（$z_1 + z_2$）

Z	测量参数								计算参数			
	U/V	U_L/V	U_C/V	U_R/V	I/mA	I_L/mA	I_c/mA	P/W	Z/Ω	$\cos\varphi$	R/Ω	X/Ω
$Z_1 + Z_2$	9											

3. 日光灯功率因数提高

（1）将日光灯及可变电容箱元件按图 1-5-4（a）所示电路连接。在各支路串连接入电流表插座，再将功率表接入线路，按图接线并经检查后，接通电源，电压增加至 220V。

（2）改变可变电容箱的电容值，先使 $C=0$，测日光灯单元（灯管、镇流器）两端的电压及电源电压，读取此时灯管电流 I_G 及功率表读数 P。

（3）按表 1-5-4 逐渐增加电容 C 的数值，测量各支路的电流和总电流。电容值不要超过 $6\mu F$，否则电容电流过大。

（4）绘出 $I=f(C)$ 的曲线，分析讨论。

表 1-5-4　日光灯功率因素提高

电容/ μF	总电压 U/V	U_L/V	U_A/V	总电流 I/mA	I_c/mA	I_G/mA	功率 P/W	计算 $\cos\varphi$
0								
1.0								
2.47								
3.47								
4.0								
4.47								
5.0								
6.0								

四、预习要求

阅读有关电动系仪表的工作原理和使用方法。

五、报告要求

（1）完成表 1-5-1、表 1-5-2、表 1-5-3 和实验内容 3，绘出 $I=f$ （C）的曲线并分析讨论。

（2）完成思考题（1）、（2）、（3）。

六、思考题

（1）为了提高感性阻抗的功率因数，为什么采用的是并联电容而不是串联电容？

（2）"并联电容"提高了感性阻抗的功率因数，试用矢量图来分析并联的电容容量是否越大越好？

（3）若改变并联电容的容量，试问功率表和电流表的读数应作如何变化？

七、仪器与器材

电工电子实验台　　　　　1 台。

实验六　互感电路的研究

一、实验目的

（1）学习耦合线圈同名端的判定方法。
（2）掌握耦合线圈互感量的测量方法。
（3）研究互感耦合电路中次级负载对初级线圈的影响。

二、实验原理

1. 同名端

在图 1-6-1 （a）所示的一对耦合线圈中，当电流 i_1 从 1 端流入时，则在线圈 1 产生磁通 Φ_{11}（自感磁通），其中有部分磁通 Φ_{21}（互感磁通）穿过线圈 2 而与其交链。当 i_1 变动时，则在线圈 1 产生感应电压（自感电压），在线圈 2 也产生感应电压（互感电压）。同样，当 i_2 电流从 2 端流入时，除在自身线圈 2 产生磁通 Φ_{22} 外，还有部分磁通 Φ_{12} 穿过线圈 1，交变电流 i_2 在线圈 1 也产生互感电压。设线圈电压、电流取关联参考方向，则有：

$$u_1 （t） = L_1 \frac{\mathrm{d}i_1}{\mathrm{d}t} + M \frac{\mathrm{d}i_2}{\mathrm{d}t}$$

$$u_2 （t） = M \frac{\mathrm{d}i_1}{\mathrm{d}t} + L_2 \frac{\mathrm{d}i_2}{\mathrm{d}t}$$

其中，L_1、L_2 分别为线圈 1、2 的自感，M 为耦合线圈的互感。由于自感电压与所设的线圈端电压参考方向总能一致，所以上式中的自感电压项 $\left(L_1\dfrac{\mathrm{d}i_1}{\mathrm{d}t},\ L_2\dfrac{\mathrm{d}i_2}{\mathrm{d}t}\right)$ 总是正值，而互感电压项 $\left(M\dfrac{\mathrm{d}i_2}{\mathrm{d}t},\ M\dfrac{\mathrm{d}i_1}{\mathrm{d}t}\right)$ 的符号就不一定为正，这要看线圈中的互感磁通和自感磁通的方向是否一致，如图 1-6-2（a）所示的互感电压项符号应取负。在实际情况下，电路图中是不会画出线圈绕向的，而是通过同名端的标记符号来确定互感电压项的符号，如图 1-6-1（b）和图 1-6-2（b）所示，互感电压项符号分别取正和负。

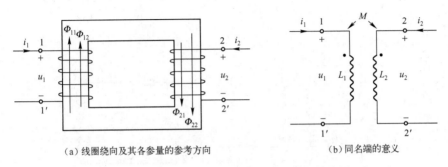

（a）线圈绕向及其各参量的参考方向　　　　　　　　（b）同名端的意义

图 1-6-1　耦合线圈（互感电压与端电压极性相同）

同名端的判定方法是：i_1 为正值，且 $\dfrac{\mathrm{d}i_1}{\mathrm{d}t}>0$，则在线圈 22′端开路的情况下，若 u_2（t）为正值，则 u_2（t）$=+M\dfrac{\mathrm{d}i_1}{\mathrm{d}t}$，即该电路的互感电压项应为正，其高电位为 2 端，如图 1-6-1（b）所示，端点 1 与 2 称为同名端，并作标记"·"；若 t_2（t）为负值，则 $u_2=$ $-M\dfrac{\mathrm{d}i_1}{\mathrm{d}t}$，互感电压的高电位为 2′端，称端点 1 与 2′为同名端，如图 1-6-2（b）所示。

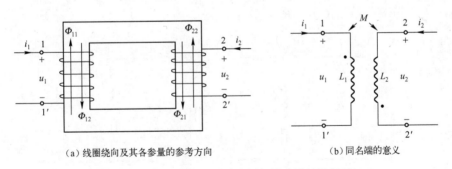

（a）线圈绕向及其各参量的参考方向　　　　　　　　（b）同名端的意义

图 1-6-2　耦合线圈（互感电压与端电压极性相反）

2. 互感的测量方法

（1）当线圈 2 开路时，交变电流 i_1 在线圈 2 产生互感电压为 u_2（t）$=\pm M\dfrac{\mathrm{d}i_1（t）}{\mathrm{d}t}$。设 i_1（t）$=\sqrt{2}\,I_1\sin\omega t$，则 u_2（t）$=\pm\sqrt{2}\,I_1 M\cdot\omega\cos\omega t$。若不关心互感电压的符号，则互感电压有效值可以写成 $U_2=I_1\cdot M\cdot\omega$，又 $I_1=\dfrac{U_R}{R}$，所以通过间接公式 $M=\dfrac{RU_2}{\omega U_R}$，可以算出互感，如图 1-6-3 所示。

（2）分别测出耦合线圈正向串联和反向串联的谐振频率 f'_0 和 f''_0。通过下列计算公式间接算出互感 M。其中，L' 为耦合线圈正向串联的总电感，L'' 为反向串联的总电感，如图 1-6-4 所示。

$$\begin{cases} L'=L_1+L_2+2M=\dfrac{1}{(2\pi f'_0)^2 C} \\[2mm] L''=L_1+L_2-2M=\dfrac{1}{(2\pi f''_0)^2 C} \\[2mm] M=\dfrac{L'-L''}{4} \end{cases}$$

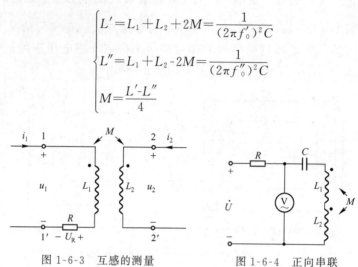

图 1-6-3　互感的测量　　　　　　　图 1-6-4　正向串联

3. 研究次级负载对初级谐振频率的影响

如图 1-6-5（a）所示电路，r_1 与 L_1 和 r_2 与 L_2 分别为初、次级线圈等效损耗电阻和电感量。次级线圈接有负载阻抗 Z_0，图 1-6-5（b）为其初级等效电路，其中，Z_{ref} 为次级回路总阻抗 Z_{22} 反映到初级的阻抗，称为反映阻抗。它的 $Z_{\text{ref}}=\dfrac{(\omega M)^2}{Z_{22}}$，其中，$Z_{22}=r_2+\mathrm{j}\omega L_2+Z_0=(r_2+R_0)+\mathrm{j}(\omega L_2+X_0)=R_{22}+\mathrm{j}X_{22}$。

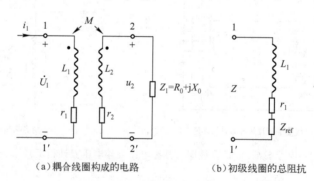

（a）耦合线圈构成的电路　　　　（b）初级线圈的总阻抗

图 1-6-5　研究次级负载对初级谐振频率的影响

从 11' 端看入的总阻抗为

$$Z=\frac{\dot{U}_1}{\dot{I}}=Z_{11}+Z_{\text{ref}}=(r_1+\mathrm{j}\omega L_1)+\frac{(\omega M)^2}{R_{22}+\mathrm{j}X_{22}}=\left[r_1+\frac{(\omega M)^2}{R_{22}^2+X_{22}^2}\cdot R_{22}\right]+\mathrm{j}\left[\omega L_1+\frac{-(\omega M)^2}{R_{22}^2+X_{22}^2}\cdot X_{22}\right]$$

由上式可知，次级电抗 X_{22} 反映到初级回路仍为电抗 $\left[-\dfrac{(\omega M)^2}{R_{22}^2+X_{22}^2}\cdot X_{22}\right]$，但符号相反。

若次级电抗 X_{22} 为容性，则反映到初级回路的电抗为感性，表明次级负载直接影响初级回路总阻抗的性质。因此当初级线圈与电容、电阻构成串联谐振回路时，次级负载就影响了该初级回路的谐振频率。

三、实验内容

1. 同名端的判定

（1）直流法

按图 1-6-6 所示电路接线，取 U_1 为 2V 直流电压。当初级回路接通或断开电源时，用微安表（100μA）观察次级线圈的感应电流的方向，由此判定耦合线圈的同名端。

（2）交流法

串联两耦合线圈并在初级线圈上加正弦波信号，如图 1-6-7 所示。取信号 $u_1=9$V，$f=200$Hz，用交流电压表分别测量两个线圈的电压和串联后的总电压，并由此判定同名端。

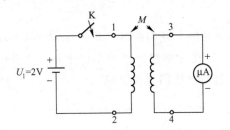 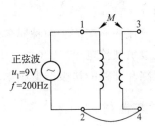

图 1-6-6　直流法判同名端　　　　图 1-6-7　交流法判同名端

2. 互感的测量

（1）方法一

按图 1-6-3 所示电路接线，取正弦波信号 $u_1=9$V，$f=200$Hz，$R=10\Omega$。测出采样电阻两端压降 U_R 和次级开路电压 U_2，由此计算互感 M 的大小。

（2）方法二

按图 1-6-4 所示电路接线，取正弦波信号 $u=9$V，$R=1$kΩ，$C=0.47\mu$F。调节信号源频率，分别测量耦合线圈正向串联和反向串联的谐振频率，由此根据相关公式计算出互感 M 的大小。

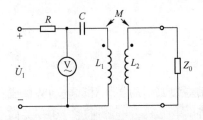

图 1-6-8　研究次级负载对初级
谐振频率的影响

3. 研究次级负载对初级谐振频率的影响

按图 1-6-8 所示电路接线。取正弦波信号 $u=9$V，$R=1$kΩ，$C=0.47\mu$F。当次级负载依次开路、短路和接电容（0.047μF）时，分别测定初级回路的谐振频率。

四、注意事项

（1）用直流电压判定耦合线圈同名端时，直流电压源只可瞬时接通线圈，当看清微安表指针接通瞬间的偏转方向之后，应立即断开电源。

（2）为准确确定初级回路的谐振频率，应逐渐减小毫伏表量程，仔细找出电压的最小值。测完后应将毫伏表量程旋到最大量程 300V 挡。

五、预习要求

根据所学理论知识写出耦合线圈同名端的判定方法。

六、报告要求

（1）整理实验数据和结果，进行必要的计算。
（2）对观察到的现象进行理论分析。
（3）完成思考题。

七、思考题

（1）在图 1-6-6 中，若开关 K 是合上的，在 K 断开的瞬间如何根据仪表指针的偏转判别同端名？为什么？
（2）除了直流法、交流法两种同名端方法外，还有哪些其他的测定方法？
（3）当次级负载接电容（0.047μF）时，初级回路出现两个谐振频率点，试分析之（已知次级负载短路和开路的初级谐振频率，忽略两线圈损耗电阻）。

八、仪器与器材

电工电子实验台　　　　　1 台。

实验七　三相电路的研究

一、实验目的

（1）学习三相电源的相序判定方法。
（2）了解对称三相电路线电压与相电压、线电流与相电流之间的关系。
（3）了解负载不对称星形连接时的中线作用。
（4）学会用三功率表法和二功率表法测量三相负载的有功功率。

二、实验原理

1. 三相四线制电源

三相四线制电源是由一组频率相同、幅值相等、相位互差为 120° 的 3 个对称电动势构成的电路。目前，我国用电一般都采用星形连接、三相四线制供电方式。电源通过三相开关向负载供电，如图 1-7-1 所示。其中，不经过三相开关和熔断器的那根导线称为中线或零线（O），另外，三根称为火线（A，B，C）。

三相电源并网时，其相序必须一致。图 1-7-2 所示为一个简单相序指示器，它可以根据负载灯泡的亮度来判定三相电源的相序为 A、B、C。

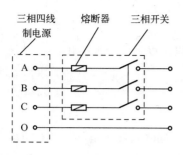

图 1-7-1 电源供电方式

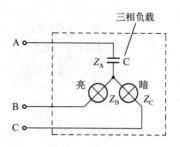

图 1-7-2 相序指示器

2. 负载的星形连接

（1）对称负载

如图 1-7-3 所示为一个三相负载星形、四线制连接电路，其中对称负载为 $Z_A = Z_B = Z_C$。该电路的电压和电流之间有下列关系成立：

相电流：$U_{AO'} = U_{BO'} = U_{CO'} = U_P$
线电压：$U_{AB} = U_{BC} = U_{CA} = U_L$ $\Big\}$ $U_L = \sqrt{3}U_P$

线电流：$I_A = I_B = I_C = I_L$
相电流：$I_{AO'} = I_{BO'} = I_{CO'} = I_P$ $\Big\}$ $I_L = I_P$

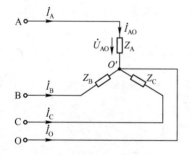

图 1-7-3 三相负载的星形连接（四线制）

中线电流：$I_O = 0$

中线电压：$U_{OO'} = 0$

由上面式子可以看出，由于负载对称，造成 $I_O = 0$、$U_{OO'} = 0$，因此对于对称负载星形四线制连接电路，其中线没有存在的必要。因此，去掉中线的对称三线制星形连接的电路其电压和电流之间的关系都与对称四线制的相同。

（2）不对称负载

假设图 1-7-3 所示电路中的不对称负载为 $Z_A \neq Z_B \neq Z_C$。对于这种不对称负载星形四线制连接的电路，有以下式子成立：

$$U_{AO'} = U_{BO'} = U_{CO'} U_P$$
$$U_{AB} = U_{BC} = U_{CA} = U_L \Big\} U_L = \sqrt{3}U_P$$

$$I_A = I_{AO'} = \frac{U_P}{Z_A}$$
$$I_B = I_{BO'} = \frac{U_P}{Z_B} \Big\} I_L = I_P$$
$$I_C = I_{CO'} = \frac{U_P}{Z_C}$$

$$I_O \neq 0 \qquad U_{OO'} = 0$$

若将图 1-7-3 所示电路的中线去掉，可以得到不对称负载星形三线制连接电路。这种电路会造成负载相电压不对称。如果某相负载阻抗大，则该相相电压有可能超过它的额定电压，长时间通电会缩短该相负载的寿命，甚至会损坏该器件，因此，应该避免这种情况出现。

3. 负载的三角形连接

如图 1-7-4 所示电路的电压、电流关系可以由以下式子来描述：

$$U_P = U_L \qquad I_L = \sqrt{3}\,I_P \qquad \dot{I}_A = \dot{I}_{AB} - \dot{I}_{CA} \qquad \dot{I}_B = \dot{I}_{BC} - \dot{I}_{AB} \qquad \dot{I}_C = \dot{I}_{CA} - \dot{I}_{BC}$$

4. 三相负载的有功功率

（1）在三相四线制电路中，可以用三只功率表同时测量三相负载的有功功率，设测量结果分别为 P_A，P_B，P_C，则总负载功率为 $P_\Sigma = P_A + P_B + P_C$。这种测量方法称为三功率表法。也可以用一只功率表依次测量各相负载的功率，然后将它们相加得到总的负载功率。对于三相对称负载四线制电路，可以只测一相功率，设测得值为 $P_。$，则三相负载总功率为 $P_\Sigma = 3P_。$。

（2）在三相三线制负载电路中，不管负载是哪种接法，对称与否，都可以采用如图 1-7-5 所示的二功率表法来测量三相负载的总功率。其中，两功率表电压线圈的非发电机端（不打 *号）应该共接在没有串接电流线圈的火线（如图 1-7-5 中火线 C）上。三相负载总功率为 $P_\Sigma = P_1 + P_2$。若有一相负载阻抗角 $|\varphi| > 60°$，则两只功率表中必有一只指针反偏，这时应将该功率表电流线圈的两端头换接，或将电压线圈的转换开关反拨（由 "+" → "-"），都可以使功率表指针正偏，但读数应取负值。

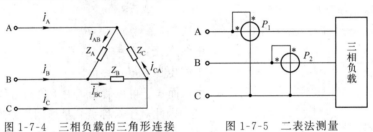

图 1-7-4　三相负载的三角形连接　　　　图 1-7-5　二表法测量

三、实验内容

（1）用测电笔判定三相电源的火线和零线。

（2）按图 1-7-2 所示电路判断三相电源的相序。

（3）测量三相负载星形连接电路的电压、电流和负载功率，将实验数据填入表 1-7-1 中。

表 1-7-1　星形负载电路的测量

负载		每相开灯功率/W			线电压/V			相电压/V			线电流/A			中线电压/V	中线电流/A	三相负载功率/W			
		A	B	C	U_{AB}	U_{BC}	U_{CA}	$U_{AO'}$	$U_{BO'}$	$U_{CO'}$	I_A	I_B	I_C	$U_{OO'}$	I_O	P_A	P_B	P_C	P_Σ
对称	有中线	25	25	25															
	无中线	25	25	25															
负载不对称	有中线	断	25	25															
	无中线	50	25	25															

（4）测量三相负载三角形连接电路的电压、电流和负载功率，并将实验数据填入表1-7-2中。

表 1-7-2　三角形负载电路的测量

每相开灯功率/W			相电压/V			线电流/A			相电流/A			三相负载功率/W		
AB	BC	CA	U_{AB}	U_{BC}	U_{CA}	I_A	I_B	I_C	I_{AB}	I_{BC}	I_{CA}	P_1	P_2	P_Σ
25	25	25												
断	25	25												

四、注意事项

（1）因为负载灯泡额定电压为220V，所以本次实验中必须将三相电源线电压从380V降到线电压220V。

（2）在测量不对称负载星形三线制连接电路中，应避免负载长时间过压，应尽快地测量。

（3）在负载星形四线制或三角形连接电路中，绝对不允许负载短接，否则会烧断熔断丝，甚至会烧坏三相电源。

（4）注意用电安全。

五、预习要求

阅读有关电动系仪表的工作原理和使用方法。

六、报告要求

（1）根据实验数据，验证三相对称负载线电压与相电压、线电流与相电流$\sqrt{3}$的关系。

（2）总结中线的作用。

（3）完成思考题（1）、（2）。

七、思考题

（1）在三相四线制电路中，中线是不允许接熔断器的，为什么？

（2）为什么不能在负载星形四线制和负载三角形电路中短接负载？若短接，其后果是什么？

（3）三相电源相序判定的原理是什么？

（4）用二功率表法测量三相负载总功率的原理是什么？

（5）当不对称负载作为三角形连接时，线电流是否相等，线电流与相电流之间是否为固定比例关系。

八、仪器与器材

电工电子实验台　　　1台。

实验八　线性无源二端口网络的研究

一、实验目的

（1）初步掌握实验电路的设计思想和方法，正确选择实验设备。
（2）进一步学习线性无源二端口网络传输参数的测量方法。
（3）用传输参数画出 T 型和 Π 型网络。
（4）通过实验加深对等效电路的理解。

二、实验原理

二端口网络是电工技术中广泛使用的一种电路形式。网络本身的结构可以是简单的，也可以是极复杂的，但就二端口网络的外部性能来说，一个很重要的问题就是要找出它的两个端口（通常也就是称为输入端和输出端）处的电压、电流之间的相互关系，这种相互关系可以由网络本身结构所决定的一些参数来表示。不管网络如何复杂，总可以通过实验的方法来得到这些参数，从而可以很方便地来比较不同的二端口网络在传递电能和信号方面的性能，以便评价它们的质量。

由图 1-8-1 分析可知二端口网络的基本方程是：

$$\begin{cases} \dot U_1 = A\dot U_2 - B\dot I_2 \\ \dot I_1 = C\dot U_2 - D\dot I_2 \end{cases}$$

图 1-8-1　二端口网络

式中 A，B，C，D 称为二端口网络的传输参数。其数值的大小取决于网络本身的元件及结构。这些参数可以表征网络的全部特性。它们的物理概念可分别用以下的式子来说明：

输出端开路：

$$A = \frac{\dot U_{10}}{\dot U_{20}} \bigg|_{\dot I_2 = 0} \qquad\qquad C = \frac{\dot I_{10}}{\dot U_{20}} \bigg|_{\dot I_2 = 0}$$

输出端短路：

$$B = \frac{\dot U_{1S}}{-\dot I_{2S}} \bigg|_{\dot U_2 = 0} \qquad\qquad D = \frac{\dot I_{1S}}{-\dot I_{2S}} \bigg|_{\dot U_2 = 0}$$

可见 A 是两个电压比值，是一个无量纲的量，B 是短路转移阻抗，C 是开路转移导纳，D 是两个电流的比值，也是无量纲的。A，B，C，D 四个参数中也只有 3 个是独立的，因为这些参数间具有如下关系：$A \cdot D - B \cdot C = 1$，如果是对称的二端口网络，则有 $A = D$。

由上述二端口网络的基本方程组可以看出，如果在输入端 1-1′ 接电源，而输出端 2-2′ 处于开路和短路两种状态时，分别测出 $\dot U_{10}$，$\dot U_{20}$，$\dot I_{10}$，$\dot U_{1S}$，$\dot I_{1S}$ 及 $\dot I_{2S}$，则就可得出上述 4 个参数。但这种方法实验测试时需要在网络两方，即输入端和输出端同时进行测量电压和电流，这在某些实际情况下是不方便的。

在一般情况下，我们常用在二端口网络的输入端及输出端分别进行测量的方法来测定这 4 个常数，把二端口网络的 1-1′ 端接以电源，在 2-2′ 端开路与短路的情况下，分别得到开路阻抗和短路阻抗。

$$R_{01} = \frac{\dot{U}_{10}}{\dot{I}_{10}}\bigg|_{\dot{I}_2=0} = \frac{A}{C} \qquad\qquad R_{S1} = \frac{\dot{U}_{1S}}{\dot{I}_{1S}}\bigg|_{\dot{U}_2=0} = \frac{B}{D}$$

再将电源接至 2-2′ 端，在 1-1′ 端开路和短路的情况下，又可得到：

$$R_{02} = \frac{\dot{U}_{20}}{\dot{I}_{20}}\bigg|_{\dot{I}_1=0} = \frac{D}{C} \qquad\qquad R_{S2} = \frac{\dot{U}_{2S}}{\dot{I}_{2S}}\bigg|_{\dot{U}_1=0} = \frac{B}{A}$$

同时由上四式可见：$\dfrac{R_{01}}{R_{02}} = \dfrac{R_{S1}}{R_{S2}} = \dfrac{A}{D}$。

因此 R_{01}，R_{02}，R_{S1}，R_{S2} 中只有 3 个独立变量，如果是对称二端口网络就只有 2 个独立变量，此时 $R_{01}=R_{02}$，$R_{S1}=R_{S2}$。如果由实验已经求得开路和短路阻抗，则可很方便地算出二端口网络的 A 参数。

由上所述，无源二端口网络的外特性既然可以用 3 个参数来确定，那么只要找到一个由具有 3 个不同阻抗（或导纳）所组成的一个简单二端口网络，如果后者的参数与前者分别相同，则就可认为该两个二端口网络的外特性是完全相同的。由 3 个独立阻抗（或导纳）所组成的二端口网络只有两种形式，即 T 型电路和 Π 型电路。

三、实验内容

（1）根据实验室提供的器材确定实验方案，设计出每项实验任务中的具体实验电路，确定实验中所有电源及器件的参数。

（2）测量二端口网络的传输参数 A，B，C，D。

（3）求出二端口的 T 型或 Π 型等效电路。

四、预习要求

（1）预习二端口网络有关理论。

（2）初步写出实验方案、步骤、画出实验电路图，设计数据记录表格。

（3）选好元器件、测量仪表和设备，计算出等效电源、等效电阻的理论值。

五、思考题

（1）二端口网络的参数为什么与外加电压和电流无关？

（2）从测得的传输参数判别本实验所研究的二端口网络是否具有互易性？

（3）对于线性二端口网络，T 参数、Y 参数、Z 参数和 H 参数是如何等效互换的？

六、报告要求

（1）画出自己设计的测试电路。

（2）整理实验数据表格，计算出二端口网络的传输参数 A，B，C，D 以及等效的 T 型和 Π 型网络的电阻值。

（3）画出 U_2 和 I_2 的外特性，验证等效网络的有效性，并分析误差。

（4）比较原网络与等效网络的传输参数，并分析误差。

七、仪器与器材

电工电子实验台　　　　　1 台。

实验九　变压器特性及参数测试

一、实验目的

（1）掌握变压器绕组同名端的判别方法。

（2）掌握变压器各参数测试的方法。

（3）了解变压器空载运行和负载运行的特性。

二、实验原理

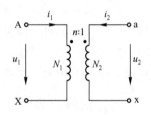

图 1-9-1　理想变压器电路

变压器用途广泛、种类繁多，按照相数可分为单相变压器、三相变压器。在电路理论中变压器与电阻、电感、电容一样是基本电路元件，但是从理论分析的观点来看这是一种被理想化、抽象化的变压器。图 1-9-1 是理想变压器的电路模式，AX 为变压器的一次边（初级）绕组，ax 为二次边（次级）绕组。

当变压器二次边开路，在一次边施以交流电压时的电压方程为：

$$\begin{cases} \dot{U}_1 = \dot{I}_0 Z_1 - \dot{E}_1 \\ \dot{U}_2 = -\dot{E}_2 \end{cases}$$

其中 $z_1 = r_1 - jx_1$ 为一次边绕组漏阻抗，$E_1 = 4.44 f N_1 \varphi_m$ 为一次边感应电动势，$E_2 = 4.44 f N_2 \varphi_m$ 为二次边感应电势，I_0 称为空载电流约为额定电流的 $2\% \sim 10\%$，φ_m 为主磁通。由于一次边漏阻抗 Z_1 一般很小，可忽略 $I_0 Z_1$ 项，则 $\dfrac{U_1}{U_2} = \dfrac{E_1}{E_2} = \dfrac{N_1}{N_2} = n$（$N_1$、$N_2$ 为变压器一次、二次绕组的匝数，n 称为变压器的变比）。变压器一次、二次边电压有效值之比近似等于变比，改变一次、二次绕组的匝数比，可获得不同的变化，即可将一次边电压 U_1 变换成数值不同的二次边电压 U_2，这就是变压器的电压变换作用。

变压器负载运行时（如图 1-9-2 所示），由磁势平衡原理可写出磁势平衡方程式：

$$\dot{I}_1 N_1 + \dot{I}_2 N_2 = \dot{I}_m N_1$$

$$I_1 = \frac{N_1}{N_2} I_2 = \frac{1}{n} I_2$$

式中 $\dot{I}_m$ 为励磁电流，可近似等于空载电流 I_0，若将其略去不计，则：即一次、二次边的电流有效值之比近似与它们的边比成反比。在不同变比下，可将一次边电流 I_1 变换成数值不同的二次边电流 I_2，这就是变压器的电流变换作用。当变压器接上负载阻抗 Z_1，由欧姆定律得二次边电流 $I_2 = \dfrac{U_2}{Z_L}$，再根据变压器电流变换作用，可得一次边电流 I_1。根据二端口网络及等效阻抗原理，从图 1-9-3 一次边看进去，可得到包括变压器和负载阻抗在内的等效阻抗 Z_L'，若设变压器是理想的，可略去它的一次、二次边漏阻抗 Z_1、Z_2 和励磁电流 I（$\approx I_0$），则有

$$Z_L' = \frac{U_1}{I_1} = \frac{nU_2}{I_2/n} = n^2 Z_L \left(Z_L = \frac{U_2}{I_2} \right)$$

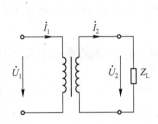

图 1-9-2　带负载变压器电路图

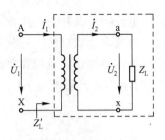

图 1-9-3　等效阻抗示意图

由此可见，当负载阻抗 Z_L 经变比为 n 的变压器接到电源电压 U_1 上，相当于等效阻抗 $Z_L' = n^2 Z_L$ 直接接到电源上，这就是变压器的阻抗变换作用。

理想变压器实际上是不存在的，实际的变压器通常都是用线圈和铁芯组成，在传递能量的过程中要消耗电能。因为线圈有直流电阻，铁芯中有涡流磁滞损耗，并且为了传送能量铁芯中还必须储存磁能，所以变压器还对电源吸收无功功率。线圈中的损耗称铜耗，铁芯中的损耗称铁耗。通常，这些损耗相对于变压器传递的功率来说一般都比较小。因此，在许多情况下实际变压器可近似作为理想变压器。其电压比、电流比、阻抗比及功率关系可通过实验测量取得，图 1-9-4 为变压器参数测量线路原理图。

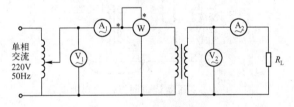

图 1-9-4　变压器参数测量电路

分别测出变压器一次边的电压 U_1、电流 I_1、功率 P_1 及二次边的电压 U_2、电流 I_2，即可计算出各项参数：

（1）电压比 $n_u = \dfrac{U_1}{U_2}$；　　　　　　　　　（2）电流比 $n_i = \dfrac{I_2}{I_1}$；

（3）阻抗比 $n_z = \dfrac{Z_1}{Z_2}$；　　　　　　　　　（4）一次边阻抗 $z_1 = \dfrac{U_1}{I_1}$；

（5）二次边阻抗 $z_2 = R_L = \dfrac{U_2}{I_2}$；　　　　（6）负载功率 $P_2 = U_2 I_2$；

（7）损耗功率 $P_0 = P_1 - P_2$；　　　　　　　（8）效率 $\eta = \dfrac{P_2}{P_1}$；

（9）功率因数 $\cos\varphi = \dfrac{P_1}{U_1 I_1}$；

（10）一次边线圈铜耗 $P_{01} = I_1^2 r_1$；

（11）二次边线圈铜耗 $P_{02} = I_2^2 r_2$；

（12）铁耗 $P_{03} = P_0 - (P_{01} - P_{02})$。

（r_1、r_2 为变压器原一次、二次边线圈直流电阻）

由于铁芯变压器是一个非线性元件，铁芯中的磁感应强度取决于外加电压的数值。同时因为建立铁芯磁场必须提供磁化电流，外加电压越高。铁芯磁感应强度越大，需要的磁化电流也越大，所以，外加电压和磁化电流的关系反映了磁化曲线的性质。在变压器中次级开路时，输入电压与磁化电流的关系称为变压器的空载特性，曲线的拐弯处过高，会大大增加磁化电流，增加损耗，过低会造成材料未充分利用。

变压器的各项参数也会随输入电压作非线性的变化，一般情况下电压低于 U_H 偏离线性程度较小，电压大于 U_H 时将严重畸变（U_H 为额定电压值）。

三、实验内容

1. 判别变压器绕组及同极性端（说明：变压器采用单相变压器，以下内容相同）

（1）判别变压器高压绕组及低压绕组

已知变压器的额定电压为 220V/36V，用万用表电阻挡测量变压器的初级、次级绕组的电阻值 r_1 = _____ Ω，r_2 = _____ Ω，据此判别高压绕组与低压绕组。

（2）判别变压器绕组同极性端

用一根导线将变压器的初级绕组、次级绕组的 X、x 连起来，如图 1-9-5 所示，将单相可调交流电压调到 110V，测量 U_{AX}、U_{ax} 以及 U_{Aa} 的值，记入表 1-9-1 中并判断绕组同极性端。

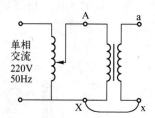

图 1-9-5　变压器绕组同极性端判别电路

表 1-9-1　变压器绕组同极性端判别

测　量　数　据			判　断　结　果
U_{AX}/V	U_{ax}/V	U_{Aa}/V	

2. 变压器的空载运行

（1）测变比

按图 1-9-6 所示连接好实验线路，使变压器二次侧空载，一次边施加 220V 交流电压，用仪表测量表 1-9-2 中的数据值，并计算相关值。

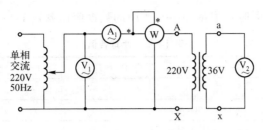

图 1-9-6 变压器变比及空载特性测量电路

表 1-9-2 变压器的变化

测 量 值		计 算 值
U_1/V	U_2/V	$n=U_1/U_2$

（2）测变压器的空载特性

仍按图 1-9-6 所示连接电路，给变压器一次边施加不同的输入电压值 U_1（数据如表 1-9-3 所示），测出每一电压对应空载电流 I_1 值，记入表 1-9-3 中，根据数据作出空载特性曲线。

表 1-9-3 测不同的电流值

U_1/V	40	80	120	160	200	220
I_1/mA						

3. 变压器的负载运行（测定变压器的负载特性曲线）

按图 1-9-7 所示接线，改变负载电阻 R_L（R_L 的变化采用 25W 灯泡的串、并联的组合），测量不同负载下的 U_2，I_2，记入表 1-9-4 中，并根据数据作出负载特性曲线。

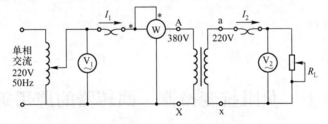

图 1-9-7 变压器负载特性测量电路图

表 1-9-4 测量不同负载下的电流和电压

负载电阻情况/R_L	空载（不接灯泡）	⊗⊗	⊗	⊗⊗	⊗⊗
U_1/V					
I_1/mA					
P_1/W					
U_2/V					
I_2/mA					

当 R_L 为两个灯泡并联时，根据表 1-9-4 中的数据值计算表 1-9-5 中的数据。

表 1-9-5　计算各值

$P_2=U_2I_2$	$Z_2=R_L=U_2/I_2$	$P_0=P_1-P_2$	$P_{01}=I_1^2 r_1$	$P_{02}=I_2^2 r_2$	$P_{03}=P_0-P_{01}-P_{02}$
$n_V=U_1/U_2$	$N_i=I_2/I_1$	$Z_1=U_1/I_1$	$n_Z=Z_1/Z_2$	$\eta=P_2/P_1$	$\cos\varphi=P_1/U_1I_1$

四、注意事项

（1）变压器原边电压为交流（0~220V，50Hz），注意用电安全。

（2）测量时正确使用功率表。

五、预习要求

（1）复习有关理想变压器的内容，掌握理想变压器的基本原理。

（2）预习功率表的工作原理并掌握它的使用方法。

六、报告要求

完成表格中有关数据的计算，并画出变压器的空载、负载特性曲线。

七、思考题

（1）实际变压器与理想变压器有什么不同？

（2）若变压器次极有两组绕组（两组独立输出），应如何判别其同名端？

八、仪器与器材

电工电子实验台　　　　　1台。

实验十　负阻抗变换器、回转器的应用研究

一、实验目的

（1）了解负阻抗变换器概念，熟悉 NIC 用在 RLC 串联二阶电路中脉冲方波响应的基本特性及实验测试方法。

（2）熟悉回转器的交流特性及其应用，并掌握其测试方法。

二、实验原理

1. 负阻抗变换器

（1）负阻抗变换器的性能方程

负阻抗变换器的电路符号如图 1-10-1 所示。电流反向型性能方程为：

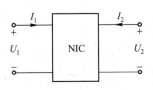

$$\begin{cases} U_1 = U_2 \\ I_1 = kI_2 \end{cases}$$

电压反向型性能方程为：

$$\begin{cases} U_1 = -kU_2 \\ I_1 = -I_2 \end{cases}$$

图 1-10-1　负阻抗变换器的电路符号

其中 k 为正的实常数。

（2）"负变换"性

由性能方程可知，输入到此二端口的电压和电流经过网络后，只改变其中电压（电流）的方向，而不改变电流（电压）的方向，因此可将正阻抗变为负阻抗。

（3）在 RLC 串联电路中的应用

由电路理论可知，RLC 串联电路在脉冲方波激励下的零状态响应及脉冲方波截止时的零输入响应的性质完全由电路本身的参数来决定，在一般情况下只有三种响应性质：

① 非振荡过阻尼状态：$R_s > 2\sqrt{L/C}$。

② 临界阻尼状态：$R_s = 2\sqrt{L/C}$。

③ 欠阻尼减幅振荡状态：$R_s < 2\sqrt{L/C}$。

式中，R_s 为串联电路总电阻。

如果在 RLC 串联电路中再接入一个负电阻，则调节负阻的大小，还可以使电路响应出现下面两种状态：

④ 零阻尼等幅振荡状态：$R_s' = R_s + (-R) = 0$。

⑤ 负阻尼增幅振荡状态：$R_s' < 0$。

图 1-10-2 为接入负阻抗的二阶电路原理线路图，B、E 右边是 RLC 串联二阶电路，左边是负电阻与方波信号源串联电路，$-R$ 也可看成方波信号源的负值内阻，如将 R 两端电压降连接到示波器 Y 轴偏转板，当调节 $-R$ 为不同值时，就可观察到各种性质振荡电流波形。

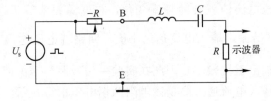

图 1-10-2　接负阻抗的二阶电路

如果 $|-R| > R_s$，并用导线将 U_s 短路，则整个电路在负阻作用下将产生稳定的等幅振荡，振荡频率由 L、C 参数决定，幅度由 $-R$ 大小决定，这就是负阻振荡器的基本的原理。

2. 回转器

（1）回转器的性能方程

回转器是一种新型的电子器件，其电路符号如图 1-10-3 所示，方程为

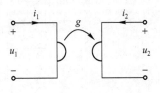

图 1-10-3　回转器电路

$$i_1 = g u_2 = \frac{u_2}{r}$$

$$i_2 = -g u_1 = -\frac{u_1}{r}$$

写成矩阵形式为

$$\begin{bmatrix} i_1 \\ i_2 \end{bmatrix} = \begin{bmatrix} 0 & g \\ -g & 0 \end{bmatrix} \begin{bmatrix} u_1 \\ u_2 \end{bmatrix}$$

其中，g 为回转电导；r 为回转电阻；g 和 r 统称为回转常数。电路图中的箭头表示回转方向。

（2）回转器的"回转"性

由性能方程可知，回转器有把一个端口的电流（电压）"回转"为另一端口的电压（电流）的性质。利用这个性质，就可以推出回转器的阻抗逆变作用，即在回转器的一端接上阻抗 Z_L，则从另一端看进去，其输入阻抗 $Z_m = r^2/Z_L$。这样回转器就可将一个电容元件"回转"成一个电感元件，或反之。

（3）回转器的无源性

根据回转器的性能方程，有 $u_1 \cdot i_1 + u_2 \cdot i_2 = 0$，可见回转器为无源、无损元件。

（4）回转器的应用

回转器是线性元件，从其特性方程可知它能进行阻抗逆变，把电容元件线性地转换成电感元件，且可得到极大的电感量和很高的电感纯度，因此它广泛应用在交流信号系统中作为各种滤波器电感以及各种振荡回路中的电感。理论上，回转器使用频率范围不受限制，实际上受组成回转器的元器件特性所限，目前只能用于低频场合。

本实验用回转电感与电容元件组成谐振电路进行并联谐振实验测试，如图 1-10-4 所示。

回转器 2—2′ 端接一只 $0.2\mu F$ 电容，经回转器转换后在 1—1′ 端来看相当于一只电感元件，其电感量 $L = CR_0^2 = 0.2 \times 10^{-6} \times 10^{-6} = 0.2H$。若在 1—1′ 端口再并联一只电容元件 $C_2 = 1\mu F$，这样就组成了并联 LC 谐振回路。如果外加一个可变频率的交流电流信号源，那么当信号源频率变化时其输入电流值就会随频率变化，在电源频率等于谐振回路固有频率 $f_0 = \dfrac{1}{2\pi \sqrt{LC}}$ 时，就产生并联谐振，输入电流达最小值，回路端电压达最大值。由于实际交流信号源都是电压信号源，输出阻抗较小，因此在实验中信号源与谐振回路之间串联一只大电阻近似作为电流信号源。输入电流通过测量该电阻两端电压求得，示波器用来观察谐振回路的振荡波形，谐振时达最大值。

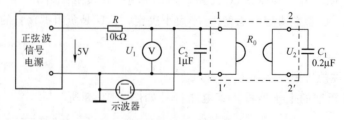

图 1-10-4 并联谐振实验测试电路图

三、实验内容

1. 负阻抗变换器

（1）按图 1-10-5 所示线路接线，图中 U_s 为直流电压源，R_s 为负阻调节电阻，可在 500Ω 左右调节，ES 为 50Hz 电子开关，L 为互感器原边线圈，A、B 两点左面可等效为一个可变负阻器。

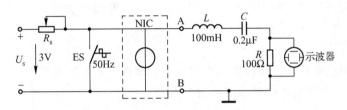

图 1-10-5　负阻抗变换器试验电路图

（2）调节负阻值，使 RLC 二阶电路产生各种性质的电流振荡过程并描绘出振荡曲线。

（3）实验方法。

调节稳压源电压为 3V，极性如图 1-10-5 所示，不能接反，否则方波不起作用。根据串联 RLC 回路总电阻值调节 R_s，使其大致相等，这时可在示波器上观察到回路振荡电流波形，再细调 R_s，使波形稳定，且根据 R_s 与 R 的差值大小显示各种性质的振荡。当 ES 闭合时电路产生零输入响应，零输入响应因无负阻串入所以只有减幅振荡。为了使显示波形稳定，必须使两种响应完全分离，即零输入响应结束时才加入激励，零状态响应结束时电子开关 ES 才闭合，图中所示参数能够达到这一要求。

应该注意的是，负阻不要超过"正阻"过大，否则振荡幅度增加过快，负阻器很快达到最大电压而饱和，这样就观察不到增幅过程了。

另外，如果负阻超过"正阻"过大，而未接电子开关，则在示波器上只能看到饱和幅度的等幅振荡。

2. 回转器

（1）按图 1-10-4 所示电路接线，正弦波信号源输出电压调至 5V。

（2）调节信号源振荡频率使电压表指示值最大，电路达到谐振状态，信号源输出信号的频率即为谐振电路的固有频率 f_0。

（3）以 f_0 为中心，向 $f > f_0$ 及 $f < f_0$ 两边改变信号源频率，从电压表上读出对应的电压值，每改变一次信号源频率后必须调整它的输出电压使其保持 5V 不变，信号源的频率范围从 $50\sim500$Hz 之间改变即可，将试验所得数据填入表 1-10-1 中。

表 1-10-1　信号源 $U=5$V　　$C_1 = 0.2\mu$F　　$C_2 = 1\mu$F　　回转电感 $=0.2$H　　f_0 计算值 $=$

f/Hz	50									500
U_1/V										

四、注意事项

（1）负阻抗变换器、回转器采用集成电路组合而成，使用电压与电流有一定范围，任何情况下都不要使外加电压及输入电流超过±5V 及±5mA（有效值）。

（2）测试谐振曲线时必须注意示波器显示波形是否为正弦波，当波形畸变时测试的任何数据都不准确。一般情况如信号输出端波形正常时，只有在外加电压或输入电流超过±5V 或±5mA 时才会使波形畸变。

（3）负阻不要超过"正阻"过大，否则就观察不到增幅过程了。

五、预习要求

（1）复习负阻抗变换器、回转器的有关内容，掌握其基本工作原理。

（2）复习 RLC 串联电路阶跃响应的有关内容。

六、报告要求

（1）在实验内容 1 中，根据实验中示波器的显示波形，定性绘出 RLC 二阶电路各种性质振荡的电流波形。

（2）在方格纸上按比例绘出回转电感与电容元件并联谐振曲线。

（3）分析谐振频率误差。

七、思考题

（1）为什么回转器是一种线性互易多端元件。

（2）能否用回转器实现一个理想变压器。

（3）能否用两个互阻抗变换器来实现回转器。

八、仪器与器材

电工电子实验台　　　　　1 台。

实验十一　　电路的时域响应分析

一、实验目的

（1）掌握用 Workbench 中虚拟示波器测试电路时域特性的方法。

（2）学习用方波测试一阶 RC 电路、二阶 RLC 串联电路时域响应及参数的方法。

二、实验原理

由动态元件（储能元件 L、C）组成的电路，当其结构或元件的参数发生改变时，如电路中电源或无源元件的断开或接入、信号的突然注入等，可能使电路改变原来的工作状态，而转变到另一种工作状态。

1. RC 电路的时域响应

对于一阶电路可以用一阶微分方程来描述以及求解，通常该电路是由一个储能元件和若干个电阻元件构成的。所有储能元件的初始值为零的电路对外加激励的响应称为零状态响应。对于图 1-11-1 所示的一阶 RC 电路，当 $t=0$ 时，开关 S 由位置 2 转到位置 1，直流电源通过 R 向 C 充电。由方程 $u_c(t)+RC\dfrac{du(t)}{dt}=U_s$ （$t\geq0$）和初始条件 $u_c(0_-)=0$，可以得出电容的电压和电流随时间变化的规律：

$$u_c(t)=U_s(1-e^{-t/\tau})\ (t\geq0)$$

$$i_c(t)=\frac{U_s}{R}e^{-t/\tau}\qquad(t\geq0)$$

式中 $\tau=RC$ 称为时间常数，τ 越大，过渡过程持续的时间就越长。

电路在无激励情况下，由储能元件的初始状态引起的响应称为零输入响应。在图 1-11-1 中，当开关 S 置于位置 1，$u_c(0_-)=U_s$ 时，再将开关 S 转到位置 2，电容器的初始电压 $u_c(0_-)$ 经 R 放电。由方程 $u_c(t)+RC\dfrac{du_c(t)}{dt}=0$ （$t\geq0$）和初始值 $u_c(0_-)=U_s$，可以得出电容器上的电压和电流随时间变化的规律：

$$u_c(t)=u_c(0_+)e^{-t/\tau}\ (t\geq0)$$

$$i_c(t)=\frac{u_c(0_+)}{R}e^{-t/\tau}\ (t\geq0)$$

式子表明，零输入响应是初始状态的线性函数。

电路在输入激励和初始状态共同作用下引起的响应称为全响应。如图 1-11-2 所示的电路，当 $t=0$ 时合上开关 S，则描述电路的微分方程为

$$u_c(t)+RC\frac{du_c(t)}{dt}=U_s$$

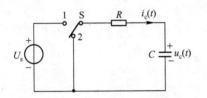
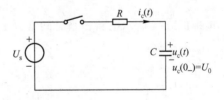

图 1-11-1　零状态响应和零输入响应　　　　图 1-11-2　全响应

初始值为 $u_c(0_-)=U_0$。

可以得出全响应

$$u_c(t)=U_s(1-e^{t/\tau})+U_0e^{-t/\tau}\ (t\geq0)。$$

方波信号可以看成是一系列阶跃信号和延时阶跃信号的叠加。设方波幅值为 U_s，则方波可以写成

$$u_s(t)=U_sU(t)-U_sU\left(t-\frac{T}{2}\right)+U_sU(t-T)-U_sU\left(t-\frac{3}{2}T\right)+\cdots$$

当方波的半个周期远大于电路的时间常数 $\left(\dfrac{T}{2}\geq5\tau\right)$ 时，可以认为方波某一边沿到来时，前一边沿所引起的过渡过程已经结束。这时，一个周期方波信号作用的响应为

$$u_c(t) = U_s(1-e^{t/\tau})U(t) - U_s(1-e^{-(t-\frac{T}{2})/\tau})U\left(t-\frac{T}{2}\right) = \begin{cases} U_s(1-e^{-t/\tau}) & \left(0 \leqslant t \leqslant \dfrac{T}{2}\right) \\ U_s e^{-(t-T/2)/\tau} & \left(\dfrac{T}{2} < t < T\right) \end{cases}$$

可以看出，电路对上升沿的响应就是零状态响应；电路对下降沿的响应就是零输入响应。方波响应是零状态响应和零输入响应的多次过程。因此，可以用方波响应借助普通示波器来观察和分析零状态响应和零输入响应，并从中测出时间常数，如图 1-11-3（a）所示。

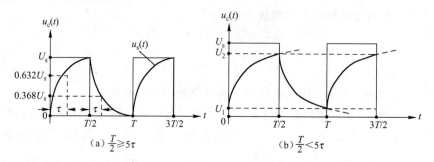

$$\text{(a) } \frac{T}{2} \geqslant 5\tau \qquad\qquad \text{(b) } \frac{T}{2} < 5\tau$$

图 1-11-3　方波响应

当方波的半个周期等于甚至小于电路的时间常数时，在方波的某一边沿到来时，前一边沿所引起的过渡过程尚未结束。这样，充、放电过程都不可能完成，如图 1-11-3（b）所示。充、放电的初始值可以用以下公式求出：

$$U_1 = \frac{U_s(1-e^{-T/2\tau})\,e^{-T/2\tau}}{1-e^{-T/\tau}}$$

$$U_2 = \frac{U_s(1-e^{-T/2\tau})}{1-e^{-T/\tau}}$$

2. 积分电路和微分电路

对于如图 1-11-4 所示电路，当时间常数 τ 很大 $\left(\tau = 10 \cdot \dfrac{T}{2}\right)$ 时，由于 $u_o(t) \ll u_R(t)$，所以

$$\begin{cases} u_s(t) \approx u_R(t) \\ u_o(t) = \dfrac{1}{C}\displaystyle\int_0^t i(t)\,\mathrm{d}t \approx \dfrac{1}{RC}\displaystyle\int_0^t u_s(t)\,\mathrm{d}t \end{cases}$$

可知，输出电压是输入电压的积分，输出波形近似为一个三角波，这种电路称为 RC 积分电路。在图 1-11-5 所示电路中，当时间常数 τ 很小 $\left(\tau = \dfrac{1}{10} \cdot \dfrac{T}{2}\right)$ 时，由于 $u_c(t) \gg u_o(t)$，所以

$$\begin{cases} u_s(t) \approx u_c(t) \\ u_o(t) = Ri(t) = R \cdot C\dfrac{\mathrm{d}u_c(t)}{\mathrm{d}t} \approx RC\dfrac{\mathrm{d}u_s(t)}{\mathrm{d}t} \end{cases}$$

可见，输出电压是输入电压的微分，这种电路称为 RC 微分电路。

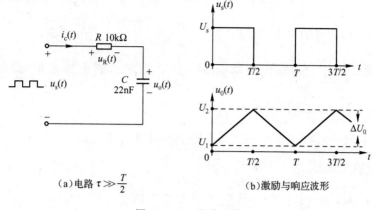

（a）电路 $\tau \gg \dfrac{T}{2}$ 　　　　　（b）激励与响应波形

图 1-11-4 积分电路

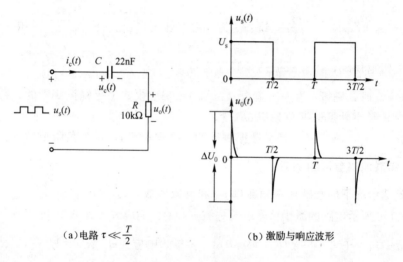

（a）电路 $\tau \ll \dfrac{T}{2}$ 　　　　　（b）激励与响应波形

图 1-11-5 微分电路

3. RLC 串联电路响应的模式及其与元件参数的关系

凡是可用二阶微分方程来描述的电路称为二阶电路。如图 1-11-6 所示的线性 RLC 串联电路是一个典型的二阶电路（图中 U_s 为直流电压源），它可以用下述线性二阶常系数微分方程来描述：

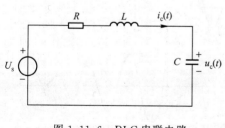

图 1-11-6 RLC 串联电路

$$LC\frac{d^2 u_c(t)}{dt^2}+RC\frac{du_c(t)}{dt}+u_c(t)=U_s$$

初始值为 $u_c(0_-)=U_o$，且 $\left.\dfrac{du_c(t)}{dt}\right|_{t=0}=$ $\dfrac{i_L(0_-)}{C}=\dfrac{I_o}{C}$，求解微分方程，可以得出电容上的电压 $u_c(t)$，再根据 $i_c(t)=C\dfrac{du_c(t)}{dt}$，求得 $i_c(t)$。

同样，改变初始状态和输入激励可以得到三种不同的二阶时域响应，即零状态响应、零输入响应和全响应。但不管是哪种响应，其响应的模式完全由电路微分方程的两个特征根 $S_{1,2} = -\dfrac{R}{2L} \pm \sqrt{\left(\dfrac{R}{2L}\right)^2 - \dfrac{1}{LC}}$ 所决定。

设衰减系数 $\alpha = \dfrac{R}{2L}$，谐振角频率 $\omega_0 = \dfrac{1}{\sqrt{LC}}$，则前面两个特征根可写为 $S_{1,2} = -\alpha \pm \sqrt{\alpha^2 - \omega_0^2}$。则有：

（1）当 $\alpha > \omega_0$ 时，$R > 2\sqrt{\dfrac{L}{C}}$，则 $S_{1,2}$ 有两个不同的实根（$-\alpha \pm \sqrt{\alpha^2 - \omega_0^2}$），响应模式是非振荡的，称为过阻尼情况。

（2）当 $\alpha = \omega_0$ 时，$R = 2\sqrt{\dfrac{L}{C}}$，则 $S_{1,2}$ 有两个相等的负实根（$-\alpha$），响应模式是临界振荡的，称为临界阻尼情况。

（3）当 $\alpha < \omega_0$ 时，$R < 2\sqrt{\dfrac{L}{C}}$，则 $S_{1,2}$ 为一对共轭复根（$-\alpha \pm \mathrm{j}\sqrt{\omega_0^2 - \alpha^2}$），响应模式是振荡性的，称为欠阻尼情况，该衰减振荡角频率为 $\omega_\mathrm{d} = \sqrt{\omega_0^2 - \alpha^2} = \sqrt{\dfrac{1}{LC} - \left(\dfrac{R}{2L}\right)^2}$。

（4）当 $R = 0$ 时，则 $S_{1,2}$ 为一对虚根（$\pm \mathrm{j}\omega_0$），响应模式是等幅振荡性的，称为无阻尼情况，等幅振荡角频率就是谐振角频率 ω_0。

（5）当 $R < 0$ 时，响应模式是发散振荡性的（增幅振荡），称为负阻尼情况。

4. RLC 串联电路参数的测量

（1）欠阻尼情况下的衰减振荡角频率 ω_d 和衰减系数 α

将图 1-11-6 所示电路的激励信号改为方波 $u_\mathrm{s}(t)$，响应波形如图 1-11-7 所示。其中，零状态响应为 $u_\mathrm{c}(t) = U_\mathrm{s}\left[1 - \dfrac{\omega_0}{\omega_\mathrm{d}} \mathrm{e}^{-\alpha t} \cos(\omega_\mathrm{d}t - \theta)\right]$，零输入响应为 $u_\mathrm{c}(t) = U_\mathrm{s}\dfrac{\omega_0}{\omega_\mathrm{d}} \mathrm{e}^{-\alpha t} \cos(\omega_\mathrm{d}t - \theta)$，$\theta = \arcsin\dfrac{\alpha}{\omega_0}$。若以 t' 为时间轴，则零状态响应为 $u_\mathrm{c}(t') = -U_\mathrm{s}\dfrac{\omega_0}{\omega_\mathrm{d}} \cdot \mathrm{e}^{-\alpha t'} \cos(\omega_\mathrm{d}t' - \theta) = k\mathrm{e}^{-\alpha t'}\cos\varphi$。当 $t' = t_1'$ 时，响应幅值为 $U_\mathrm{m1} = k\mathrm{e}^{-\alpha t_1'}$；当 $t' = t_2'$ 时，$U_\mathrm{m2} = k\mathrm{e}^{-\alpha t_2'}$，则 $\dfrac{U_\mathrm{m1}}{U_\mathrm{m2}} = \mathrm{e}^{\alpha(t_2' - t_1')}$，而 $t_2' - t_1' = T_\mathrm{d}$。所以，$\alpha = \dfrac{1}{T_\mathrm{d}}\ln\dfrac{U_\mathrm{m1}}{U_\mathrm{m2}}$。如果用示波器测量 T_d、U_m1、U_m2，则可间接测量 ω_d 和 α。

（2）无阻尼情况下的等幅振荡角频率 ω_0

图 1-11-8 所示虚框中的电路是一负阻抗变换器，从 a、b 端可以等效为一负电阻，其阻值 R' 就等于电位器 W 的大小。它与 R、L、C 器件构成串联回路，当回路总电阻（$R-R'$）为零，

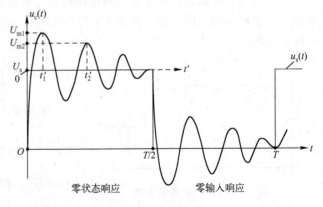

图 1-11-7　方波欠阻尼

即 $W=R$ 时, $u_c(t)$ 响应为一等幅振荡波形。用示波器测量振荡周期 T_0, 可间接测得 ω_0。

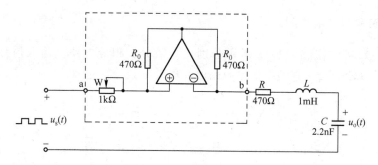

图 1-11-8　方波无阻尼电路

三、实验内容

1. 研究 RC 电路的方波响应

（1）建立电路如图 1-11-9 所示。激励信号为方波，取信号源（Source）库中的时钟信号（Clock），其峰-峰值即 Voltage 参数的值为 10V，频率为 1kHz。

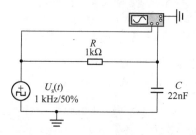

图 1-11-9　RC 电路的方波响应

（2）启动模拟程序，展开示波器面板。触发方式选择自动触发（AUTO），设置合适的 X 轴刻度、Y 轴刻度。调节电平（Level），使波形稳定。

（3）观察 $u_c(t)$ 波形，测试时间常数 τ。

通道 B 的波形即为 $u_c(t)$ 波形。为了能较为精确地测试出时间常数 τ，应将要显示段波形的 X 轴方向扩展，即将 X 轴刻度设置减小，如图 1-11-10 所示。将鼠标指向读数游标的带数字标号的三角处并拖曳，移动读数游标的位置，使游标 1 置于 $u_c(t)$ 波形的零状态响应的起点，游标 2 置于"VB2-VB1"读数等于或者非常接近于 6.32V 处，则"T2-T1"的读数即为时间常数 τ 的值。

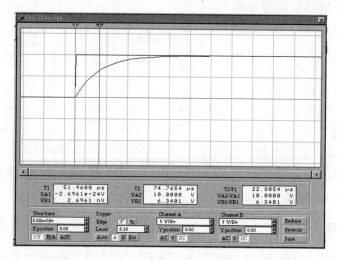

图 1-11-10　提高测量 τ 的精确所对应的波形图

（4）改变方波的周期 T，分别测试比较 $T=20\tau$、10τ、2τ、0.2τ 时 $u_c(t)$ 的变化。

2. 微分电路和积分电路测试

（1）按图1-11-11、图1-11-12所示分别建立微分、积分电路。输入信号取峰-峰值为10V的时钟信号（Clock），其频率根据电路的性质及参数分别选取。

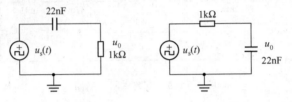

图 1-11-11　微分电路　　图 1-11-12　积分电路

（2）启动模拟程序，用示波器（Oscilloscope）观察 $u_s(t)$、u_0 波形，并测试出 Δu_0（响应信号峰-峰值）、u_s，计算出 $\Delta u_0/u_s$ 的值。

3. 研究二阶RLC串联电路的方波响应

（1）按图1-11-13所示建立电路。激励信号取频率为5kHz的时钟信号（Clock）。

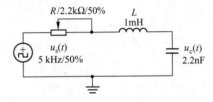

图 1-11-13　RLC 串联电路

（2）启动模拟程序，分别按 R 键或 Shift + R 键调节电位器 R 的值，用示波器（Oscilloscope）测试观察欠阻尼、临界阻尼和过阻尼三种情况下的方波响应波形，并记录下临界阻尼时的电位器 R 的值。

（3）用示波器测量欠阻尼情况下响应信号的 T_d、U_{m1}、U_{m2} 值，计算出振荡角频率 ω_d、衰减系数 α。

（4）按图1-11-14所示建立电路，激励信号仍取频率为5kHz的方波。

（5）启动模拟程序，分别按 W 键或 Shift + W 键调节电位器 W 的值，用示波器观察无阻尼情况下的等幅振荡波形 $u_c(t)$，并测试出其振荡周期 T_0 和电位器 W 的阻值，计算出振荡角频率 ω_0。

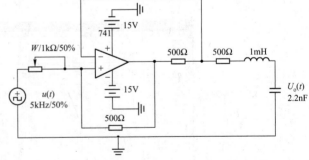

图 1-11-14　二阶 RLC 串联电路图

四、注意事项

用虚拟示波器测试过程中，如果波形不易调稳，可以用 EWB 5.0 主窗口右上角的暂停

（Pause）按钮，或者在 Analysis \ Analysis Options \ Instruments 对话框中设置 Pause after each screen（示波器满屏暂停），使波形稳定；但当改变电路参数再观察波形时，应重新启动模拟程序。

五、预习要求

阅读相关资料，熟悉 EWB 软件。

六、报告要求

（1）作出各电路的波形曲线。
（2）列出各电路所要求测试的数据并分析测试结果。

七、思考题

从方波响应来看，当 RLC 串联电路处于过阻尼情况时，若减少回路电阻，$i_L(t)$ 衰减到零的时间变短还是变长？当电路处于欠阻尼情况下，若增加回路电阻，振荡幅度衰减变快还是变慢？为什么？

八、仪器与器材

（1）微型计算机　　　　　　　　　　1台。
（2）软件 Electronics Workbench 5.0　　1套。

实验十二　电路的频率特性研究

一、实验目的

（1）掌握低通、带通电路的频率特性，学习测试低通、带通电路频率特性及有关参数的方法。
（2）掌握用 Workbench 中的波特仪（Bode Plotter）测试电路的频率特性。
（3）根据要求设计 RLC 带通滤波电路。

二、实验原理

在正弦稳态情况下，当电路网络中含有电抗元件（电容、电感）时，电路的工作状况将随频率的变动而变动，这是由于感抗和容抗随频率而变动所造成的。除了分析阻抗 $Z(j\omega)$ 的频率特性外，还应分析电流、电压随频率变化的特性。例如，研究图 1-12-1 中的 $I_1(\omega)$、$I_2(\omega)$ 和 $U_2(\omega)$ 等。

为了突出电路的频率特性，常分析输出电压与输入电压之比的频率特性，即电压转移比，它们可写为

$$H(j\omega) = \frac{U_2(j\omega)}{U_1(j\omega)} = |H(j\omega)| \angle \varphi(\omega)$$

式中，ω 为信号角频率；$|H(j\omega)|$ 表示电压

图 1-12-1　电路频率特性测试原理图

比的模（或称电压增益）与角频率之间的关系，即幅频响应；$\varphi(\omega)$ 表示相位差与角频率之间的关系，即相频响应（该相位差是电路网络输出与输入正弦电压信号之间的相位差）。两者结合起来可全面表示电路的频率响应。

通常电压的比值可用分贝表示。分贝是根据常用对数定义的，即有

$$dB = 20\lg\frac{U_2}{U_1}$$

分贝的定义同样适用于 2 个电流的比值。

为了缩短坐标，扩大视野，幅频响应和相频响应可分别绘在两张半对数坐标纸上。这种半对数坐标图，就是频率采用对数分度，而幅值或相角 φ 则采用线性分度。这两张频率响应曲线图称为对数频率曲线或波特图，如图 1-12-2 所示。

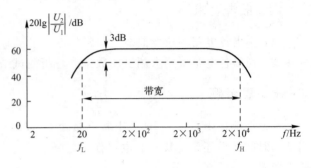

图 1-12-2　波特图

图中，f_L 称为下限截止频率，f_H 称为上限截止频率，分别表征电压比 $\dfrac{U_2}{U_1}$ 在频率低端或高端下降到中频值的 0.707 倍（-3dB）时对应的频率。两频率点间的频率范围定义为带宽，以 BW 表示，即 BW = f_H-f_L。

1. 一阶 RC 低通电路

电路如图 1-12-3（a）所示，其转移电压比为：$H(j\omega) = \dfrac{U_2}{U_1} = \dfrac{1/j\omega C}{R + 1/j\omega C} = \dfrac{1}{1+j(f/f_H)}$，

式中 $f_H = \dfrac{1}{2\pi RC}$，即为上限截止频率。幅频响应：$|H(j\omega)| = \dfrac{1}{\sqrt{1+(f/f_H)^2}}$，相频响应：

$\varphi = -\arctan(f/f_H)$，如图 1-12-3（b）所示。由图 1-12-3（b）曲线可知，该电路的功能是允许从零到截止频率 f_H 的低频信号通过，而对大于 f_H 的所有频率则衰减（当 $f > f_0$ 后，幅值的下降速率为-20dB/十倍频），所以，称其为一阶 RC 低通电路。

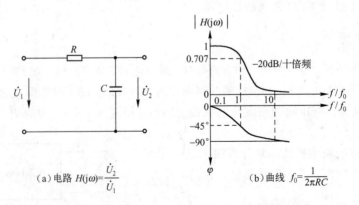

（a）电路 $H(j\omega) = \dfrac{\dot{U}_2}{\dot{U}_1}$　　　　　　　（b）曲线　$f_0 = \dfrac{1}{2\pi RC}$

图 1-12-3　一阶 RC 低通电路转移电压比频率特性

2. 二阶 RLC 带通电路

在图 1-12-4（a）所示的 RLC 串联谐振电路中，若以电阻 R 上的电压作为输出量，则转移电压比为 $H(j\omega) = \dfrac{U_2}{U_1} = \dfrac{1}{\sqrt{1 + \theta^2 \left[(f/f_0) - (f_0/f) \right]^2}}$，其幅频特性曲线和相频特性曲线如图 1-12-4（b）所示。由幅频特性曲线可知，该电路具有选频特性，即选择所需要的信号频率（f_0），抑制其他信号。选频特性的质量与电路的品质因数 Q 有关。品质因数 $Q = \dfrac{\omega_0 L}{R} = \dfrac{1}{\omega_0 RC} = \dfrac{1}{R} \sqrt{\dfrac{L}{C}}$，或 $Q|_{\omega_0} = \dfrac{U_L}{U_2} = \dfrac{U_C}{U_2}$。可见，当 L、C 一定时，改变 R 值就能影响电路的选频特性，即 R 越小，Q 越大，选频特性就越好。习惯上把幅频特性曲线的 $\dfrac{U_2}{U_1} \geqslant 0.707$ 所包含的频率范围定义为电路的通频带，用 BW 表示，即 $BW = f'' - f'$。Q 值与 BW 关系为 $BW = \dfrac{f_0}{Q}$。当电路的通频带大于信号的频带宽度时，对于信号不产生失真有利，即传送信号时的保真度高，但电路的选频性变差。总之，品质因数越高的电路，其通频带越窄，选频特性越好。所以，该电路称为二阶 RLC 带通电路。

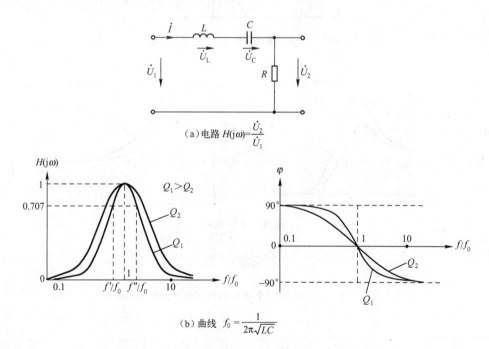

（a）电路 $H(j\omega) = \dfrac{\dot{U}_2}{\dot{U}_1}$

（b）曲线　$f_0 = \dfrac{1}{2\pi\sqrt{LC}}$

图 1-12-4　二阶 RLC 带通电路转移电压比频率特性

3. 二阶 RLC 低通电路

二阶 RLC 低通电路如图 1-12-5（a）所示。

若以 RLC 串联谐振电路中电容 C 上的电压作为输出量，则转移电压比为 $H(j\omega) = \dfrac{U_2}{U_1}$

$$= \frac{Q}{\sqrt{(f/f_0)^2 + Q^2\left[(f/f_0)-1\right]^2}}$$，其幅频特性曲线和相频特性曲线如图 1-12-5（b）所示。

由幅频特性曲线可知，该电路具有低通电路的特点，故称为二阶低通电路（当 $f > f_0$ 后，下降速率为-40dB/十倍频）。当 $Q > 0.707$，特性曲线会出现峰值，且 Q 值越大，峰值越大。

三、实验内容

1. 测试一阶 RC 低通电路的频率特性

（1）按照图 1-12-6 所示建立电路，输入信号取信号源库（Sources）中的交流电压源（AC Voltage Source），双击图标，将其电压设置为 1V，频率设置为 1kHz；波特仪（Bode Plotter）从仪器库（Instruments）中得到。

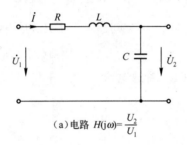

（a）电路 $H(j\omega) = \dfrac{U_2}{U_1}$

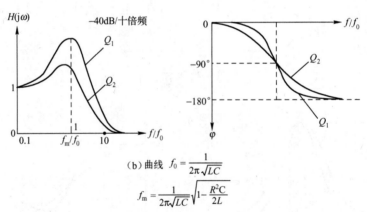

（b）曲线 $f_0 = \dfrac{1}{2\pi\sqrt{LC}}$

$$f_m = \frac{1}{2\pi\sqrt{LC}}\sqrt{1-\frac{R^2C}{2L}}$$

图 1-12-5　二阶 RLC 低通电路转移电压比频率特性

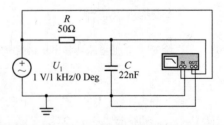

图 1-12-6　一阶 RC 低通电路频率特性的测试

（2）测试电路的截止频率 f_0。

双击波特仪图标，展开波特仪面板。如图 1-12-7 所示，按下幅频特性测量选择按钮

（Magnitude）；垂直坐标（Vertical）的坐标类型选择为线性（LIN），其起始值（I）、终止值（F），即幅度量程设定分别设置为 0 和 1；水平坐标（Horizontal）的坐标类型选择为对数（LOG）。

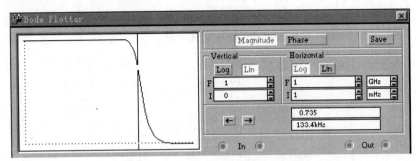

图 1-12-7　一阶低通电路 f_0 的测试

　　启动模拟程序，点击波特仪读数游标移动按钮◄►或者直接拖曳读数游标，使游标与曲线交点处垂直坐标的读数非常接近 0.707，即-20dB/十倍频频率点对应的网络函数的模值│ H（jω）│，此时交点处水平坐标的读数即为 f_0 的数值。为了提高读数的精度，将水平坐标轴的起始值（I）、终止值（F）即频率范围设置为接近初步测试的 f_0 的±5kHz 范围，展开测试段的显示曲线，重新启动模拟程序，读出 f_0 的精确值。

　　按下相频特性选择按钮，垂直坐标的起始值（I）、终止值（F）即相位角 φ 量程设定分别设置为-90 和 0。重新启动模拟程序，此时交点处垂直坐标的读数为 f_0 点对应的相位角（φ）的值。

　　（3）分别测试 $0.01f_0$、$0.1f_0$、$0.5f_0$、$5f_0$、$10f_0$、$100f_0$ 点所对应的│ H（jω）│和 φ 的值。

　　按下波特仪面板幅频特性选择按钮（Magmitude），设置合适的水平坐标范围，即水平坐标的起始值（I）、终止值（F）设置为被测量的频率点的±5kHz 范围内。启动模拟程序，拖曳读数游标，使游标与曲线交点处水平坐标读数为要测试的频率点，则垂直坐标读数为相应的网络函数的模│ H（jω）│。每测定完一个频率点的│ H（jω）│值，按下波特仪面板上的相频特性选择按钮，重新启动模拟程序，则可测出该频率点所对应的相位角（φ）的值，即交点处垂直坐标的读数。

2. 二阶 RLC 带通电路的研究

（1）设计 RLC 带通滤波电路。

根据要求设计 RLC 带通滤波电路，并确定一组参数。该电路满足下列要求：

①电源电压 $U_1 = 1$ V；

②串联谐振时，$10\text{mA} \leqslant I_0 \leqslant 30\text{mA}$；

③电容 $10\text{nF} \leqslant C \leqslant 30\text{nF}$；

④谐振频率 $20\text{kHz} < f_0 < 40\text{kHz}$。

（2）测试 RLC 带通滤波电路频率特性及品质因数。

①测试 RLC 带通滤波电路的谐振频率 f_0、上限截止频率 $f_上$ 和下限截止频率 $f_下$，参照上面的实验设计测量表格并记录。

②测量谐振电流 I_0 及此时电容两端的电压 U_C 并记录。利用公式 $Q=f_0/BW(BW=f_上 -f_下)$ 和 $Q=U_c/U_1$ 计算 Q 值，并与理论值进行比较。

（3）将电阻 R 增加到 $4R$，L、C 的值不变，重新测试电路频率特性及品质因数，分析当电阻不同时两者的差别。

3. 测试二阶 RLC 低通电路的频率特性和品质因数

（1）如图 1-12-8 所示建立电路。

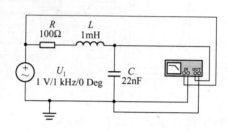

图 1-12-8　二阶 RLC 低通电路频率特性测试

（2）将幅频特性测试的垂直坐标起始值（I）、终止值（F）分别设置为 0 和 5，相频特性测试的垂直坐标起始值（I）、终止值（F）分别设置为 -180 和 0，测试 f_m 和谐振频率 f_0。

（3）测试 $0.001f_0$、$0.01f_0$、$0.1f_0$、$0.5f_0$、f_0、$5f_0$、$10f_0$、$100f_0$ 频率点所对应的网络函数的 $|H(j\omega)|$ 以及相位角 φ。计算出品质因数 $Q|_{f_0}$，并与理论值进行比较。

（4）EWB 5.0 的交流分析功能。

采用交流分析功能，可以方便地分析电路的频率响应，对实验内容 2，可按下列步骤操作。在 Analysis 菜单下的 AC Frequency Analysis 菜单项弹出的窗口中，设置 Start frequency 为 300Hz，End frequency 为 5MHz，Sweep type 为 decade（即幅频特性的横坐标是对数坐标），Number of point 为 1000（即电路仿真时每 10 倍频取 1000 个采样点），Vertical scale 设为 Decibel（即幅频特性的纵坐标是分贝），将电路输出端的节点号加到 Node for analysis 中，单击 simulate 进行频率特性分析，即可观察到幅频特性曲线和相频性曲线。按实验内容 2 的要求分析。

四、注意事项

（1）频率特性测试时，为了提高测试的精度，应缩短水平坐标起始值（I）、终止值（F）的设置范围，展开测试段的显示曲线。

（2）波特仪面板参数修改后，应重新启动模拟程序，以确保曲线显示得精确与完整。

五、预习要求

（1）复习相关谐振电路的原理，并计算出各理论值。

（2）了解 EWB 软件的波特仪面板按钮功能、波特仪连接方法以及使用方法。

六、报告要求

（1）建立表格，记录测试结果，做出各电路的幅频特性和相频特性曲线。

（2）根据一阶 RC 低通和二阶 RLC 低通电路的频率特性，比较分析两种幅频特性曲线衰减的速率。

（3）根据测量数据，采用三种方法计算 RLC 带通滤波电路的品质因数 Q，并检验 I_0、C、f_0 是否满足设计要求。

（4）分析二阶 RLC 带通电路的品质因数 Q 对电路选频特性的影响。

七、思考题

（1）电路中输入信号源起什么作用，改变信号源的参数对测试结果有无影响？

（2）试写出判定 RLC 串联电路处于谐振状态的三种实验方法。

八、仪器与器材

（1）微型计算机　　　　　　　　1台。

（2）软件 Electronics Workbench 5.0　　1套。

第二篇 模拟电子技术实验

实验一 模拟信号测试及半导体管性能测试

一、实验目的

(1) 掌握常用电子仪器的使用方法。

(2) 掌握几种典型模拟信号的幅值、有效值和周期的测量。

(3) 学习用万用表判断二极管及三极管的类型和引脚。

二、实验内容

(1) 熟悉示波器、函数信号发生器、交流毫伏表和直流稳压电源等常用电子仪器面板上各控制件的名称及其作用。

(2) 掌握常用电子仪器的使用方法。

1) 电源的使用（DF1731S 型）

① 将二路可调电源独立稳压输出，调节一路输出电压为 10V，另一路为 15V。

② 将稳压电源输出接为如图 2-1-1 所示的正负电源形式。输出直流电压为 ±15V。

③ 将两路可调电源串联使用，调节输出稳压值为 48V。

④ 将一路电源作为稳流源使用，负载电阻为 50～100Ω，调节输出稳定电流为 0.2A。

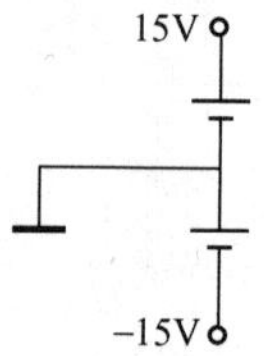

2) 示波器、函数信号发生器和交流毫伏表的使用

图 2-1-1 正负电源

① 示波器双踪显示，调出两条扫描线。注意当触发方式置于"常态"时，有无扫描线。

② 信号的测试。

用示波器显示校准信号的波形，测量该电压的峰-峰值、周期、高电平和低电平。并将测量结果与已知的校准信号峰-峰值、周期相比较。

③ 正弦波的测试。

用函数信号发生器产生频率为 1kHz（由 LED 屏幕显示），有效值为 2V（用交流毫伏表测量）的正弦波。再用示波器显示该正弦交流电压波形，测出其周期、频率、峰-峰值和有效值，将数据填入表 2-1-1。

④ 叠加在直流上的正弦波的测试。

调节函数信号发生器，产生一叠加在直流电压上的正弦波。由示波器显示该信号波形，并测出其直流分量为 1V，交流分量峰-峰值为 5V，周期为 1ms，如图 2-1-2 所示。

再用万用表（直流电压挡）和交流毫伏表分别测出该信号的直流分量电压值和交流电压

有效值，用函数信号发生器测出（显示）该信号的频率，将数据填入表 2-1-2 中。

表 2-1-1　实验数据（一）

使用仪器	正　弦　波			
	周期	频率	峰-峰值	有效值
函数信号发生器		1kHz		
交流毫伏表				2V
示波器				

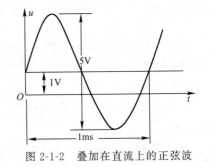

图 2-1-2　叠加在直流上的正弦波

表 2-1-2　实验数据（二）

使用函数	直流分量	交　流　分　量			
		峰-峰值	有效值	周期	频率
示波器	1V	5V		1ms	
万用表					
交流毫伏表					
函数信号发生器					

⑤ 相位差的测量。

按照图 2-1-3 所示接线，函数信号发生器输出正弦波频率为 2kHz，有效值为 2V（由交流毫伏表测出）。用示波器测量 u 与 u_c 间的相位差 φ。

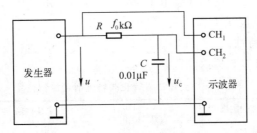

图 2-1-3　RC 串联交流电路

3）几种周期性信号的幅值、有效值及频率的测量

调节函数信号发生器，使它的输出信号波形分别为正弦波、方波和三角波，信号的频率为 2kHz（由函数信号发生器频率指示），信号的大小由交流毫伏表测量为 1V。用示波器显示波形，且测量其周期和峰值，计算出频率和有效值，数据填入表 2-1-3 中（有效值的计算可参考表 2-1-5）。

表 2-1-3　实验数据（三）

信号波形	函数信号发生器频率指示/kHz	交流毫伏表指示/V	示波器测量值		计　算　值	
			周期	峰值	频率	有效值
正弦波	2	1				
方波	2	1				
三角波	2	1				

（3）半导体晶体管的测试

1）判断二极管的极性和质量

　　将万用表拨到 R×100 或 R×1k 挡，把二极管 2AP14 的两个引脚分别接到万用表的两根测试笔上，判别二极管的极性。并记下其正向电阻和反向电阻值。说明该二极管质量是否完好。

2）判断三极管的类型和引脚

① 确定基极。

② 判断三极管是 NPN 型还是 PNP 型。

③ 判断三极管集电极 c 和发射极 e。

表 2-1-4　二极管的极性和质量

	二极管型号	正向电阻	反向电阻	质量评价
1				
2				

3）特性曲线测试

（测试前，指导教师应将图示仪开通预热，并初步调好 x 轴和 y 轴灵敏度及水平扫描线刻度）

① 测试前及测试后以下各旋钮的位置如表 2-1-5 所示。

表 2-1-5　特性曲线测试时旋钮位置

峰值电压		扫描极性		y 轴作用	x 轴作用	阶梯极性	阶梯作用	阶梯选择
按钮	旋钮	x 轴	y 轴	基极电压	集电极电压			
50V	0	⊥	⊥	⊓	1/Vcm	+	重复	0.05V/级

② a. 将 x 轴扫描极性置于（＋），调峰值电压旋钮为 10V，调节"移位"使扫描线与坐标尺最下端线重合，将 y 轴扫描极性置于（＋），此时荧光屏显示阶梯图形。

b. 调节"阶梯调零"旋钮，使阶梯零线与坐标线零线（最下边）重合。

c. 调节"级/族"旋钮使荧光屏显示 10 级阶梯波形，并调节 y 轴增益（用小起子），使每一阶梯线与水平标尺刻度线重合。

③ 测量二极管正向特性。

将各旋钮置于如表 2-1-6 所示位置。

表 2-1-6　测量二极管正向特性时各旋钮位置

峰 值 电 压		扫 描 极 性		功 耗 电 阻	x 轴作用	y 轴作用
按钮	旋钮	x 轴	y 轴		集电极电压	集电极电流
50V		+	+	1kΩ	0.1V	0.5mA

a. 将二极管插入相应的测试台的 C-E 孔内（阳极—C；阴极—E）。

b. 慢慢地顺时针旋转"峰值电压"旋钮（即逐渐增大正向偏置电压），直至能清晰有效地显示正向特性曲线，分析正向特性曲线（死区，上升陡峭度，硅、锗管的区别）。

c. 结束测试：将"峰值电压"旋钮逆时针旋转至 0，取下二极管。

④ 测量三极管的输出特性。

将各旋钮置于如表 2-1-7 所示位置。

表 2-1-7　测量三极管的输出特性时各旋钮位置

峰 值 电 压		扫 描 极 性		功耗电阻	y 轴作用	x 轴作用	阶梯极性	阶梯作用	阶梯选择
按钮	旋钮	x 轴	y 轴		基极电压	集电极电压			
50V	0	+	+	1kΩ	0.5mA	1	+	重复	10μA/级

　　a. 将三极管对应引脚插入相应的测试台的 C-B-E 孔内。

　　b. 慢慢顺时针旋转 "峰值电压" 旋钮（即逐渐增大 V_{CE} 电压），直至屏幕上显示出清晰有效的三极管输出特性曲线，观察并记录、分析特性曲线（饱和区，截止区，放大区，间隔是否均匀，放大区是否平坦，估算 $\beta = \dfrac{\Delta I_C}{\Delta I_B} = \underline{\hspace{3cm}}$）。

　　3）结束测试：将 "峰值电压" 旋钮逆时针旋转至 0，取下三极管。

　　4）将各旋钮置于表 2-1-5 中所示位置，结束特性曲线的测试。

三、预习要求

（1）搞清常用电子仪器面板上各控制元件的名称及作用。

（2）搞清各种常用电子仪器的使用方法。

（3）复习有关二极管和三极管的工作原理。

四、报告要求

（1）整理实验数据，记录，填入表格。

（2）总结用万用表判断三极管的类型和引脚以及二极管的极性和质量的方法。

（3）讨论：对本章末复习思考题和实验中出现的问题进行讨论。

五、要点及复习思考题

1. 要点

（1）了解示波器、函数信号发生器、交流毫伏表和直流稳压电源等常用电子仪器的基本组成和工作原理。

（2）掌握常用电子仪器的使用方法。

（3）了解晶体管（二极管、三极管）。

2. 复习思考题

（1）什么叫扫描、同步，它们的作用是什么？

（2）触发扫描和自动扫描有什么区别？

（3）使用示波器时，如出现以下情况：①无图像；②只有垂直线；③只有水平线；④图像不稳定；试说明可能的原因，应调整哪些旋钮加以解决？

（4）用示波器测量电压的大小和周期时，垂直微调旋钮和扫描微调旋钮应置于什么位置？

（5）用示波器测量直流电压的大小与测量交流电压的大小相比，在操作方法上有哪些不同？

（6）设已知一函数信号发生器输出电压峰-峰值 $U_{oP\text{-}P}$ 为 10V，此时分别按下输出衰减 20dB，40dB 键，或同时按下 20dB、40dB 键，这三种情况下，函数信号发生器的输出电压峰-峰值变为多少？

（7）交流毫伏表在小量程挡，输入端开路时，指针偏转很大，甚至出现打针现象，这是什么原因？应怎样避免？

（8）函数信号发生器输出正弦交流信号的频率为 20kHz，能否不用交流毫伏表而用数字万用表交流电压挡去测量其大小？

（9）在实验中，所有仪器与实验电路必须共地（所有的地接在一起），这是为什么？

（10）对一方波或三角波，交流毫伏表的指示是否是它们的有效值？如何根据交流毫伏表的指示求得方波或三角波的有效值（提示：参考表 2-1-8，各种信号波形有效值 $U_{有}$、平均值 $U_{平}$、峰值 $U_{峰}$ 之间的关系）？

表 2-1-8　各种信号波形有效值 $U_{有}$、平均值 $U_{平}$、峰值 $U_{峰}$ 之间的关系

信 号 波 形	全波整流后的		
	$U_{有}/U_{平}$（波形系数）	$U_{平}/U_{峰}$	$U_{有}/U_{峰}$
正弦波	1.11	$2/\pi$	$1/\sqrt{2}$
方波	1.00	1	1
三角波	1.15	$1/2$	$1/\sqrt{3}$

（11）若三极管已装在电路中，在通电情况下，不拆下三极管，如何判断其好坏和类型？

六、仪器与器材

（1）双踪示波器　　　　　YB4320 型　　　　　　　1台。
（2）函数信号发生器　　　YB1638 型　　　　　　　1台。
（3）交流毫伏表　　　　　SX2172 型　　　　　　　1台。
（4）直流稳压电源　　　　DF1731S 型　　　　　　 1台。
（5）电阻、电容　　　　　10kΩ，0.01μF 各 1 只，二极管及三极管若干。
（6）万用表　　　　　　　　　　　　　　　　　　　1台。
（7）晶体管参数测试仪　　　　　　　　　　　　　　1台。

实验二　模拟运算电路

一、实验目的

（1）深刻理解运算放大器的"虚短"、"虚断"的概念。熟悉运放在信号放大和模拟运算方面的应用。

（2）掌握反相比例运算电路，同相比例运算电路、加法和减法运算及单电源交流放大等电路的设计方法。

（3）学会测试上述各运算电路的工作波形及电压传输特性。

二、实验原理

集成运算放大器是高增益的直流放大器。在其输出端和输入端之间接入不同的反馈网络，就能实现各种不同的电路功能。当集成运算放大器工作在线性区时，其参数很接近理想值，因此在

分析这类放大器时应注意抓住以下两个重要特点，便可使得分析这类问题时变得十分简便。

第一，由于理想运放的开环差模输入电阻无穷大，输入偏置电流为零，所以不会从外部电路索取任何电流，故流入放大器反相输入端和同相输入端的电流 $I_i=0$。

第二，由于理想运放的开环差模电压增益为无穷大，那么当输出电压为有限值时，差模输入电压 $|V_--V_+|=|V_o|/|A_o|=0$，即 $V_-=V_+$。

在应用集成运放时，必须注意以下问题。

集成运放是由多级放大器组成，将其闭环构成深度负反馈时，可能会在某些频率上产生附加相移，造成电路工作不稳定，甚至产生自激振荡，使运放无法正常工作，所以必须在相应运放规定的引脚端接上相位补偿网络；在需要放大含直流分量信号的应用场合，为了补偿运放本身失调的影响，保证在集成运放闭环工作后，输入为零时输出为零，必须考虑调零问题；为了消除输入偏置电流的影响，通常让集成运放两个输入端对地直流电阻相等，以确保其处于平衡对称的工作状态。

1. 反相输入比例运算电路

电路如图 2-2-1 所示。信号 V_i 由反相端输入，所以 V_o 与 V_i 相位相反。输出电压经 R_F 反馈到反相输入端，构成电压并联负反馈电路。在设计电路时，应注意，R_F 也是集成运放的一个负载，为保证电路正常工作，应满足 $I_o<I_M$ 及 $V_o<V_{oM}$。R_1 为闭环输入电阻，应选择 $R_1=\dfrac{R_F}{A_{Vf}}$，R_P 为输入平衡电阻，选择参数时应使 $R_P=R_1/\!/R_F$。

由"虚短"、"虚断"原理可知，该电路的闭环电压放大倍数为

$$\dot{A}_{Vf}=\frac{\dot{V}_0}{\dot{V}_i}=-\frac{R_F}{R_1}$$

当 $R_F=R_1$ 时，运算电路的输出电压等于输入电压的负值，称为反相器。

由于反相输入端具有"虚地"的特点，故其共模输入电压等于零。反相比例运算电路的电压传输特性如图 2-2-2 所示。其输出电压的最大不失真峰-峰值为

$$V_{oP\text{-}P}=2V_{oM}$$

式中，V_{oM} 为受电源电压限制的运放最大输出电压，通常 V_{oM} 比电源电压 V_{CC} 小 $1\sim2V$。

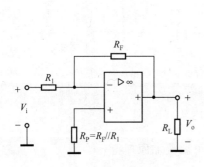

图 2-2-1　反相比例运算电路

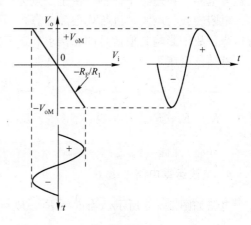

图 2-2-2　反相比例运算电路的电压传输特性

电路输入信号最大不失真范围为

$$V_{\text{iP-P}} = \frac{V_{\text{oP-P}}}{|A_{\text{Vf}}|} = V_{\text{oP-P}} \cdot (R_1 / R_\text{F})$$

2. 同相输入比例运算电路

电路如图 2-2-3 所示。它属电压串联负反馈电路，其输入阻抗高，输出阻抗低，具有放大及阻抗变换作用，通常用于隔离或缓冲级。在理想条件下，其闭环电压放大倍数为

$$\dot{A}_{\text{Vf}} = \frac{\dot{V}_\text{o}}{\dot{V}_\text{i}} = 1 + \frac{R_\text{F}}{R_1}$$

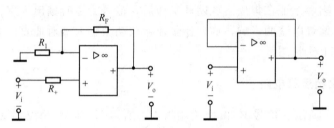

图 2-2-3　同相比例运算电路和同相跟随器

在图 2-2-3 中，当 $R_\text{F} = 0$ 或 $R_1 = \infty$ 时，$A_{\text{Vf}} = 1$，即输出电压与输入电压大小相等，相位相同，称为同相电压跟随器。不难理解，同相比例运算电路的电压传输特性斜率为 $1 + R_\text{F}/R_1$。同样，电压传输特性的线性范围也受到 $I_{\text{o max}}$ 和 V_{oM} 的限制。必须注意的是，由于信号从同相端加入，对运放本身而言，由于没有"虚地"存在，相当于两输入端同时作用着与 V_i 信号幅值相等的共模信号，而集成运放的共模输入电压范围（即 $V_{\text{k max}}$）是有限的。故必须注意信号引入的共模电压不得超出集成运放的最大共模输入电压范围，同时为保证运算精度，应选用高共模抑制比的运放器件。

3. 加法运算电路

电路如图 2-2-4 所示。在反相比例运算电路的基础上增加几个输入支路便构成了反相加法运算电路。在理想条件下，由于 Σ 点为"虚地"，二路输入电压彼此隔离，各自独立地经输入电阻转换为电流，进行代数和运算，即当任一输入 $V_{\text{ik}} = 0$ 时，则在其输入电阻 R_k 上没有压降，故不影响其他信号的比例求和运算。

总输出电压为

$$\dot{V}_\text{o} = -\left(\frac{R_\text{F}}{R_1} \dot{V}_{\text{i1}} + \frac{R_\text{F}}{R_2} \dot{V}_{\text{i2}} \right)$$

其中，$R_\text{P} = R_1 /\!/ R_2 /\!/ R_\text{F}$，当 $R_1 = R_2 = R_\text{F}$ 时，

$$\dot{V}_\text{o} = -(\dot{V}_{\text{i1}} + \dot{V}_{\text{i2}})$$

4. 减法运算电路

电路如图 2-2-5 所示。当 $R_2 = R_1$，$R_3 = R_\text{F}$ 时，可由叠加原理得

$$\dot{V}_\text{o} = (\dot{V}_{\text{i2}} - \dot{V}_{\text{i1}}) \frac{R_\text{F}}{R_1}$$

当取 $R_1 = R_2 = R_3 = R_F$ 时，$\dot{V}_o = \dot{V}_{i2} - \dot{V}_{i1}$，实现了减法运算。常用于将差动输入转换为单端输出，广泛地用来放大具有强烈共模干扰的微弱信号。要实现精确的减法运算，必须严格选配电阻 R_1、R_2、R_3、R_F。此外，$\dot{V}_{i2}$ 使运放两个输入端上存在共模电压 $\dot{V}_- \approx \dot{V}_+ = \dot{V}_{i2} \dfrac{R_3}{R_2 + R_3}$，在运放 K_{CMR} 为有限值的情况下，将产生输出运算误差电压，所以必须采用高 K_{CMR} 的运放以提高电路的运算精度。

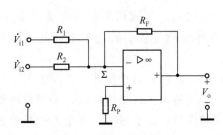

图 2-2-4　反相加法器

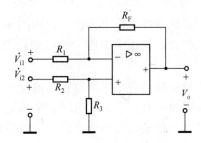

图 2-2-5　减法运算电路

5. 单电源供电的交流放大器

在仅需放大交流信号的应用场合（如音频信号的前置级或激励级），为简化供电电路，常采用单电源供电，以电阻分压方法将同相端偏置在 $\dfrac{1}{2}V_{CC}$（或负电源 $\dfrac{1}{2}V_{EE}$），使运放反相端和输出端的静态电位与同相端相同。交流信号经隔直电容实现传输。

（1）单电源反相比例交流放大器

电路如图 2-2-6 所示。该电路为直流负反馈，用以稳定静态工作点。由于静态时运放输出端为 $\dfrac{1}{2}V_{CC}$，从而获得最大的动态范围（$V_{oP-P} \approx V_{CC}$），其电压放大倍数与双电源供电的反相放大器一样，即 $\dot{A}_{Vf} = -R_F/R_1$。当 $R_1 = R_F$ 时，$\dot{A}_{Vf} = -1$，即为交流反相器。

（2）单电源同相比例交流放大器

电路如图 2-2-7 所示。分析方法同上。

其电压放大倍数为

$$\dot{A}_{Vf} = 1 + \frac{R_F}{R_1}$$

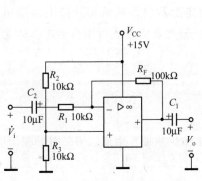

图 2-2-6　反相比例交流放大器

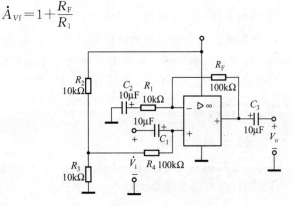

图 2-2-7　同相比例交流放大器

三、电路安装与调试

1. 安装注意事项

① 对选定的运放安装使用前应认真查阅有关手册，了解所用集成运放各引脚排列顺序、外接电路。特别注意正、负电源端，输出端及同相、反相输入端的位置。

② 接线完毕后，应认真检查电路，确认无误后，方可通电，否则有可能损坏器件。另外，因集成运放工作电流很小，例如输入电流只有 nA 级，故集成运放各端点接触应良好，否则电路将不能正常工作。接触是否可靠可用直流电压表测量各引脚与地之间的电压值来判定。

集成运放的输出端应避免与地、正电源、负电源短接，以免器件损坏。同时输出端所接负载电阻也不宜过小，其值应使集成运放输出电流小于其最大允许输出电流，否则有可能损坏器件，或使输出波形变差。安装电路或改接、插拔器件时，必须断电，否则器件易受到极大的感应或电冲击而损坏。

2. 静态测试检查

① 若所接电路无误，将直流电源输出电压调整到电路所需电压后关闭电源，接入电路，再重新开启电源。

② 电路调零就是消除失调误差。将运放应用电路各输入端对地短接，调节调零电位器，使运放输出电压等于零。在小信号高精度直流放大电路中，调零十分重要。调零的原理是，在运放的输入端外加一个补偿电压，以抵消运放本身的失调电压，达到调零的目的。

目前大部分集成运放都设有调零端子，使用时只要按手册中的规定接入调零电路，进行调零即可。如 μA741，其调零电路如图 2-2-8 所示。调零时需要细心，不能使电位器 R_{P1} 的滑动端与地线或正电源线相碰，否则会损坏运算放大器。

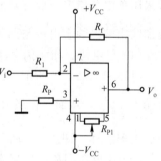

图 2-2-8　运放调零电路

3. 动态测试

① 当静态检查正常之后，关闭直流电源，拆去电路输入端的对地短接线。

② 先对输入信号进行初测，使输入电压不超过规定的数值，然后将其接入被测电路的输入端，再接通直流电源，即可对电路进行动态测试。若为直流输入可用直流电压表进行测量，若为交流信号，则用交流毫伏表或示波器测试。

四、实验内容

（1）设计反相放大器

设计一个反相放大器，满足关系式 $\dot{A}_{Vf} = -10$。要求至少验证三组输入情况时的输出电压。

（2）设计单电源交流放大器

设计一个单电源交流放大器，要求 $\dot{A}_{Vf} = -4$。

（3）设计加法器

设计一个加法器，满足 $V_o = -(V_{i1} + V_{i2})$。选取两组直流信号电压，测量相应的 U_o 值。要求至少验证三组输入情况时的输出电压。

（4）设计减法器

设计一减法器，满足 $V_o = -10(V_{i1} - V_{i2})$。选取两组直流信号电压，测量相应的 U_o 值。要求至少验证三组输入情况时的输出电压。

（5）设计电路满足 $V_o = -2V_{i1} + 3V_{i2}$。

五、预习要求

（1）复习集成运放有关模拟运算应用方面的内容，弄清各电路的工作原理。

（2）完成实验内容所规定的电路设计，对所设计电路进行器件选择。

（3）在预习报告中计算好有关内容的理论值，便于在实测中进行比较。并自拟实验数据表格。

六、实验报告要求

（1）写出所做实验电路的设计步骤，画出电路，并标注元件参数值。

（2）整理实验数据并与理论值进行比较、讨论。

（3）用坐标纸画出实验中观察的波形，并进行分析讨论。

七、思考题

（1）理想运算放大器具有哪些特点？

（2）单电源运放用来放大交流信号时，电路结构上应满足哪些要求？若改用单一负电源供电，电路应作如何改动？

（3）运放用做模拟运算电路时，"虚短"、"虚断"能永远满足吗？试问：在什么条件下"虚短"、"虚断"将不再存在？

八、仪器与器材

（1）双踪示波器　　　　　　YB4320 型　　　　　　1 台。

（2）函数信号发生器　　　　YB1638 型　　　　　　1 台。

（3）直流稳压电源　　　　　DF1371S 型　　　　　1 台。

（4）交流电压表　　　　　　SX2172 型　　　　　　1 台。

（5）模拟实验箱　　　　　　YB-AG 型　　　　　　1 台。

（6）万用表　　　　　　　　　　　　　　　　　　1 台。

实验三　BJT 共射极电压放大电路的分析

一、实验目的

（1）能根据一定的技术指标要求设计出共射极电压放大电路，学习共射极电压放大电路的一般设计方法。

（2）学习共射极放大电路静态工作点的设置与调整方法；学习放大电路的电压放大倍数、最大不失真输出电压、输入/输出电阻以及频率特性等基本性能指标的测试方法。

（3）研究电路参数变化对放大器性能指标的影响。

（4）掌握双踪示波器、晶体管特性图示仪、交流毫伏表和万用表的使用方法。

二、实验原理

1. 静态工作点的选择

放大器的基本任务是不失真地放大信号。由于它的性能与静态工作点的位置及其稳定性直接相关，要使放大器能够正常工作，必须设置合适的静态工作点。

为了获得最大不失真的输出电压，静态工作点应该选在输出特性曲线上交流负载线中点的附近，如图 2-3-1 中的 Q 点。若工作点选得太高（如图 2-3-2 中的 Q_1 点），就会出现饱和失真；若工作点选得太低（如图 2-3-2 中的 Q_2 点），就会产生截止失真。

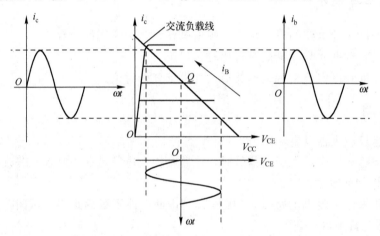

图 2-3-1　具有最大动态范围的静态工作点

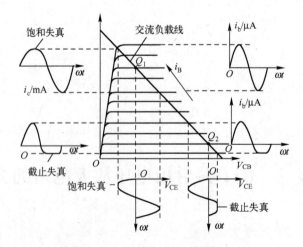

图 2-3-2　静态工作点设置不合适输出波形产生失真

对于小信号放大器而言，由于输出交流幅度很小，非线性失真不是主要问题，因而 Q 点不一定要选在交流负载线的中点，可根据其他指标要求而定。如在希望耗电小、噪声低、输入阻抗高时，Q 点就可选得低一些；如希望增益高时，Q 点可适当选择高一些。

2. 放大电路的选择

为使放大器建立一定的静态工作点，通常有固定和射极偏置电路（或分压式电流负反馈偏置电路）两种偏置电路可供选择。固定偏置电路结构简单，但当环境温度变化或更换晶体管时，Q 点会明显偏移，导致原先不失真的输出波形可能产生失真。而射极偏置电路（见图 2-3-3）因为具有自动调节静态工作点的能力，当环境温度变化或更换晶体管时，Q 点基本保持不变，从而得到了广泛的应用。

三、设计原则

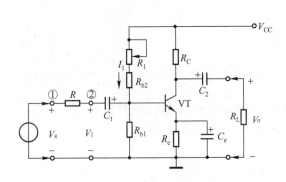

图 2-3-3　射极偏置电路

所谓设计就是按照性能指标的要求，根据理论的主要原则选择合适的电路，确定使用的电源电压、静态工作点，并且计算出各个元件数值的整个过程。在设计中，通常采用近似公式或经验公式，有时也称此过程为电路估算或工程估算。由于所给条件不同，工程估算无固定格式，但可遵循一些原则。下面以图 2-3-3 为例介绍一些设计原则。

1. 集电极电阻 R_C

计算 R_C 的原则有 2 个：一是满足放大倍数要求；二是不能产生饱和失真。一般来说，输出电压 U_o、放大倍数 A_u 为指标要求。

输入电压的峰值
$$U_{iM} = \frac{U_{oM}}{A_u} \tag{2-3-1}$$

基极电流的峰值
$$I_{bM} = \frac{U_{iM}}{r_{be}} \tag{2-3-2}$$

对小信号放大器其工作点 I_c 一般在 $1\sim 2\text{mA}$，此时的 r_{be} 值可按 $1\text{k}\Omega$ 估算。

$$R'_L = \frac{U_{oM}}{I_{cM}} = R_C \mathbin{//} R_L \tag{2-3-3}$$

$$I_{cM} = \beta I_{bM} \tag{2-3-4}$$

则
$$R_C = \frac{R_L R'_L}{R_L - R'_L} \tag{2-3-5}$$

由于计算法的缺点，所求的 R_C 是否可用，要通过对静态工作点的验证加以判定，一般只要使

$$U_{CEQ} \geqslant U_{oM} + 1\text{V} \tag{2-3-6}$$

这样可使放大器不工作在饱和区，否则要重新计算 R_C 的值。

2. 偏置电阻 R_{b1}、R_{b2} 以及射极电阻 R_e 的确定

要使直流电流负反馈强，则需要基极电位 U_B 高且稳，这就要求流过偏置电路的电流 I_1

要大，即 I_B 在 I_1 中所占的比例要小。但 I_1 大即要求 R_{b1}、R_{b2} 小，这又影响着电路的输入电阻及能量损耗，I_1 也不能太大，通常取

$$I_1 = (5 \sim 10)I_B$$

U_E 越高（U_B 越高），则电流反馈越强，但电源的有效利用效率却越低，所以 U_E（U_B）不能太高，一般取

$$U_B = (5 \sim 10)U_{BE}$$

或

$$U_B = \begin{cases} 3 \sim 5\text{V}（硅管）\\ 1 \sim 3\text{V}（锗管） \end{cases} \tag{2-3-7}$$

考虑到不使信号进入截止区而产生截止频率失真，要 $I_{CQ} > I_{cM}$，一般取

$$I_{CQ} = I_{cM} + 0.5\text{mA} \tag{2-3-8}$$

$$I_{BQ} = \frac{I_{CQ}}{\beta}$$

所以有

$$R_{b1} = \frac{U_B}{I_1} \tag{2-3-9}$$

$$R_{b2} = \frac{V_{CC}\text{-}U_B}{I_1} \tag{2-3-10}$$

为了调节静态工作点的方便，通常把 R_{b2} 用一可变电阻和一固定电阻相串联代替，固定电阻阻值加上可变电阻中间值等于 R_{b2} 时，R_{b2} 的变化范围分布较为适度。

射极电阻 $$R_e = \frac{U_E}{I_E} \approx \frac{U_B\text{-}U_{BE}}{I_{CQ}} \tag{2-3-11}$$

3. 晶体管的选取

晶体管选取依据很多，比如极限参数、频率特性、噪声系数等。在进行晶体管选取时，要根据晶体管在多级放大器中所处的不同位置，对这些数据有所侧重。

（1）极限参数

依据极限参数是选择晶体管的重要原则，特别是在选择放大器的末级、末前级晶体管时更是如此。极限参数很多，但经常考虑的是集电极耗散功率 P_{CM}、击穿电压 $U_{(BR)CEO}$、最大集电极电流 I_{cM}，即要求加于管子两端的电压应小于 $U_{(BR)CEO}$。在甲类工作时，I_{CQ} 与 U_{CEQ} 的乘积应小于 P_{CM}，乙类时 P_{CM} 又决定着输出功率。在小信号放大电路中以上 3 个参数易于满足，选择管子时可不考虑极限参数。

（2）频率性能

不论管子工作在哪一级，管子的截止频率 f_β 都应大于放大电路的上限频率 f_H。

（3）噪声系数的考虑

为了减少放大电路噪声，应选择噪声系数小的管子，特别是当管子工作在前置级时更应如此，因为第一级的噪声对整个放大电路影响最大。

在晶体管型号确定后，应再选定晶体管的 β 值。一般希望 β 选大一些，但也不是越大越好。β 太高易引起自激振荡，且管子本身工作易不稳定，受温度影响大。通常选择 β 在 $50 \sim 100$ 之间。

4. 电源电压 V_{CC}

电源电压 V_{CC} 既要满足输出幅度、工作点稳定的要求，又不能选得太高，以免对电源设备和晶体管的耐压产生过高而不必要的要求。

$$V_{CC} = U_{CEQ} + I_{CQ}(R_C + R_e) \tag{2-3-12}$$

$$U_{CEQ} = U_{oM} + U_{CES} \tag{2-3-13}$$

四、设计举例

技术指标与要求：已知信号频率 $f_0 = 1kHz$，负载电阻 $R_L = 3k\Omega$，晶体管参数读者可以自己查相关资料，β 自测（一般 $60 < \beta < 100$），要求工作点稳定，电压放大倍数 $A_u \geqslant 70$，输出电压 $U_{oM} \geqslant 2V$（峰值）。

1. 选择电路形式

因要求工作点稳定性好，故选用分压式电流负反馈电路，如图 2-2-3 所示。

2. 选择晶体管

在小信号放大器中，由于对极限参数要求不高，设计时一般可不考虑极限参数。

由于要求工作频率很低，3AX 系列可以满足要求，考虑到通用性，也可以选取高频小功率 3DG 系列的管子，今选取 3DG6B，$I_{cM} = 20mA$，$U_{(BR)CEO} = 20V$，$I_{CBO} < 0.01\mu A$ 实测 $\beta = 70$。

3. 集电极电阻 R_c 的确定

$A_u \geqslant 70$，考虑留有一定余量，但不超过原量的 20%，可按 $A_u = 80$。同样的目的，U_{oM} 按 2.5V 设计。

输入电压的峰值 $U_{iM} = \dfrac{U_{oM}}{A_u} = \dfrac{2.5}{80} = 31mV$。

如果静态电流选在 2mA 左右，晶体管的输入电阻可以按 $1k\Omega$ 的经验值估计，则基极电流的峰值 $I_{bM} = \dfrac{U_{iM}}{r_{be}} = \dfrac{31}{1} = 31\mu A$，集电极电流的峰值 $I_{cM} = \beta I_{bM} = 70 \times 31 = 2.1mA$。根据设计指标提出 $U_{oM} = 2.5V$，$I_{cM} = 2.1mA$，则 $R_L' = \dfrac{U_{oM}}{I_{cM}} = \dfrac{2.5}{2.1} = 1.19k\Omega$，集电极电阻

$$R_c = \frac{R_L R_L'}{R_L - R_L'} = 1.97k\Omega$$

取标称值 $R_c = 2k\Omega$。

4. 射级电阻 R_e 的确定

根据工作点稳定的条件 $U_B = (5 \sim 10) U_{BE} = 3 \sim 5V$（硅管），选 $U_B = 3V$。考虑到不使输入信号因截止而产生失真，故取 $I_{CQ} = I_{cM} + 0.5mA = 2.6mA$，则 $R_e = \dfrac{U_E}{I_E} \approx \dfrac{U_B - U_{BE}}{I_{CQ}} = 0.88k\Omega$，取标称值 $R_e = 0.91k\Omega$。

5. 确定电源电压 V_{CC}

$$V_{CC} = U_{CEQ} + I_{CQ}(R_c + R_e) = U_{oM} + U_{CES} + I_{CQ}(R_c + R_e) = 11.1V$$

其中 U_{CES} 取最大可能值 1V，则 $V_{CC}=11.1V$。国家规定电源电压值必须为 3 的倍数，则取 $V_{CC}=12V$。

6. 基极偏置电阻 R_{b1}、R_{b2} 的确定

根据工作点稳定的另一条件　　　　$I_1\approx（5\sim10）I_B$

已知　　　　　　　　　　　　$I_{BQ}=\dfrac{I_{CQ}}{\beta}=\dfrac{2.6}{70}=37\mu A$

选 $I_1=0.2mA$，则 $R_{b1}=\dfrac{U_b}{I_1}=15k\Omega$，实选 $R_{b1}=15k\Omega$，$R_{b2}=\dfrac{V_{CC}-U_B}{I_1}=45k\Omega$。

通常都是用改变 R_{b2} 来实现静态工作点的改变，因此 R_{b2} 用 47kΩ 电位器与固定电阻 20kΩ 串联。

7. 电容 C_1，C_2，C_e 的选取

耦合电容及旁路电容的取值，并不一定都要通过计算求得，也可根据经验和参考一些电路酌情选择，在低频范围内通常取 $C_1=C_2=5\sim10\mu F$，$C_e=50\sim200\mu F$；选 $C_1=C_2=10\mu F/15V$，$C_e=47\mu F/6V$（电容应选取标称值，并注意耐压）。

8. 校核放大倍数与静态工作点

上述元器件参数的选定，均有一定的近似成分，能否满足设计指标要求，应需加以检验校核。

（1）放大倍数

$$R_L'=\frac{U_{oM}}{I_{cM}}=\frac{2.5}{2.1}=1.2k\Omega$$

$$r_{be}=300+（\beta+1）\frac{26（mV）}{I_E}=1k\Omega$$

所以　　　　　　　　　　　$A_u=-\beta\frac{R_L'}{r_{be}}=-84$

$$|A_u|>80$$

可见满足设计的性能指标。

（2）静态工作点 U_{CEQ}

为了使放大器不产生饱和失真，要求

$$U_{CEQ}>U_{oM}+1=3.5V$$

$$U_{CEQ}=V_{CC}-I_{CQ}（R_C+R_e）=4.4V$$

显然 $U_{CEQ}=U_{oM}+1$，即放大器在满足输出幅度的要求下没有饱和失真，再加上 $I_{CQ}=I_{cM}+0.5mA$ 的条件，可见放大电路工作在放大区。

五、电路安装与调试

1. 根据设计的电路图，安装电路

（1）检查元器件

用万用表检查三极管质量、电阻的阻值及电解电容的充放电情况。在允许的条件下，可用图示仪检查三极管的主要参数。

（2）电路组装

根据电路图，在模拟电路实验平台搭接电路。电路安装完成后，应对照电路图仔细检查，并用万用表检查电源正负极之间有无短路现象，快速排查故障。

2. 通电调试

此环节包括测试和调整两个方面，测试是对电路的参数及工作状态进行测量，以便提供调整电路的依据。经过反复调整及测量，使电路性能达到要求。

为了使调试能顺利进行，最好在电路原理图上标明元器件参数、主要测试点的电位值以及相应的波形图。具体步骤如下：

（1）通电观察

将经过万用表准确测量的电源接入电路，此时不应急于测量数据，而应先观察有无异常现象，这包括电路中有无冒烟、有无异常气味以及元器件是否发烫、电源输出有无短路现象等。如果有异常现象发生，应立即切断电源，检查电路，排除故障，待故障排除后方可重新接通电源。

（2）静态工作点的测试与调整

接通电源后，在放大器输入端不加交流信号即 $V_i = 0$ 时，测量晶体管静态集电极电流 I_{CQ} 和管压降 U_{CEQ}。其中 U_{CEQ} 可直接用万用表直流电压挡测量 c-e 极间的电压（或测 V_C 及 V_E，然后相减）得到，而 I_{CQ} 的测量有两种方法：

① 直接测量法。将万用表置于适当量程的直流电流挡，断开集电极回路，将两表棒串入电路中（注意正、负极性）测读。此法测量精度高，但比较麻烦。

② 间接测量法。用万用表直流电压挡先测出 R_C（或 R_E）上的电压降，然后由 R_C（或 R_E）标称值算出 I_{CQ}（$I_{CQ} = V_{RC}/R_C$）或 I_{EQ}（$I_{EQ} = V_{RE}/R_E$）值。此法简便，是测量中常用的方法。为减少测量误差应选用内阻较高的万用表。

正常情况下，U_{CEQ} 应为正几伏，说明晶体管工作在放大状态。若发现 $U_{CEQ} \approx V_{CC}$，说明晶体管工作在截止状态；若 $U_{CEQ} < 0.5V$，说明晶体管已进入饱和状态。上述两种情况说明，所设置的静态工作点偏离较大，应检查电路是否存在故障（晶体管引脚是否接错和损坏、元件参数是否相符）、测量是否有误，以及读数是否看错等。

（3）动态性能的测试

1）电压放大倍数 A_V

A_V 是指输出电压 V_o 和输入信号电压 V_i 的比值，即 $A_V = V_o/V_i$，A_V 是用交流毫伏表测出输出电压的有效值 V_o 和输入电压的有效值 V_i 相除而得。

2）输入电阻 R_i

R_i 是指从放大器输入端看进去的交流等效电阻，它等于放大器输入端信号电压 V_i 与输入电流 I_i 之比，即 $R_i = \dfrac{V_i}{I_i}$。

本实验采用换算法测量输入电阻。测量电路如图 2-3-4 所示。在信号源与放大器之间串入一个已知电阻 R_s，只要分别测出 V_s 和 V_i，则输入电阻为

$$R_{i} = \frac{V_{i}}{I_{i}} = \frac{V_{i}}{(V_{s} - V_{i})/R_{s}} = \frac{V_{i}}{V_{s} V_{i}} \cdot R_{s}$$

测量时应注意以下两点：

① 由于 R_{s} 两端均无接地点，而交流毫伏表通常是测量对地交流电压的，所以在测量 R_{s} 两端的电压时，必须先分别测量 R_{s} 两端的对地电压 V_{s} 和 V_{i}，再求其差值 $V_{s} - V_{i}$ 而得。实验时，R_{s} 的数值不宜取得过大，以免引入干扰；但也不宜过小，否则容易引起较大误差。通常取 R_{s} 与 R_{i} 为同一个量级。

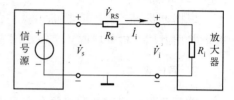

图 2-3-4　用换算法测量 R_{i} 的原理图

② 在测量之前，交流毫伏表应该调零，并尽可能用同一量程挡测量 V_{s} 和 V_{i}。

3）输出电阻 R_{o}。

R_{o} 是指将输入电压源短路，从输出端向放大器看进去的交流等效电阻。它和输入电阻 R_{i} 同样都是对交流而言的，即都是动态电阻。用换算法测量 R_{o} 的原理如图 2-3-5 所示。

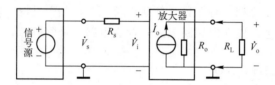

图 2-3-5　用换算法测量 R_{o} 的原理图

在放大器输入端加入一个固定信号电压 $\dot{V}_{s}$，分别测量当已知负载 R_{L} 断开和接上时的输出电压 V_{o}' 和 V_{o}，则 $R_{o} = (V_{o}'/V_{o} - 1) R_{L}$。

4）放大器的幅频特性

放大器的幅频特性系指在输入正弦信号时放大器电压增益 A_{V} 随信号源频率而变化的稳态响应。当输入信号幅值保持不变时，放大器的输出信号幅度将随着信号源频率的高低而改变，即当信号频率太高或太低时，输出幅度都要下降，而在中间频带范围内，输出幅度基本不变。通常称增益下降到中频增益 A_{VM} 的 0.707 倍时所对应的上限频率 f_{H} 和下限频率 f_{L} 之差为放大器的通频带。即

$$BW = f_{H} - f_{L}$$

一般采用逐点法测量幅频特性，保持输入信号电压 V_{i} 幅值不变，逐点改变输入信号的频率，测量放大器相应的输出电压 V_{o}，由 $A_{V} = V_{o}/V_{i}$ 计算对应于不同频率下放大器的电压增益，从而得到该放大器增益的幅频特性。用单对数坐标纸将信号源频率 f 用对数分度、放大倍数 A_{V} 取线性分度，即可作出幅频特性曲线。

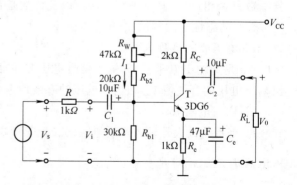

图 2-3-6　分压偏置共射极放大电路

六、实验内容

实验电路如图 2-3-6 所示分压偏置共射

极放大电路。

1. 研究静态工作点变化对放大器性能的影响

（1）调整 R_w，使静态集电极电流 $I_{CQ} = 2.5\text{mA}$，测量并记录静态时放大电路静态工作点。

（2）在放大器输入端输入频率 $f = 1\text{kHz}$ 的正弦信号，调节信号源输出电压 V_s，使 $V_i = 5\text{mV}$，测量并记录 V_s、V_o 和 V'_o，并记入表 2-3-1 中（注意：用二踪示波器监视 V_o 及 V_i 波形时，必须确保在 V_o 基本不失真时再读数）。

表 2-3-1 静态工作电流对放大器 A_v、R_i 及 R_o 的影响

静态工作点电流 I_{CQ}/mA		2.0	2.5	3.0
保持输入信号 V_i/mV		5	5	5
测量值	V_s/mV			
	V_o/V			
	V'_o/V			
由测量数据计算值	A_V（有负载时）			
	A'_V（空载时）			
	$R_i/\text{k}\Omega$			
	$R_o/\text{k}\Omega$			

（3）重新调整 R_w 使 I_{CQ} 分别为 2mA 和 3mA，重复上述测量，将测量结果记入表 2-3-1 中，并计算放大器的 A_V、A'_V、R_i、R_o。

2. 观察不同静态工作点对输出波形的影响

（1）增大 R_w 的阻值，观察输出电压波形是否出现截止失真（若 R_w 增大至最大，波形失真仍不明显，则可在 R_1 支路中再串联一只电阻或适当加大 V_i 来解决），描出失真波形。

（2）减小 R_w 的阻值，观察输出电压波形是否出现饱和失真，描出失真波形。

3. 测量放大器的最大不失真输出电压

分别调节 R_w 和 V_s，用示波器观察输出电压 V_o 波形，使输出波形为最大不失真正弦波（当同时出现正、负向失真后，稍微减小输入信号幅度，使输出波形的失真刚好消失时的输出电压幅值）。测量此时静态集电极电流 I_{CQ} 和输出电压的峰—峰值 V_{oP-P}。

4. 测量放大器幅频特性曲线

调整 $I_{CQ} = 2.5\text{mA}$，保持 $V_i = 5\text{mV}$ 不变，改变信号频率，用逐点法测量不同频率下的 V_o 值，并画出幅频特性曲线，定出 3dB 带宽 $BW = f_H - f_L$。

七、预习要求

（1）掌握小信号低频电压放大器静态工作点的选择原则和放大器主要性能指标的定义及

其测量方法。

（2）复习射极偏置的单级共射低频放大器工作原理（参见图 2-3-1），对本次实验电路的静态工作点及 A_v、R_i、R_o 进行估算。

八、实验报告要求

（1）画出实验电路图，并标出各元件数值。

（2）整理实验数据，计算 A_v、R_i、R_o 值，列表比较其理论值和测量值，并加以分析。

（3）讨论静态工作点变化对放大器性能（失真、输入电阻、电压放大倍数等）的影响。

（4）用单对数坐标纸画出放大器的幅频特性曲线，确定 f_H、f_L、A_{VM} 和 BW 值。

九、思考题

（1）如将实验电路中的 NPN 管换为 PNP 管，试问：

① 这时电路要做哪些改动才能正常工作？

② 经过正确改动后电路其饱和失真和截止失真波形是否和原来相同？为什么？

（2）图 2-3-3 电路中上偏置串接 R_1 起什么作用？

（3）在实验电路中，如果电容器 C_2 漏电严重，试问当接上 R_L 后，会对放大器性能产生哪些影响？

（4）射极偏置电路中的分压电阻 R_{b1}、R_{b2} 若取得过小，将对放大电路的动态指标（如 R_i 及 f_L）产生什么影响？

（5）图 2-3-3 电路中的输入电容 C_1、输出电容 C_2 及射极旁路电容 C_e 的电容量选择应考虑哪些因素？

（6）图 2-3-3 放大电路的 f_H、f_L 与哪些参数有关？

（7）图 2-3-3 放大电路在环境温度变化及更换不同 β 值的三极管时，其静态工作点及电压放大倍数 A_v 能否基本保持不变，试说明原因。

十、仪器和器材

（1）晶体管特性图示仪	JT-1 型	1 台。
（2）双踪示波器	YB4320 型	1 台。
（3）函数发生器	YB1638 型	1 台。
（4）直流稳压电源	DF1371S 型	1 台。
（5）交流毫伏表	SX2172 型	1 台。
（6）模拟实验箱	YB-AG 型	1 台。
（7）万用表	MF30 型	1 台。

实验四　FET 电压跟随器的应用

一、实验目的

（1）掌握场效应管的输出特性、转移特性、主要性能参数及其测试方法。

（2）学习场效应管源极跟随器的设计方法及安装测试技术。

二、实验原理

为了设计安装好场效应管放大器，必须了解场效应管的特点及其调试方法。

1. 场效应管的特点

场效应管与双极型晶体管比较有如下特点：
（1）场效应管为电压控制型元件；
（2）输入阻抗高（尤其是 MOS 场效应管）；
（3）噪声系数小；
（4）温度稳定性好，抗辐射能力强；
（5）结型管的源极（S）和漏极（D）可以互换使用，但切勿将栅（G）源（S）极电压的极性接反，以免 PN 结因正偏过流而烧坏。对于耗尽型 MOS 管，其栅源偏压可正可负，使用较灵活。

和双极型晶体管相比，场效应管的不足之处是共源跨导 g_m 值较低（只有 mS 级），MOS 管的绝缘层很薄，极容易被感应电荷击穿。因此，在用仪器测量其参数或用烙铁进行焊接时，都必须使仪器、烙铁或电路本身具有良好的接地。焊接时，一般先焊 S 极，再焊其他极。不用时应将所有电极短接。

2. 偏置电路和静态工作点确定

与双极型晶体管放大器一样，为使场效应管放大器正常工作，也需选择恰当的直流偏置电路，以建立合适的静态工作点。

场效应管放大器的偏置电路形式主要有自偏压电路和分压器式自偏压电路（增强型 MOS 管不能采用自偏压电路）两种。

本实验要求安装调试一个由结型场效应管 3DJ7 构成的共漏极放大器——源极输出器，如图 2-4-1 所示。采用分压器式自偏压电路，由电路的直流通路可得：

$$V_{GS} = \frac{V_{DD} R_{g2}}{R_{g1} + R_{g2}} - I_D R_S$$

可见，只要选择不同的电路参数，就可得到适合各类场效应管放大器工作所需的 V_{GSQ} 和 I_{DQ} 值，通常用电位器 R_W 调整静态工作点。

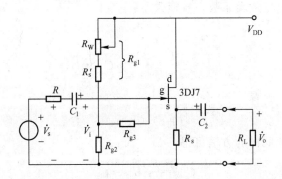

图 2-4-1　共漏极放大电路

3. 频率响应模型

（1）高频小信号模型

当在高频情况下，需要考虑场效应管各电极之间的电容，其小信号模型如图 2-4-2（a）所示。

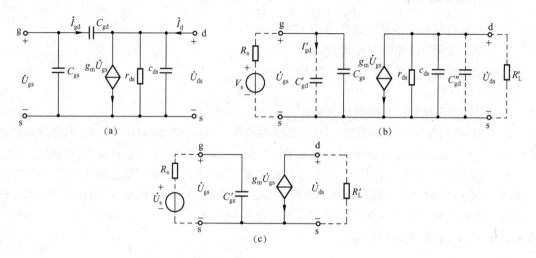

图 2-4-2　场效应管的高频小信号模型

图 2-4-2 中，C_{gs}、C_{gd}、C_d 为极间电容，它包括结电容和分布电容。其中，C_{gs}、C_{gd} 一般在 10pF 以内，而 C_{ds} 在 1pF 以内。

为了分析方便，常将跨于输入、输出回路之间的电容 C_{gd} 按密勒定理分别折合到输入、输出端（称为单向化处理），如图 2-4-2（b）所示。其中 C'_{gd}、C''_{gd} 与 C_{gd} 之间的关系可按下列原则确定。

① 从输入端看，若图 2-4-2（a）中，流经 C_{gd} 的电流 $\dot{I}_{gd}$ 与图 2-4-2（b）中流经 C'_{gd} 的电流 I'_{gd} 相等，则二者等效。

因为

$$\dot{I}_{gd} = \frac{\dot{U}_{gs} - \dot{U}_{ds}}{1/j\omega C_{gd}} = j\omega(1-\dot{k})C_{gd} \cdot \dot{U}_{gs}$$

式中 $\dot{k} = \dot{U}_{ds}/\dot{U}_{gs}$，为电压放大系数，且通常 $|\dot{k}| \gg 1$。

而

$$\dot{I}_{gd} = \frac{\dot{U}_{gs}}{1/j\omega C'_{gd}} = j\omega C'_{gd} \cdot \dot{U}_{gs}$$

所以，若令 $\dot{I}_{gd} = \dot{I}'_{gd}$，则有

$$C'_{gd} = (1-\dot{k})C_{gd} \approx |\dot{k}|C_{gd}$$

② 在输出端，仿照同样的方法可得

$$C''_{gd} = \frac{k-1}{k}C_{gd} \approx C_{gd}$$

通常，因为放大电路的负载 $R'_L \ll r_{ds}$，因此，输出回路的时间常数 τ_2 近似为：

$$\tau_2 = (C_{ds} + C''_{gd})(r_{ds} /\!/ R'_L) \approx C_{ds} R'_L$$

而输入回路时间常数 τ_1 为

$$\tau_1 = R_s (C_{gs} + C'_{gd}) \approx R_s C'_{gs}$$

式中 $C'_{gs} = C'_{gd} + C_{gs} \gg C_{ds}$，$R_s$ 为信号源内阻。

所以有 $\tau_2 \ll \tau_1$，因此可进一步将模型简化，如图 2-4-2（c）所示，这就是场效应管的高频小信号简化模型。

（2）低频小信号模型

由于场效应管输入阻抗很大，栅极耦合电容可取较小值，其低频小信号模型比较简单，可参看双极型晶体管的低频小信号模型。

三、设计举例

设计一个场效应管源极跟随器。已知所用电源电压 $+V_{DD} = +12V$，场效应管自选，要求输入电阻 $R_i > 2M\Omega$，$A_u \approx 1$，$R_o < 1k\Omega$。

① 根据题意要求，场效应管可选结型场效应管或绝缘栅型场效应管（MOSFET）。现选结型场效应管 3DJ6F。

② 采用图 2-4-3 结型场效应管源极跟随器电路。

③ 场效应管的静态工作点要借助于转移特性曲线来设置。利用图示仪测得 3DJ6F 的转移特性曲线如图 2-4-3（b）所示。根据 Q 点一般选在特性曲线 $\left(\dfrac{1}{3} \sim \dfrac{1}{2}\right) I_{DSS}$ 范围的原则，取静态工作点 Q，其对应的参数分别为 $U_{GS(off)} = -4V$，$I_{DSS} = 3mA$，$I_{DQ} = 1.5mA$，$U_{GSQ} = -1V$，$g_m = \dfrac{\Delta I}{\Delta U_{GS}} = 2mS$。

因为要求 $A_u \approx 1$，即空载时要求 $g_m R_s \gg 1$，则 $R_s \gg \dfrac{1}{g_m} = 0.5k\Omega$，取标称值 $R_s = 5.6k\Omega$，所以 $U_{SQ} = I_{DQ} R_s = 8.4V$，$U_{GQ} = U_{GSQ} + U_{SQ} = 7.4V$，$\dfrac{R_{G2}}{R_{G1} + R_{G2}} \approx \dfrac{U_{GQ}}{V_{DD}} = 0.62$ 若取 $R_{G2} = 75k\Omega$，则 $R_{G1} = 46k\Omega$，可用 $30k\Omega$ 固定电阻与 $47k\Omega$ 电位器串联，用以调整静态工作点。

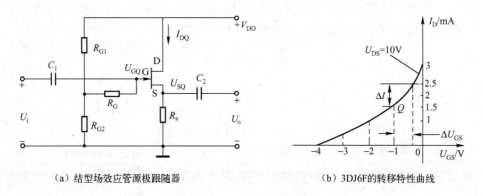

（a）结型场效应管源极跟随器　　　　　（b）3DJ6F的转移特性曲线

图 2-4-3　分压式偏置电路

因题意要求 $R_o = \dfrac{1}{g_m} /\!/ R_s = \dfrac{1}{1 + g_m R_s} = 0.46k\Omega$，满足指标 $R_o < 1k\Omega$ 要求。

因为本题对频率响应未提要求，所以只能根据已知电路元件参数选取 C_1 和 C_2。场效应管的输入、输出阻抗比晶体管的输入耦合电容 C_1 的值要小得多，一般取 C_1 为 $0.02\mu F$ 左右，本题中取 $C_1 = 0.022\mu F$，$C_2 = 20\mu F$。场效应管跟随器的输入电阻可以做得很高，但输出电阻不是很低，比晶体管射极跟随器的输出电阻要大得多。因为受互导 g_m 的限制，所以输出电阻一般为几百欧姆。

四、安装与调试

1. 静态工作点的调整和测试

装接自行设计的场效应管源极跟随电路，结型场效应管的栅源极不能接反，静态时 $U_{GS} < 0$。由于场效应管的输入阻抗很高，测量 U_{GQ} 时，一般是测量电阻 R_{G2} 对地的电压 $U_{R_{G2}}$，即 $U_{GQ} \approx U_{R_{G2}}$。采用等效内阻较高的仪表测量直流电压 U_{GQ}、U_{SQ}，防止仪表内阻对被测电压产生影响。调整 R_{G1}，使静态工作点 U_{GQ}、U_{SQ} 以及 I_{DQ} 满足设计要求。

2. 动态性能指标测试

性能指标的测试方法同实验二。

为了用换算法测量放大器的输入电阻，在输入回路串接已知阻值的电阻 R，但必须注意，由于场效应管放大器的输入阻抗很高，若仍用直接测量电阻 R 两端对地电压 $\dot{V}_s$ 和 $\dot{V}_i$ 进行换算的方法，将会产生两个问题：（1）由于场效应管放大器 R_i 高，测量时会引入干扰；（2）测量所用的电压表的内阻必须远大于放大器的输入电阻 R_i，否则将会产生较大的测量误差。为了消除上述干扰和误差，可以利用被测放大器的隔离作用，通过测量放大器输出电压来进行换算得到 R_i。图 2-4-4 为测量高输入阻抗的原理图。方法是：先闭合开关 S（$R = 0$），输入信号电压 V_s，测量相应的输出电压 $V_{o1} = |A_u| V_s$，然后断开 S，测出相应的输出电压 $V_{o2} = |A_u| \cdot V_i = |A_u| V_s \dfrac{R_i}{R + R_i}$，因为两次测量中 $|A_u|$ 和 V_s 是基本不变，所以

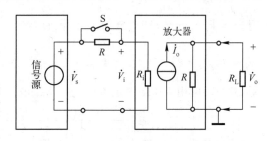

图 2-4-4 测量高输入阻抗的原理图

$$R_i = \frac{V_{o2}}{V_{o1} - V_{o2}} R$$

五、实验内容

（1）设计一个场效应管源极跟随器。已知场效应管自选，$U_i = 300mV$，$R_L = 2k\Omega$，$+V_{DD} = +12V$。要求 $A_u \approx 1$，$R_i > 2M\Omega$，$R_o < 1k\Omega$，$\Delta f = 5Hz \sim 500kHz$。

（2）设计一个 $|A_u| = 10$ 的场效应管共源放大电路。已知所用电源电压为 $+V_{DD} = +18V$。

六、预习要求

（1）复习场效应管的特点及场效应管放大器的工作原理。

（2）按照试验内容要求选择设计其中一个场效管放大器。

（3）根据所设计的实验电路，计算出场效应管放大电路的静态工作点及 A_V、R_i、R_o 的理论值。

七、实验报告要求

（1）用方格纸描绘出场效应管输出特性曲线和转移特性曲线，并标明坐标刻度及主要参数值。

（2）列出放大器设计步骤、计算公式及计算结果。

（3）对实验数据进行整理分析讨论。

八、思考题

（1）能否用万用表判别结型场效应管的沟道类型及好坏？如果可以，请写出判别方法。

（2）为什么 MDSFET 的输入电阻比 BJT 高？用万用表的直流电压挡直接测量场效应管的 V_{CSQ} 存在什么缺点？如何获得较为精确的 V_{GSQ} 值？

（3）在设计举例的源极跟随器电路中，为什么要接电阻 R_G 构成分压式偏置电路？

九、仪器与器材

（1）晶体管特性图示仪	JT-1 型	1 台。
（2）双踪示波器	YB4320 型	1 台。
（3）函数发生器	YB1638 型	1 台。
（4）直流稳压电源	DF1371S 型	1 台。
（5）交流毫伏表	SX2172 型	1 台。
（6）模拟实验箱	YB-AG 型	1 台。
（7）万用表	MF30 型	1 台。

实验五　积分和电流、电压转换电路

一、实验目的

（1）了解运算放大器在信号积分和电流、电压转换方面的应用电路及参数的影响。

（2）掌握积分电路和电流、电压转换电路的设计、调试方法。

二、实验原理

1. 积分电路

在图 2-5-1 所示的基本积分电路中，由"虚地"和"虚断"原理，并忽略偏置电流 I_N 可得：

$$i = \frac{v_i}{R} = i_c$$

所以

$$v_{\text{o}} = -\frac{1}{C}\int i_{\text{c}}\,\mathrm{d}t = -\frac{1}{RC}\int v_{\text{i}}\,\mathrm{d}t \tag{2-5-1}$$

即输出电压与输入电压成积分关系。为使偏置电流引起的失调电压最小，应取 $R_{\text{P}} = R /\!/ R_{\text{f}}$。

R_{f} 称分流电阻，用于稳定直流增益，以避免直流失调电压在积分周期内积累导致运放饱和，一般取 $R_{\text{f}} = 10R$。

对于式（2-5-1）应注意以下几点：

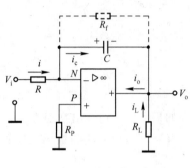

图 2-5-1　积分电路

（1）该式仅对 $f > f_{\text{c}} = \dfrac{1}{2\pi R_{\text{f}} C}$ 的输入信号才是有效的。而对于 $f < f_{\text{c}}$ 的输入信号，图 2-5-1 仅近似为反相比例运算电路，即 $\dfrac{v_{\text{o}}}{v_{\text{i}}} = -\dfrac{R_{\text{f}}}{R}$。

（2）任何原因使运放反相输入端偏离"虚地"时，都将引起积分运算误差。

（3）运放的输出电压和输出电流都应限制在其最大值以内，即必须满足下列关系式：

$$|v_{\text{omax}}| = \left|-\frac{1}{RC}\int v_{\text{i}}\,\mathrm{d}t\right| \leqslant V_{\text{oM}}$$

$$\text{及}\ i_{\text{L}} + i_{\text{c}} \leqslant I_{\text{oM}}$$

（4）为减小输入失调电流及其温漂在积分电容上引起误差输出（即积分漂移），建议采用以下措施：

① 选用失调及漂移小的运放；

② 选用漏电小的积分电容，如聚苯乙烯电容；

③ 当积分时间较长，宜选用 FET 输入级的运放或斩波稳零运放。

下面分别讨论不同类型的输入信号作用下积分电路的输出响应：

（1）正弦输入

设输入为 $v_{\text{i}} = V_{\text{im}}\sin\omega t$，不难得到积分输出电压：

$$v_{\text{o}} = -\frac{1}{RC}\int V_{\text{im}}\sin\omega t\,\mathrm{d}t = -\frac{V_{\text{im}}}{RC\omega}\cos\omega t\,。$$

工作波形如图 2-5-2 所示。

为不超过运放最大输出电压 V_{oM}，要求

$$|V_{\text{om}}| = \frac{V_{\text{im}}}{RC\omega} \leqslant V_{\text{oM}}\ \text{或}\ \frac{V_{\text{im}}}{f} \leqslant 2\pi RC V_{\text{oM}}$$

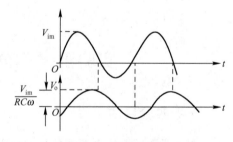

图 2-5-2　输入为正弦电压时的积分输出

可见，对于一定幅值的正弦输入信号，其频率越低，应取的 RC 的乘积也应越大；当 RC 的乘积确定后，R 值取大有利于提高输入电阻，但 R 加大必使 C 值减小，这将加剧积分漂移；反之，R 取小，C 太大又有漏电和体积方面的问题，一般取 $C \leqslant 1\mu\text{F}$。

（2）阶跃输入

设输入为

$$v_{\text{i}} = \begin{cases} 0 & t < 0 \\ E & t \geqslant 0 \end{cases}$$

则积分输出为

$$v_o = -\frac{E}{RC}t \qquad t \geqslant 0$$

故要求 $RC \geqslant \frac{E}{V_{oM}} \cdot t$，其工作波形如图 2-5-3 所示。

（3）方波输入

当输入为方波电压时，其积分输出为如图 2-5-4 所示的三角波。注意 R_f 越大，输出三角波的线性越好，但稳定性差，建议取 $R_f = 1M\Omega$，$R = 10k\Omega$，$C = 0.1\mu F$。为得到图 2-5-4 所示的三角波输出，同样必须受运放 V_{oM} 及 I_{oM} 的限制。

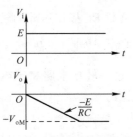

图 2-5-3　输入为阶跃电压时的积分输出波形

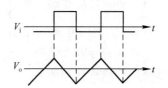

图 2-5-4　输入为方波时的输出波形

2. 其他形式的积分运算电路

（1）求和积分运算电路

求和积分电路如图 2-5-5 所示。

由"虚地"、"虚断"和叠加原理可得：

$$v_o = -\frac{1}{C}\int\left(\frac{v_{i1}}{R_1} + \frac{v_{i2}}{R_2} + \frac{v_{i3}}{R_3}\right)dt$$

当 $R_1 = R_2 = R_3 = R$ 时

$$v_o = -\frac{1}{RC}\int(v_{i1} + v_{i2} + v_{i3})dt$$

在图 2-5-5 中，$R_P = R_1 /\!/ R_2 /\!/ R_3$。

（2）差动输入积分运算电路

电路如图 2-5-6 所示，不难得到输出电压：

$$v_o = \frac{1}{RC}\int(v_{i2} - v_{i1})dt$$

当 $v_{i1} = 0$ 时，$v_o = \frac{1}{RC}\int v_{i2}dt$，即为同相积分电路。

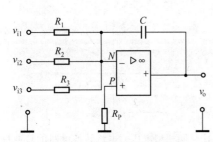

图 2-5-5　求和积分运算电路

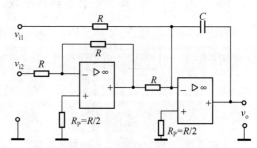

图 2-5-6　差动输入积分运算电路

3. 电压/电流转换电路

当长距离传送模拟电压信号时，由于通常存在信号源内阻、传送电缆电阻及受信端输入阻抗，它们对于信号源电压的分压效应，会使受信端电压误差增大。为了高精度地传送电压信号，通常将电压信号先转换为电流信号，即变换为恒流源进行传送，由于此时电路中传送的电流相等，故不会在线路阻抗上产生误差电压。

基本电压、电流转换电路有以下两种：

（1）反相型电压/电流转换电路（见图 2-5-7）

待转换的信号电压 V_i 经过电阻 R_1 接到运放的反相端，负载 R_L 接在运放的输出端与反相端之间。由于运放的反相输入端存在"虚地"及净输入端存在"虚断"，故 $I_L = I_1 = \dfrac{V_i}{R_1}$。

可见，负载 R_L 上的电流 I_L 正比于输入电压 V_i。同时，这一转换电路属于电流并联负反馈电路，其闭环跨导放大倍数 $1/R_1$ 即为转换电路的转换系数。

这一电路的转换特性如图 2-5-8 所示。

必须指出，为实现线性电压/电流转换，应该满足：

$$I_L \leqslant I_{OM} \text{ 及 } V_o = I_L R_L \leqslant V_{OM}, \text{ 即 } V_i \leqslant \frac{V_{OM}}{R_L} R_1$$

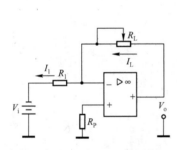

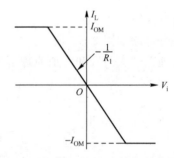

图 2-5-7 反相型电压/电流转换电路　　　　图 2-5-8　反相型电压/电流转换电路的转换特征

（2）同相型电压/电流转换电路（见图 2-5-9）

由"虚短"和"虚断"原理知：

$$I_L = \frac{V_i}{R_1}$$

其转换特性如图 2-5-10 所示。该电路属于电流串联负反馈电路，电路的输入电阻极高，其闭环跨导增益 $1/R_1$ 即为电路的转换系数。

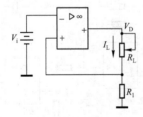

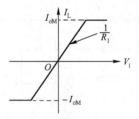

图 2-5-9　同相型电压/电流转换电路　　　　图 2-5-10　同相型电压、电流转换电路的转换特性

同样，为实现线性电压/电流转换，必须满足

$$I_L \leqslant I_{oM}$$

及

$$V_o = I_L (R_L + R_1) \leqslant V_{oM}$$

4. 电流/电压转换电路

当使用电流变换型传感器（如硅光电池）的场合，将传感器输出的信号（电流的变化）转换成电压信号来处理是极为方便的。这一类电路就是电流/电压转换电路（见图 2-5-11）。显然，转换输出电压为

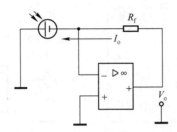

图 2-5-11　电流/电压转换电路

$$V_o = I_o R_f$$

它正比于信号电流 I_o，当需要将微小的电流（如 μA 级）转换为电压时，必须选用具有极小输入偏置电流、极小输入失调电流及极高输入阻抗的运放（如 MOSFET 或 JFET 输入型的运放），同时，在实际电路装配中，必须采取措施，尽量减小运放输入端的漏电流。

三、设计举例

设计一个将方波转换成三角波的反相积分电路，输入方波电压的幅值为 4V，周期为 1ms。要求积分器输入电阻大于 $10k\Omega$，集成运算放大器采用 $\mu A741$。

（1）选择电路

电路如图 2-5-1 所示。

（2）确定积分器时间常数

用积分电路将方波转换成三角波，就是对方波的每半个周期分别进行不同方向的积分运算。在正半周，积分器的输入相当于正极性的阶跃信号；反之，则为负极性的阶跃信号。积分时间均为 $T/2$。如果所用运放的 $U_{oM} = \pm 10V$，则积分时间常数 RC 为 $RC \geqslant \dfrac{E}{U_{oM}} = \dfrac{4}{10} \times \dfrac{1}{2} = 0.2ms$，取 $RC = 0.5ms$。

（3）确定元件参数

为满足输入电阻 $R_i \geqslant 10k\Omega$，则积分电容为 $C = \dfrac{0.5}{R} = \dfrac{0.5 \times 10^{-3}}{10 \times 10^3} = 0.05\mu F$（取标称值 $C = 0.047\mu F$）。为了尽量减小 R_f 所引入的误差，要求满足 $R_f C \gg RC$，取 $R_f \geqslant 10R$，则 $R_f = 100k\Omega$。补偿运算放大器偏置电流失调的平衡电阻 R_P 为

$$R_P = R /\!/ R_f = 10 /\!/ 100 \approx 9.1k\Omega$$

取 R_P 为 $9.1k\Omega$。

四、实验内容

(1) 试用 μA741 设计一个满足下列要求的基本积分电路：输入为 $V_{iP-P} = 1V$、$f = 10\text{kHz}$ 的方波（占空比为 50%）。设计 R、C 的值、测量积分输出电压波形。

(2) 用 μA741 组成一个同相型电压/电流转换电路，并完成表 2-5-1 中所列数据的测量。推荐实验电路如图 2-5-12 所示。

表 2-5-1　电压/电流转换数据

电源电压		$\pm 15\text{V}$	$\pm 5\text{V}$
V_i	R_L	I_L（测量值）	I_L（计算值）
0.5V	1kΩ		
	10kΩ		
	22kΩ		
	27kΩ		
	47kΩ		
1.0V	510Ω		
	1kΩ		
	3.3kΩ		
	5.6kΩ		
	10kΩ		
3.0V	510Ω		
	1kΩ		
	3.3kΩ		
	4.7kΩ		

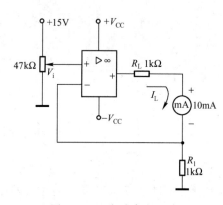

图 2-5-12　实验参考电路

（$\pm V_{CC}$ 取 $\pm 15V$ 及 $\pm 6V$，对这两种情况分别观测）

五、预习要求

熟悉由运算放大器组成的基本积分电路和电压/电流变换电路的工作原理，设计满足实验内容要求的有关电路，并估算电路参数。

六、实验报告要求

(1) 将积分电路的实验测量值（波形的幅度、周期等）与理论计算值进行比较，并进行讨论。

(2) 完成同相型电压/电流转换电路测量值的数据表格。绘出转换特性；观测在同一输入电压 V_i 下，R_L 存在一个满足线性转换关系的上限值；观测运放的电源电压值（或 V_{oM} 值）如何限制电路的转换特性及负载电阻 R_L 的上限值。

七、思考题

(1) 在图 2-5-1 所示基本积分电路中，为了减小积分误差，对运放的开环增益、输入电阻、输出偏置电流及输入失调电流有什么要求？

(2) 根据什么来判断图 2-5-6 电路属于积分电路还是反相比例运算电路？

(3) 在图 2-5-9 所示电压/电流转换电路中，设 $V_{OM} \approx V_{CC} = 6V$，且 $V_i = 1V$、$R_1 = 1\text{k}\Omega$，试求满足线性转换所允许的 R_{Lmax} 小于等于多少？

八、仪器与器材

（1）双踪示波器	YB4320 型	1 台。
（2）函数发生器	YB1638 型	1 台。
（3）直流稳压电源	DS1371S 型	1 台。
（4）交流电压表	SX2172 型	1 台。
（5）模拟实验箱	YB-AG 型	1 台。
（6）万用表		1 台。

实验六　信号产生电路

一、实验目的

（1）了解集成运算放大器在信号产生方面的应用。

（2）掌握由集成运放构成正弦波发生器、方波发生器、矩形波发生器、三角波发生器、锯齿波发生器电路的设计和调试方法。

二、实验原理

在工程实践中，广泛使用各种类型的信号发生器，从波形分类，有正弦波信号发生器和非正弦波信号发生器。从电路结构上看，它们是一种不需要外加输入信号而自行产生信号输出的电路。依照自激振荡的工作原理，采取正、负反馈相结合的方法，将一些线性和非线性的元件与集成运放进行不同组合，或进行波形变换，即能灵活地构成各具有特色的信号波形发生电路。

1. 正弦波信号发生器

正弦波信号发生器电路如图 2-6-1 所示。图中 R、C 串并联选频网络构成正反馈支路，R_F、R_1 构成负反馈支路，电位器 R_2 用于调节负反馈深度以满足起振条件和改善波形，并利用二极管 VD_1、VD_2 正向导通电阻的非线性来自动调节电路的闭环放大倍数，以稳定波形的幅值。即当振荡刚建立时，振幅较小，流过二极管的电流也小，其正向电阻大，负反馈减弱，保证了起振时振幅增大；但当振幅过大时，其正向电阻变小，负反馈加深，保证了振幅的稳定。二极管两端并联电阻 R_3 用于适当削弱二极管的非线性影响改善波形的失真。

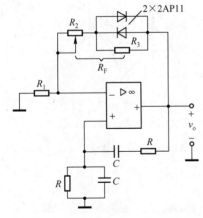

图 2-6-1　文氏电桥正弦波发生器

由分析可知，为了维持振荡输出，必须让 $1+R_F/R_1=3$，为了保证电路起振，应使 $1+R_F/R_1$ 略大于 3，即 R_F 略大于 R_1 的 2 倍。这可由 R_2 进行调整。

电路振荡频率为

$$f = \frac{1}{2\pi RC}$$

R 的阻值与运放的输入电阻 r_i、输出电阻 r_o 应满足以下关系：$r_i \gg R \gg r_o$；为了减小偏置电流的影响，应尽量满足 $R = R_F /\!/ R_1$。在工程设计中，往往在确定了值 C 以后，由上式计算出电阻 R 值，并采用同轴电位器调试，以满足输出频率要求。为了提高电路的温度稳定性，VD_1、VD_2 应尽量选用硅管，其特性参数尽可能一致，以保证输出波形正负半波对称的要求。在振荡频率较高的应用场合下，应选用 GBP 较高的集成运放。

2. 方波信号发生器

一个由运放组成的简单方波信号发生器电路如图 2-6-2 所示。由于存在 R_2、R_1 组成的正反馈，故运放的输出 v'_o 只能取 V_{oM} 或 $-V_{oM}$，即电路的输出 V_o 只能取 V_Z 或 $-V_Z$，V_o 的极性决定着电容 C 上是充电还是放电。

输出电压幅度由双向稳压管 2DW234 限幅所决定，并保证了输出方波正负幅值的对称性，R_0 为稳压管的限流电阻。由 v_+、v_- 比较的结果可决定输出电压 v_o 的取值，即 $v_- > v_+$，$v_o = -V_Z$；$v_- < v_+$ 时，$v_o = V_Z$。这样周而复始地比较便在输出端产生方波。由分析知，该方波的周期为 $T = 2R_F C \ln\left(1 + \dfrac{2R_1}{R_2}\right)$，而 $f = \dfrac{1}{T}$。

可见，方波频率不仅与负反馈回路 $R_F C$ 有关，还与正反馈回路 R_1、R_2 的比值有关，调节 R_W 即能调整方波信号的频率。图 2-6-3 为电容 C 对地电压 v_C 和输出端电压 v_o 的波形图。由于运放共模输入电压范围 V_{icmax} 的限制，在确定正反馈支路 R_1、R_2 取值时，应保证 $v_+ \leqslant V_{icmax}$。

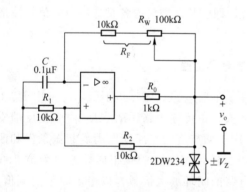

图 2-6-2　方波信号发生器

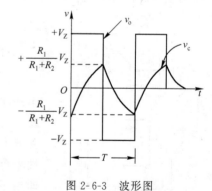

图 2-6-3　波形图

3. 占空比可变的矩形波信号发生器

在方波信号发生器电路的基础上，改变 $R_F C$ 支路的充放电时间常数，为占空比可变的矩形波信号发生器电路，如图 2-6-4 所示。

当 R_W 的滑动点向上移动时，充电时间常数将大于放电时间常数，输出方波的占空比变大；反之变小。占空比 $D = \dfrac{t}{T}$。

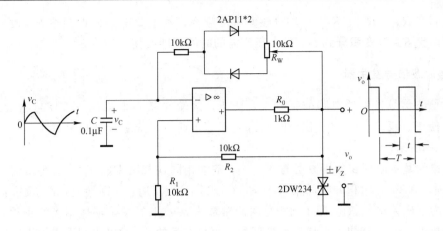

图 2-6-4　占空比可变的矩形波信号发生器

应当注意的是，要得到窄脉冲输出，必须选用转换速率很高的运算放大器。

4. 三角波信号发生器

将一方波信号接至积分器的输入端，则可从积分器的输出端获得三角波。电路图和波形图如图 2-6-5 所示。

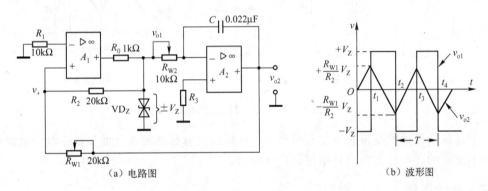

（a）电路图　　　　　　　　　　　　　　　（b）波形图

图 2-6-5　三角波信号发生器

图 2-6-5 中 A_1 构成一个滞回比较器，其反相端经 R_1 接地，同相端电位 v_+ 由 v_{o1} 和 v_{o2} 共同决定，即

$$v_+ = v_{o1} \frac{R_{W1}}{R_2 + R_{W1}} + v_{o2} \frac{R_2}{R_2 + R_{W1}}$$

当 $v_+ > 0$，$v_{o1} = +V_z$；当 $v_+ < 0$，$v_{o1} = -V_z$。

A_2 构成反相积分器。假设电源接通时，$v_{o1} = -V_z$，v_{o2} 线性增加，当 $v_{o2} = R_{W1}V_z/R_2$ 时，

$$v_+ = -V_z \frac{R_{W1}}{R_2 + R_{W1}} + \frac{R_2}{R_2 + R_{W1}} \left(\frac{R_{W1}}{R_2} V_z \right) = 0$$

A_1 的输出翻转，$v_{o1} = +V_z$。同样，当 $v_{o2} = -R_{W1}V_z/R_2$ 时，$v_{o1} = -V_z$，这样不断地反复，便可得到方波 v_{o1} 和三角波 v_{o2}。其三角波峰值和周期为

$$v_{o2m} = \frac{R_{W1}}{R_2} V_z$$

$$T = 4 \frac{R_{W1}}{R_2} R_{W2} C$$

可见调节 R_{W1}、R_{W2}、R_2、C 均可改变振荡频率，本实验电路通过调整 R_{W1} 改变三角波的幅度，调整 R_{W2} 改变积分到一定的电压所需的时间，即改变周期。

5. 锯齿波信号发生器

在三角波信号发生器电路的基础上，于 R_{W2} 两端并联一个二极管 VD 与电阻 R_4 的串联支路，使正、反两个方向的积分时间常数不等，便可组成锯齿波信号发生器。电路及波形如图 2-6-6 所示。

该电路的基本原理和分析方法与图 2-6-5 基本相同，其区别在于当 v_{o1} 为负时，二极管 VD 不导通，A_2 正方向积分时间常数为 $R_{W2}C$，当 v_{o1} 为正时，VD 导通，A_2 反方向积分的时间常数为 $(R_4 /\!/ R_{W2})C$，即正向积分时间常数大，v_{o2} 上升慢，形成锯齿波正程，反向积分时间常数小，v_{o2} 下降快，形成锯齿波回程。可见在运放 A_2 的输出端取得锯齿波 v_{o2}。

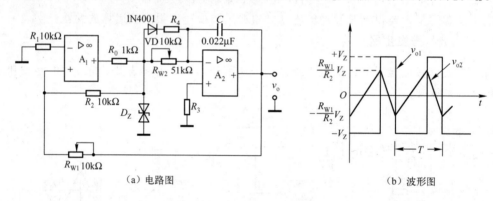

(a) 电路图　　　　　　　　　　　　(b) 波形图

图 2-6-6　锯齿波信号发生器

由于运放所组成的锯齿波发生器所产生的锯齿波具有很高的线性度，是一般恒流源充电电路所不能及的，故在工程设计中得到广泛应用。

三、设计举例

设计一个振荡频率 $f_0 = 1\text{kHz}$ 的文氏电桥正弦波振荡器。

（1）选定具有稳幅作用的文氏电桥振荡器

其电路如图 2-6-1 所示。

（2）根据设计要求的振荡频率，计算 RC 的积

$$RC = \frac{1}{2\pi f_0} = \frac{1}{6.28 \times 10^3} \approx 0.159 \times 10^{-3}\text{s}$$

（3）确定 R、C 的值

为使选频网络的选频特性尽量不受运放输入、输出电阻的影响，应按下列关系初选 R 值，即

$$R_i \gg R \gg R_o$$

R_i 为运放同相输入电阻（约几百千欧以上），R_o 为其输出电阻（约几百欧以下）。

因此，可初选 $R = 15\text{k}\Omega$，则 C 值为

$$C = \frac{0.159 \times 10^{-3}}{15 \times 10^3} = 0.0106 \times 10^{-6}\text{F}$$

取标称值 $C=0.01\mu\text{F}$。然后，得算 R 值，则 $R=15.9\text{k}\Omega$，取标称值 $R=16\text{k}\Omega$。

注意选取用稳定性较好、精度较高的电阻（如 E24 系列 RJ 型电阻）和介质损耗小的电容（如 CB 型电容）。

（4）确定 R_1 和 R_f 值

由起振幅值条件知：$R_f \geqslant 2R_1$，$R_f = R_2 + R_3 /\!/ r_d$，r_d 表示二极管导通时动态电阻。通常取 $R_f = 2.1R_1$，这样即能保证起振，又不致引起严重的波形失真。

另一方面，为了减小运算放大器输入失调电流及其漂移的影响，应尽量满足 $R = R_1 /\!/ R_f$，于是可导出

$$R_1 = \frac{3.1}{2.1}R = \frac{3.1}{2.1} \times 16 = 23.6\text{k}\Omega$$

取标称值 $R_1 = 24\text{k}\Omega$，则

$$R_f = 2.1R_1 = 50.4\text{k}\Omega \text{（暂不取标称值）}$$

（5）确定稳幅电路及其元件值

在图 2-6-1 中，稳幅电路由两只反向并联的二极管与 R_3 并联组成。在振荡过程中，V_1、V_2 交替导通和截止。如果由于外界因素使振幅增大时，二极管 r_d 将减小，即 R_f 值减小，负反馈系数自动变大，正反馈作用加强，从而抑制了振幅上升。振幅下降时的稳幅过程就不言而喻了。

选用稳幅二极管应注意两点：

① 从提高振幅的温度稳定性考虑，宜选用硅二极管。本例选用 2GK 型开关二极管。

② 为了保证上、下振幅对称，二极管 V_1、V_2 的特性参数应匹配。

稳幅二极管的非线性程度越大，负反馈自动调节作用越灵敏、稳幅效果越好。但是，二极管特性的非线性，又会引起波形失真。为减小非线性失真，可在二极管两端并上一个小电阻 R_3。显然，R_3 值越小，对二极管非线性的削弱作用越大，波形失真会减小，但同时稳幅效果也变差。可见选择 R_3 时，应两者兼顾。实践证明，取 $R_3 \approx r_d$ 时，效果最佳。通常 R_3 取几千欧即可（本例取 $R_3 = 3\text{k}\Omega$），最后还需通过实验加以调整。至此，R_2 值可求，即

$$R_2 = R_f - (R_3 /\!/ r_d) \approx R_f - \frac{R_3}{2} = 50.4\text{-}1.5 = 48.9\text{k}\Omega$$

取 $R_2 = 51\text{k}\Omega$（或 $43\text{k}\Omega$ 电阻与 $10\text{k}\Omega$ 电位器串联，以便调整）。

（6）选择运放型号

运放的选择，除要求输入电阻高、输出电阻低以外，最主要的是运放的增益带宽积应满足以下条件，即

$$A_{\text{uc}} \cdot \text{BW} > 3f_0$$

因振荡输出幅度较大，集成运放工作在大信号状态，因此要求转换速率 S_R 满足

$$S_R \geqslant \omega_0 U_{\text{oM}}$$

对本题而言，因 f_0 较低，选用任何型号运放均可。

四、调试与测试方法

1. 文氏电桥振荡器的调整与测试

① 检查电路接线，应特别检查集成运放输出端有没有短路，正、负电源有没有接错，

确认没有错误后合上直流电源。

②用示波器观察输出电压波形，若没有波形应调节 R_w，增大 R_2 值，直到出现振荡波形为止。若仍无波形，应切断电源，检查电路接线，直至找到并消除故障后，再接通电源。如果波形严重失真，应适当减小 R_2 或 R_3。

③振荡频率的调整。固定电容 C、改变电阻或固定电阻 R、改变 C（串并联 R 和 C 应同步调整），直至振荡频率达到要求为止。

④在测量振荡频率时，应选用输入阻抗高的测试仪器，以免影响选频网络的元件参数。

⑤幅度与频率稳定度的测量。振荡电路经过上述调试，波形失真、频率及幅度均达到指标要求后，即可对输出信号幅度和频率稳定度进行测量，一般测量短期稳定值。例如，改变直流电源电压（变化±10％）和改变负载阻抗的大小，分别测出输出电压及频率的变化，从而求得幅度及频率稳定度为 $\Delta U_0/U_0$ 和 $\Delta f/f_0$。也可以通过测量 1 小时（或半小时）内幅度及频率的相对变化量，来确定振荡电路幅度和频率的稳定度。

2. 非正弦波产生电路的调整与测试

方波信号和三角波信号发生器的调试，是使方波和三角波的输出电压幅值和振荡频率满足设计要求。为此可用示波器分别进行测量，如果振荡频率 f_0 与设计要求不符，应适当改变积分器中的电阻 R 值。若三角波幅值不满足要求，应适当调节分压器 R_1、R_2 的分压系数，直至满足设计要求为止。

五、实验内容

（1）设计一个振荡频率 $f_0=500\text{Hz}$ 的 RC 正弦波振荡电路。

（2）设计一个用集成运放构成的方波-三角波发生器，设计要求为振荡频率范围 500Hz～1kHz，三角波幅值调节范围 2～4V。

（3）设计一个方波信号和三角波信号发生器，设计要求为方波和三角波频率 $f_0=100\text{Hz}$，方波幅值 $U_{o1M}\approx\pm（6～6.5）\text{V}$，三角波幅值 $U_{o2M}=\pm\dfrac{1}{4}U_{o1M}$。

六、预习要求

（1）认真预习本实验内容，弄清各电路的工作原理及电路中各元件的作用，设计出实验内容所要求电路。

（2）根据电路元件参数，预先计算有关电路的振荡频率（或周期），以便与测量值进行比较。

（3）自拟实验数据表。

七、实验报告要求

（1）整理实验数据，并与理论值比较，进行分析讨论。

（2）用方格纸描绘实验中观察到的各信号波形，并在波形上标注其幅值和周期值及相应参数值（如矩形波需标明脉宽 t）。

八、思考题

（1）在波形产生各电路中，相位补偿和失调量调零是否要考虑？

（2）试推导方波发生器振荡频率公式。

（3）电压比较器中的运放通常工作在什么状态（负反馈、正反馈或开环）？一般它的输出电压是否只有高电平和低电平两种稳定状态？

九、仪器与器材

（1）双踪示波器　　　　　　　YB4320 型　　　　　　　1 台。

（2）交流电压表　　　　　　　SX2172 型　　　　　　　1 台。

（3）直流稳压电源　　　　　　DF1371S 型　　　　　　　1 台。

（4）模拟实验箱　　　　　　　YB-AG 型　　　　　　　1 台。

实验七　集成稳压电源及应用

一、实验目的

（1）通过实验进一步掌握整流与稳压电路的工作原理。

（2）学会电源电路的设计与调试方法。

（3）熟悉集成稳压器的特点，会合理选择使用。

二、实验原理

随着集成电路特别是大规模集成电路的迅速发展，由分立元件构成的稳压电源逐渐为集成稳压电源所替代。目前电子设备中大量采用的输出电压固定的或可调的三端集成稳压器，如 CW7800 系列、CW7900 系列、CW117/217/317 及 CW137/237/337 系列等，具有外形结构简单、保护功能齐全、外接元件少、系列化程度好、安装调试简便等特点。由于只有输入、输出和公共端（或调整端）3 个引线端子，故称之为三端集成稳压电源电路。在额定负载电流情况下，只要稳压器输入端电压高于其所要求的输出电压值的 2～5V，即使电网电压发生波动，其输出直流电压仍保持稳定。

小功率稳压电源由电源变压器、整流、滤波和稳压电路四部分组成。电源变压器是将交流电网 220V 的电压变为所需要的电压值，通过整流电路将交流电压变成直流脉动电压，由滤波电路滤除纹波得到平滑的直流电压。由于该电压会随着电网电压波动、负载和温度的变化而变化，所以需要接稳压电路，以维持输出直流电压的稳定。集成稳压器就是起着稳定电压的作用。当外加适当大小的散热片且整流器能够提供足够的输入电流时，稳压器可提供相应的输出电流，若散热条件不够时，集成稳压器中的热开关电路起保护作用。

1. 集成三端稳压器的分类

集成三端稳压器种类较多，这里仅介绍常用的几种以供实验中选用。

（1）三端固定正输出稳压器

CW7800 系列，通常有金属外壳封装和塑料外壳封装两种。按其输出最大电流划分（在足够的散热条件情况下）：CW78L00 100mA；CW78M00 500mA；CW7800 1.5A。按其输出固定正电压划分：CW7805、CW7806、CW7808、CW7810、CW7812、CW7815、

CW7818、CW7824。例如 CW78L05 输出电压 V_o＝5V，输出最大电流 I_{oM}＝100mA。

（2）三端固定负输出稳压器

CW7900 系列，同样按输出最大电流划分为 CW79L00、CW79M00、CW7900，按其输出固定负电压划分为 CW7905、CW7906、CW7908、CW7910、CW7912、CW7915、CW7918、CW7924。

（3）三端可调正输出稳压器

CW117/217/317 系列，按最大输出电流划分，如 CW317L 100mA；CW317M 0.5A；CW317 1.5A。通过改变调整端对地外接电阻的阻值即可调整输出正电压在 1.25～37V 范围内变化（输入/输出电压差 V_i-V_o≤40V）。

（4）三端可调负输出稳压器

CW137/237/337 系列，可调整输出电压在-1.25～-37V 范围内变化。

2. 工作原理

CW7800 系列、CW7900 系列输出电压为一系列固定值，而很多特定应用场合要求的电压不为固定值。此外该系列实际输出电压与设计中心值也存在偏差。如 CW7805 输出电压标称值为 5V，而实际输出值在 4.75～5.25V 之间，其稳压性能指标不很高。三端可调稳压器除具备三端固定输出稳压器的优点外，可以灵活地调节，在较大的电压范围内可获得任意值，输出电压精度高，适应面广，在电性能方面也有较大的提高。有关 CW7800 等系列的集成稳压器，读者

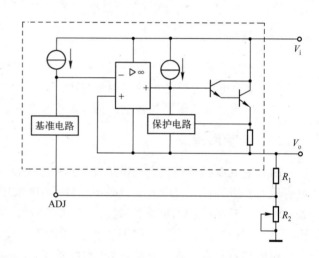

图 2-7-1　CW317 的基本结构框图（虚线内）及应用电路

可参阅有关资料，这里仅以 CW317 稳压器为例来分析其原理。CW317 内部电路框图如图 2-7-1 所示。其基本组成与 CW7800 系列类似，由基准电压、比较放大、调整管及保护电路、恒流源偏置及其启动电路组成，不同之处在于其内部电路采用了悬浮式结构，即内部电路均并接在输入 V_i 和输出 V_o 端之间，所有静态电流都会聚到输出端，因而不需要另设接地点，只要满足 V_i-V_o＝2～5V，电路即能正常工作，改变外接电阻 R_2 值，可以输出 1.25～37V 的稳定电压，该电路基准电压 V_{REF}＝1.25V，其输出电压应满足下列关系式：

$$V_o = 1.25\left(1+\frac{R_2}{R_1}\right)V$$

可见，若将 ADJ 端接地（即 R_2＝0），电路为 1.25V 的基准源。下面结合其内部电路进一步介绍其工作原理，图 2-7-2 为其内部电路。

（1）恒流源及其启动电路

VT_4、VT_8、VT_{10}、VT_{14} 是恒流源电路，VT_2 是其偏置，VT_2～VT_5 又构成相互连锁的自偏置电路，工作状态极为稳定。VT_1、VD_1 和 R_6 组成启动电路，以启动恒流源工作。当加入一定值的 V_i 后，经恒流管 VT_1 使 VD_1 导通建立一定的稳压值，启动电流经电阻 R_6

注入到 VT_3、VT_5 的基极，使之导通，从而整个电路被启动。由于 VT_1 为恒流管，R_6 阻值又较大，所以对非稳定的输入电压起到隔离作用。

（2）基准电压源电路

由 $VT_{16}\sim VT_{19}$ 和 R_{14}、R_{15}、C_2 等元件组成带隙基准电压源电路，其中 VT_{17}、VT_{19} 是核心元件〔利用半导体材料的能带间隙电压（1.205V）为基础而设计的低电压基准源，用于对基准电压要求很高的场合，温度系数低，动态内阻小，噪声低，精度高〕。电路设计和工艺上使具有正温度系数的电阻 R_{14}、R_{15} 与具有负温度系数的晶体管发射结互为补偿，而得到基本不随温度变化的（零温度系数）基准电压 V_{REF}。即输出端 $V_。$ 与调整端 ADJ 之间的电压值。

$$V_{REF}=V_{BE17}+V_{R14}=1.25V$$

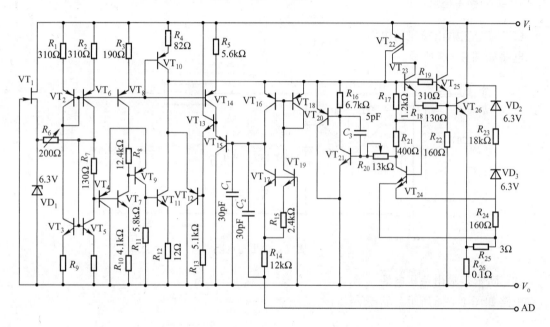

图 2-7-2 CW317 三端可调稳压器内部电路

（3）比较放大器电路

由 VT_{17} 误差电压放大级和 VT_{15}、VT_{13}、VT_{12} 多级跟随器组成。当稳压器输出电压 $V_。$ 由于负载变化等原因而发生变化时，该变化量 $\Delta V_。$ 将和基准电压同时被加到 VT_{17} 基极，经放大后由多级跟随器去控制复合调整管的基极电流，从而改变调整管压降的变化，达到稳定输出电压的目的。

（4）调整管及其保护电路

VT_{25}、VT_{26} 为达林顿复合调整管，维持输出恒定电压并向负载提供输出电流。为保证调整管安全正常工作，电路设置了限流保护、安全工作区保护和过热保护电路。

限流保护电路主要由 VT_{20}、VT_{21} 复合管承担。在正常稳压条件下，它的偏置电压受到复合调整管 b-e 结的钳位作用而近乎截止。当输出电流超过额定最大值时，取样电阻 R_{26} 上的压降将使其发射极电位降低而脱离截止区，分流了部分注入调整管的基极电流，使输出电流限制在允许的最大值范围内。

安全工作区保护电路 VT_{20}、VT_{21} 还具有安全区保护作用。当调整管上的压差（V_i-V_o）大于规定允许值时，稳压管 VD_2、VD_3 击穿，在 R_{24} 上得到的取样电压加在 VT_{24} 两发射极间，VT_{24} 为两发射结面积不相等的双发射极管，取样电压使面积大的发射结电位抬高，使 VT_{24} 集电极总电流减小，抬高了 VT_{21} 的基极电位，导致 VT_{20}、VT_{21} 复合管限流作用提前，使调整管输出电流减小，保证调整管在规定压差下其功耗限制在安全工作区内。

过热保护电路，电路由 VT_6、VT_7、VT_9、VT_{11}、R_8、R_{10}、R_{11}、R_{12} 等元件组成。利用 VT_9、VT_{11} 的 b-e 结作为热敏元件，当器件温度升高时，V_{BE} 导通电压将降低（PN 结负温度系数），当温度超过允许值时，VT_9、VT_{11} 导通，分流了调整管的基极电流，从而限制了调整管的功耗。

3. 实验参考电路

（1）固定正输出稳压的电源

电路如图 2-7-3 所示。

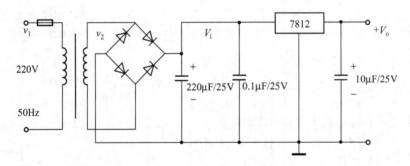

图 2-7-3   固定正输出稳压电源

（2）固定负输出稳压电源

电路如图 2-7-4 所示。

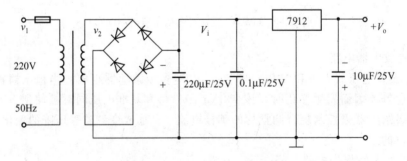

图 2-7-4   固定负输出稳压电源

（3）三端正输出可调稳压电源

电路如图 2-7-5 所示。

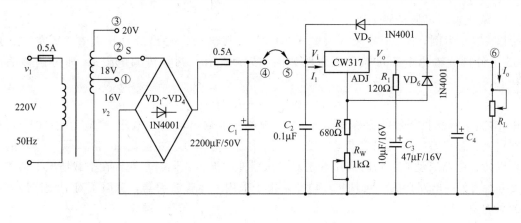

图 2-7-5 整流与稳压实验电路

为了保持输出电压的稳定性，要求流经 R_1 的电流小于 5mA，R_1 的取值为 $120\sim240\Omega$ 为宜。还必须注意：CW317 在不加散热器的情况下最大允许功耗为 2W，在附加 $200mm\times 200mm\times 3mm$ 散热器后，其最大允许功耗可达 15W。图中 VD_5、VD_6 为保护二极管，VD_5 用于防止输入短路而损坏 IC；VD_6 用来防止输出短路而损坏 IC；C_1、C_4 用于输入/输出滤波；C_4 还兼有改善输出端的瞬态响应性能；C_2 用以吸收输入端的瞬态变化电压，具有抗干扰和消除自激作用；C_3 用以旁路电位器 R_W 两端的纹波电压以提高稳压电路的纹波抑制能力。

（4）三端稳压器的扩展应用

在工程实践中，如需要获得各种非标准的稳压电源时，即获得一定的输出电压和输出电流，可直接利用现有三端稳压器件外加少量的电子元器件进行恰当的组合达到扩流扩压的目的。

① 二极管和稳压管电压提升电路

参考电路如图 2-7-6 所示。利用二极管或稳压管可将三端集成稳压器地电位向上浮动，达到提升输出电压的目的。此时三端稳压器即为浮置型稳压器。图 2-7-6（a）电路适合于三端稳压器件输出电压较小范围的提升，VD_1 的选择可根据稳压器输出需要提升电压的大小来决定二极管的类型和串联二极管的个数，并确定二极管的整流电流应能满足电路的工作要求。图 2-7-6（b）适用于三端稳压器件输出电压较大范围的提升，设计中稳压管的稳定电压值应根据负载需要提升的电压大小来选择，并且其稳定电流要留有余量。

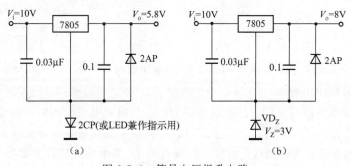

图 2-7-6 简易电压提升电路

② 输出电压可调扩展电路

以 7805 为例，7805 最大输入电压为 33V，其输入、输出最小压差在 2V 左右。用 7805 组件构成输出电压可调扩展电路如图 2-7-7 所示。调整可调电阻 R_2 即可调整输出电压：

$$V_o \approx V_{XY}（1 + R_2/R_1）$$

其中，V_{XY} 为稳压器组件的标称稳压值 5V。倘若要求输出较高的电压（如 $V_o = 150V$），必须在输入、输出端外接一只二极管 VD（如图中虚线所示），并提高 R_2 值以承受较高的电压，以防止电路启动时，瞬时高压冲击对稳压器件的损坏，同时不允许在空载情况下使用。图 2-7-8 为另一电路形式的可调扩压电路，由于采用了运算放大器，克服了对稳压器静态电流的影响。

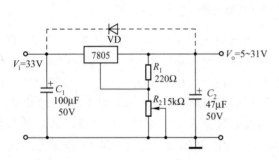

图 2-7-7　可调扩压电路之一

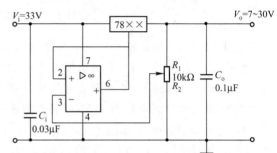

图 2-7-8　可调扩压电路之二

③ 扩大集成三端稳压器输出电流的电路

前面介绍的一般塑料封装的集成三端稳压器，其最大输出电流（1.5A）实际上只能达到 1.2A 以下，当需要较大输出电流时，可直接选用电流容量较大的稳压器件，也可采用大功率管扩流方法来提供大电流输出。如图 2-7-9 所示电路可以将电流扩展到 5A（或 3A）。

图 2-7-9（a）中若改接为硅 PNP 型功率管，电阻 R 需增大到 0.82/2W。在具体制作过程中，必须注意将管子、集成稳压器件安装在散热器上，以免器件过热损坏。

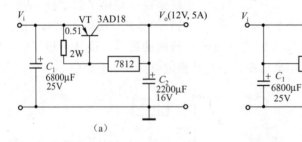

图 2-7-9　扩流电路

（5）简易开关稳压电源

串流反馈式稳压电路调整管工作在线性放大区，当负载电流较大时，调整管的集电极损耗相当大、电源效率低，开关电源克服了上述缺点，调整管工作在饱和导通和截止两种状态，由于管子饱和导通时管压降 V_{ces} 和截止时管子的漏电流 I_{ceo} 都很小，管耗主要发生在状态转换时，电源效率可达到 80%～90%，且体积小、质量轻。开关电源的主要缺点是输出电压中所含谐波比较大。

如图 2-7-10 所示为简易开关稳压电源参考电路。集成运放 μA741 和 VD$_5$、R 替代了串联稳压电源中的比较放大电路而成为开关电源。当输出电压比基准电压 12V 低 2mV 时（μA741 的反应灵敏度是 2mV），运放输出高电压，使 VT$_1$、VT$_2$ 导通，以大电流给负载及滤波电容 C$_2$、C$_3$ 补充电能，输出快速升至 12V，运放输出低电压（约 2V）使 VT$_1$、VT$_2$ 截止，由电容 C$_2$ 向负载提供电能，输出电压逐渐下降，周而复始，重复上述过程，电源持续处于开关状态，使输出电压稳定在 12V 上。串联型稳压电源当市电波动为 170V 时，可能导致负载（如电视机等）不能正常工作，而开关型稳压电源在市电降为 150V 时仍可以正常工作。

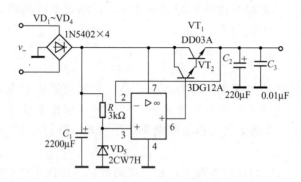

图 2-7-10　简易开关稳压电源

图 2-7-10 中，VT$_1$ 最大安全导通电流 I_{cm1} 应大于负载平均工作电流的 2 倍，BV$_{ceo}$ 大于整流器最大输出电压的 1.5 倍。适当选择 R，当整流器输出电压在规定范围变化时，使 VD$_5$ 工作在额定稳压电流范围的数值内。

三、实验内容

（1）测量图 2-7-3 或图 2-7-4 电路中 V_2、V_i、V_o 值，并用示波器观察各点的波形，了解固定输出稳压器的工作原理和使用方法。

（2）根据图 2-7-5 设计电路，要求实现以下技术指标：

① 输出直流电压＋12V，并且在 9～16V（完成以下 3～5 内容）范围内连续可调；

② 负载电流 I_o＝0～400mA；

③ 电压调整率 S_v≤0.04％；

④ 电流调整率 S_i≤0.1％；

⑤ 纹波抑制比 S_{rip}≥80dB；

⑥ 电网电压 V_1＝220V±22V。

（3）观察整流滤波电路性能

在装接好的电路上断开 V_i 点，接入 100Ω/3W 电阻作为负载 R_{L1}，用示波器观察波形，断开负载再看一次，画出波形，解释有何不同？

把 R_{L1} 再接入电路，将 C$_1$ 接入和断开时用示波器观察波形，并用交流电压表测量相应的纹波电压值，画出波形，记下测量数据，分析 C$_1$ 在电路中的作用。

（4）观察稳压器电路性能

① 拆除 R_{L1}，连接好 V_i 处断点，调节电位器 R_w，测量 V_o 的变化范围。

② 调节 R_w 使 $V_o=12V$，用万用表直流电流挡大量程串入负载回路中，缓慢调节负载电阻由大到小变化，观察过流保护动作过程，测量稳压器最大保护电流值 I_{omax}。因集成组件未加散热器，所以此实验过程应快速完成。

③ 调节 $V_o=12V$，$I_o=400mA$，测量稳压器压差（V_i-V_o），是否在规定压差范围内（正常值 V_i-$V_o=3V$）。

（5）稳压性能指标测试

① 电压调整率

电压调整率又称稳压系数。它表示在一定环境温度下，负载保持不变而输入电压变化时（由电网电压变化所致）引起输出电压的相对变化量。以输出电压的相对变化量与输入电压的相对变化量的百分比来表示。即

$$S_V = \frac{\Delta V_o/V_o}{\Delta V_i/V_i}\bigg|_{\Delta I_o=0,\Delta T=0} \times 100\%$$

测量 S_V 时，先调整稳压电路输出电压 $V_o=12V$，输出电流为 $400mA$，用数字万用表测量 V_i、V_o，保持负载不变调整输入电压变化 $\pm10\%$（用自耦变压器接入电源变压器调节或采用带多路抽头的变压器改接抽头模拟电网电压变化调节）测 V_i'、V_o' 代入上式计算。

② 电流调整率

电流调整率表示在一定的环境温度下，稳压电路的输入电压不变而负载变化时，输出电压保持稳定的能力，常用负载电流 I_o 变化时，引起输出电压的相对变化来表示。

$$S_i = \frac{\Delta V_o}{V_o}\bigg|_{\Delta V_i=0,\Delta T=0} \times 100\%$$

测量 S_i 时，首先调整 $V_o=12V$，保持输入电压不变，改变其负载 R_L，使 I_o 在 $100\sim400mA$ 范围内变化，测量相应的 V_o 变化量即得。

③ 波纹系数 γ 和纹波抑制比 S_{rip}

纹波系数为交流纹波电压的有效值与直流电压之比。即

$$\gamma = \frac{V_{i\sim}}{V_i} \qquad \gamma = \frac{V_{o\sim}}{V_o}$$

纹波抑制比为输入纹波电压与输出纹波电压之比，它反映了稳压器对交流纹波的抑制能力。即

$$S_{rip} = 20\lg\frac{V_{i\sim}}{V_{o\sim}}$$

S_{rip} 不仅取决于稳压器的稳压性能，还与整流滤波电路对交流纹波电压的滤波能力有关，故此滤波电容必须有足够大的容量。

用交流电压表或示波器可以测量 $V_{i\sim}$、$V_{o\sim}$ 值。

（6）参照参考电路完成一个由三端稳压器件构成的扩流或扩压电路。

（7）设计一个由图 2-7-5 所示电路构成的扩流电路。

提示：参考电路如图 2-7-11 所示。

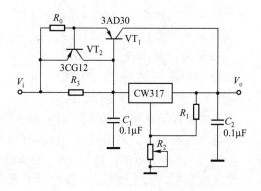

图 2-7-11　扩展输出电流应用电路

为了不使稳压器件的偏置电流 I_Q（5～10mA）流过寄存功率管 VT_1，泄放电阻 R_3 的取值应满足 $R_3 \leqslant \dfrac{V_{BF1}}{I_Q}$。$VT_2$ 为过流保护管，检测电阻 $R_0 = \dfrac{V_{BF2}}{I_{omax}}$。$V_{BF2}$ 为 VT_2 的开启电压，为 0.4～0.5V。I_{omax} 取扩流后最大电流的 1.2 倍左右。

注：基本要求为（1）～（3）和（6）（参考图 2-7-7，完成扩压电路）。

四、注意事项

（1）实验前应仔细检查电源变压器工作是否正常，接线是否正确。

（2）电路中应及时装接符合规格的熔丝。

（3）整流器输出，稳压器输出不可短路，以免烧坏元器件。

（4）使用万用表要及时变换量程不能用欧姆挡、电流挡测量电压，不用时置于交流电压最大量程。

五、预习要求

（1）复习教材中有关稳压电源的工作原理及三端稳压器的使用方法。

（2）预习稳压电源主要性能指标及其测量方法。

（3）试计算确定实验内容 7 中的 R_0、R_3 的值。

六、实验报告要求

（1）简述实验电路的工作原理，画出电路并标注元件编号和参数值。

（2）自拟表格整理实验数据，与理论值进行比较分析讨论。

（3）自制波形记录电路中各点波形，并进行相关理论分析。

七、思考题

（1）稳压电源电路为大电流工作，在布线时要注意哪些问题？

（2）如何测量整流器和稳压电流的输出电阻？

（3）整流滤波电路输出电压 V_i 是否会随负载变化？为什么？

（4）实验中使用集成稳压器应注意哪些问题？

（5）对于 CW317M 器件，试采用一只 NPN 型大功率管实现扩流作用，画出其扩流电路图。

八、实验仪器与器材

（1）双踪示波器	YB4320 型	1 台。
（2）交流毫伏表	SX2172 型	1 台。
（3）万用表	MF78 型	1 台。
（4）模拟实验箱	YB-AG 型	1 台。

实验八　低频集成功率放大器及其应用

一、实验目的

（1）通过对低频集成功率放大器电路的设计、安装和调试，掌握 OTL 功率放大器的工作原理。

（2）熟悉低频线性集成组件的正确选用和外围电路元件参数的选择方法。

（3）掌握集成低频功率放大器特性指标的测量方法。

二、实验原理

在多级放大器中，一般包括电压放大级和功率放大级。电压放大级的主要任务在于，不失真地提高输出信号幅度，其主要技术指标是电压放大倍数、输入和输出电阻、频率响应等。而功率放大器作为电路的输出级主要任务，是在信号不失真或轻度失真的条件下提高输出功率。主要技术指标是输出功率、效率、非线性失真等。所以在设计和制作功率放大器时，应主要考虑以下几个问题：

（1）输入功率尽可能得大；

（2）效率要高，功放管一般工作在甲乙类或乙类工作状态；

（3）非线性失真要小，应根据工程上不同的应用场合满足不同的要求；

（4）热稳定性好，即解决好管子或组件的散热问题。

早期功率放大器主要由电子管、晶体管和电阻、电容等分立元件组成。随着电子技术的发展，目前不少功放电路已由集成电路组件所替代，以满足不同应用场合的需要，如音响设备的音频功率放大电路、电视机中的场扫描电路等。电路的一般形式选择甲乙类的射极输出器构成互补（或准互补）对称电路，并常常采用自举电路以提高输出功率，在理想的条件下，OTL 电路的输出功率 $P_{\circ}$，电路供给功率 P_{E}，最大效率 η 分别为

$$P_{\circ} = \frac{E_{C}^{2}}{8R_{C}}$$

$$P_{E} = \frac{1}{2\pi R_{L}} E_{C}^{2}$$

$$\eta = \frac{\pi}{4}$$

1. 电路技术指标

本实验电路要求实现下述技术指标：

- 输出功率　　　　　　　　　　$P_{\circ} \geqslant 0.5\text{W}$；
- 谐波失真　　　　　　　　　　$\text{THD} \leqslant 10\%$；
- 输入电压　　　　　　　　　　$V_{i} \leqslant 15\text{mV}$（有效值）；
- 上、下限截止频率　　　　　　$f_{H} \geqslant 10\text{kHz}$，$f_{L} \leqslant 50\text{Hz}$。

首先，应根据指标提出的额定功率要求并留有适当余量，选择集成功率放大器组件。查阅资料，选用 DG4100、DG4101、DG4102、DG4110、DG4112 系列音响设备用双列直插式

集成低频功率放大器，其技术参数典型值如表 2-8-1 所示。

表 2-8-1 典型参数值

型 号	工作电压/V	负载电阻/Ω	输入功率/W
DG4100	6	4	1
DG4101	7.5	4	1.5
DG4102	9	4	2.1
DG4110	6	4	1
DG4112	9	3.2～8	2.7

图 2-8-1 是 DG4100、DG4101、DG4102 外引脚图和内部电路图，它由三级直接耦合的小信号放大器和一级互补对称功率放大器构成。

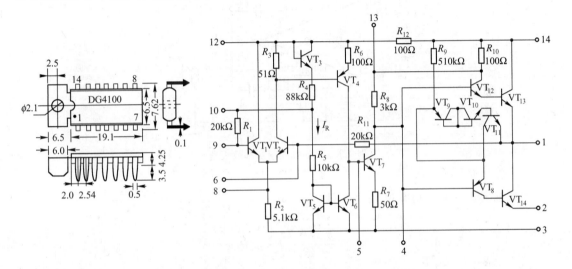

图 2-8-1 DG4100 外引脚图和内部电路图

第一级是由 VT_1、VT_2 组成的单端输入、单端输出的差动放大器。

第二级是由 VT_4 组成的电流串联负反馈放大器，其中 VT_5、VT_6 为镜像恒流源有源负载，由于它具有动态电阻大、静态电阻小的特点，故具有较高的电压增益。同时这级放大电路还兼有电平位移作用。

第三级由 VT_7 组成的电流串联负反馈放大器，为了提高其对末级的推动电压，设置有自举电路，在第 1 和第 13 引脚外接自举电容 C，为消除整个放大器自激，在 VT_7 的基—集极间外接相位补偿电容。

末级功率放大级由 VT_8～VT_{14} 组成，其中 VT_{12}、VT_{13} 复合为 NPN 管，VT_8、VT_{14} 复合为 PNP 管，克服交越失真所需的基极静态偏置电位从 VT_{12} 集电极通过 R_8 提供，并由 VT_9～VT_{11} 和 R_9 构成抬高 VT_8 发射极静态电位的偏置电路，通过 R_8 为 VT_{14} 提供所需的静态电流。

整个放大器由输出端引脚 1 向输入级 VT_2 引入电阻 R_{11}，并通过外接隔直电容 C_F 和电阻 R_F 形成深度电压串联负反馈，其总增益为

$$A_f = 1 + \frac{R_{11}}{R_f} \approx \frac{R_{11}}{R_f}$$

调整 R_F 即能灵活地改变整个放大器的电压增益。其中 DG4110、DG4112 内部在电路结构上还增设了静噪电路和纹波（有源）滤波器，故具有浪涌噪声和交流声小，工作更稳定的特点。

2. 集成组件外围元件参数的估算

由 DG4100（或 DG4112）集成功放构成的低频功率放大器参考电路如图 2-8-2 所示。其 C_1、C_9 分别为输入、输出耦合电容，C_2、C_3、C_6 为电源滤波电容，C_4、C_5 为相位补偿电容，C_8 为自举电容，C_7 用于滤除高频分量以改善音质，C_f、R_f 为反馈元件。各元件参数选择可参照以下方案进行估算。

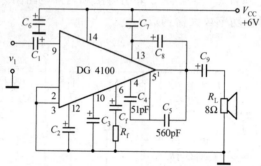

图 2-8-2　集成低频功率放大器

（1）负载 R_L（扬声器）

由指标要求的额定功率和 V_{CC} 值，取

$$\frac{\left(\frac{1}{2}V_{CC}/\sqrt{2}\right)^2}{R_L} \geqslant P_L$$

$$R_L \leqslant \frac{V_{CC}^2}{8P_L}$$

（2）负反馈端元件 R_f 和 C_f

R_f 的大小决定了低频功率放大器增益 A_{vf} 和反馈深度 F 的大小。

$$R_f \leqslant \frac{R_{11}}{|A_{vf}|-1} \quad (R_{11} = 20\text{k}\Omega,\text{为组件内反馈电阻})$$

（3）输入、输出耦合电容 C_1、C_9

考虑放大器低频响应的效果，取

$$C_1 = \frac{3 \sim 5}{2\pi f_L R_i}$$

$R_i = 12 \sim 20\text{k}\Omega$，为组件输入电阻。

$$C_9 = \frac{2 \sim 3}{2\pi f_L R_L}$$

式中，R_L 为负载电阻。

（4）自举电容 C_8

C_8 与组件内的隔离电阻 R_{10} 构成自举电路，为保证低频时的自举作用，取值应大一些，则

$$C_8 = \frac{3 \sim 5}{2\pi f_L R_{10}}$$

式中，$R_{10} = 100\Omega$。

（5）相位补偿电容 C_4 和 C_5

$C_4 = 51 \sim 200\text{pF}$，在测中试中调整。$C_5 = 560\text{pF}$，过大将影响功放的频率响应要求。

（6）高频滤波电容 C_7

该电容通过 C_8、C_9 并接在负载 R_L 两端，取

$$\frac{1}{2\pi f_L R_L} \gg C_7 \gg \frac{1}{2\pi f_H R_L}$$

（7）电源滤波电容 C_2、C_3 和 C_6

通常取 $100 \sim 200\mu\text{F}$ 电解电容，且耐压大于 V_{CC} 值。

三、电路的安装与调试

1. 安装

由于低频功率放大器处于大信号工作状态，在接线中元件分布排线走向不合理，极易产生自激振荡或放大器工作不稳定，严重时甚至无法正常工作导致无法测量，所以在实验前学生应自行设计实验电路板布线图。具体要求如下。

① 按前后级顺序排板，走线不能迂回交叉，输入、输出回路应远离，避免前后级信号交叉耦合。

② 各级电路的地端应靠在一起，做到"一点接地"。由于电源电压总是由末级开始逐渐向前级馈电的，因此，电源接地端应和输出回路的负载 R_L 接地端靠在一起。

③ 引线应尽量粗而短，应充分利用元件引脚线，不用或少用外加"过渡线"布线应紧贴底板，以削弱空间的电磁耦合，电源线和地线应采用较粗的连接线。

④ 补偿电容 C_4、C_5 应尽量靠近集成块的引脚端。

本实验中负载电阻为 8Ω（2W），不可阻值太小，避免电流太大导致集成组件发热烧坏。

2. 调试

（1）测量静态工作点

用万用表测量集成组件各引脚对地电压，并对照内部电路分析测试数据的正确性。

（2）测量功率放大器的性能指标

用 8Ω（2W）功率电阻作为负载 R_L，对电路进行调整与测试。测试前，首先用示波器观察输出电压波形，逐渐增大输入信号 v_i，观察波形无自激振荡方可进行下述测量。若出现高频自激，可适当加大补偿电容，或合理调整元件分布位置，使自激消除。

① 测量最大不失真输出功率 P_{omax}

提示：函数发生器输出 1kHz 正弦信号，用示波器观察波形。交流电压表测量输出电压。

$$P_{omax} = \frac{V_{omax}^2}{R_L}$$

式中，V_{omax} 为最大输出正弦波的有效值。

② 测量电压增益 $|A_V|$ 和输入灵敏度 V_i

调整输入信号 V_i，使得输出功率为 0.5W，测量 V_i 和 V_o，计算 $|A_V|$ 和 P_o 的值。

③ 观察反馈深度对增益的影响

在上述测量的基础上，改变 R_f 值为 $2R_f$，测量 $|A_V'|$，并与 $|A_V|$ 比较；若将 R_f 断开，用示波器观察将发生什么现象？然后恢复 R_f。

④ 测量效率 η

在输出功率为 0.5W 的条件下，用万用表电流挡（提示：初测应置于最大量程）串入电源 V_{CC} 端，测得总平均电流 I，则

$$\eta = \frac{P_o}{V_{CC} \cdot I}$$

⑤ 测量谐波失真度 THD

⑥ 观察自举作用

将自举电容断开，测量最大不失真输出功率 P'_{omax}，并与 P_{omax} 比较，作出理论解释。

⑦ 测量上、下限截止频率

恢复自举电容元件，自拟数据表格进行测量。

提示：保持输入信号 V_i 恒定，在 20Hz～40kHz 频率范围内选 10 个点进行测量。

⑧ 试听

用收录机作信号源，功放输出接音箱（R_L 断开），试听放音效果。

四、实验内容

按照电路安装与调试的要求，用集成功率块 DG4100 实现一个功率放大器。要求：首先测试其典型应用电路的主要性能指标，然后试听。

五、预习要求

（1）复习功率放大器的工作原理，按指标要求，估算外电路各参数值画出实验电路，并标注元件编号和元件参数值。

（2）按要求自行设计实验电路的印制电路板布线图，并标注元件符号和编号。

（3）根据 DG4100（或 LA4112）内部电路和 V_{CC} 电压值，计算各引脚端直流电位，列表以便与实测值进行比较。

（4）预习失真度测试仪的工作原理，掌握谐波失真度 THD 测量方法。

六、实验报告要求

（1）自拟实验数据表格，列出测量数据并进行计算，分析结果。

（2）对实验过程中出现的现象（波形、数据）和调测过程进行分析和总结。

（3）画出实验电路图和自行设计的实验电路印制板布线图，并标注元件编号的参数。

七、思考题

（1）如何消除电路中的交越失真，本电路内采取了何种措施？

（2）当电路产生自激振荡时可以采取哪些措施解决，但对放大器的其他性能有否影响？

分析有何影响？

（3）图 2-8-3 是 DG4112 低频集成功率放大器的内部电路图，试回答下列问题：

① 分析该电路的工作原理。

② 当 $V_{CC}=9V$，$R_L=8\Omega$，试估算最大输出 P_{omax} 和最大不失真输出电压 V_{omax}？

③ 试用两片 DG4112 集成组件构成 BTL（无平衡变压器）放大器，并画出电路图。

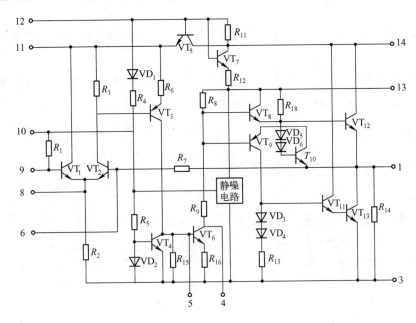

图 2-8-3　DG4112 内部电路

八、仪器与器材

（1）双踪示波器	YB4320 型	1 台。
（2）函数发生器	YB1638 型	1 台。
（3）直流稳压电源	DF1371S 型	1 台。
（4）交流电压表	SX2172 型	1 台。
（5）失真度测试仪	BS1 型	1 台。
（6）模拟实验箱	YB-AG 型	1 台。

实验九　精密整流电路

一、实验目的

（1）了解精密半波整流电路及精密全波整流电路的电路组成、工作原理及参数估算。

（2）学会设计、调试精密全波整流电路，观测输出、输入电压波形及电压传输特性。

二、实验原理

众所周知，利用二极管的单向导电性，可以组成半波及全波整流电路。但由于二极管存在正向导通压降、死区压降、非线性伏安特性及其温度漂移，故当用于对弱信号进行整流时，必将引起明显的误差，甚至无法正常整流。如果将二极管与运放结合起来，将二极管置于运放的负反馈回路中，则可将上述二极管的非线性及其温漂等影响降低至可以忽略的程度，从而实现对弱小信号的精密整流或线性整流。

图 2-9-1 给出了一个精密半波整流电路及其工作波形与电压传输特性。下面简述该电路的工作原理：

当输入 $v_i>0$ 时，$v_o'<0$，二极管 VD_1 导通、VD_2 截止，由于 N 点"虚地"，故 $v_o \approx 0$（$v_o' \approx -0.6V$）。

当输入 $v_i<0$ 时，$v_o'>0$，VD_2 导通、VD_1 截止，运放组成反相比例远算器，故 $v_o = -\dfrac{R_2}{R_1}v_i$，若 $R_1=R_2$，则 $v_o=-v_i$。其工作波形及电压传输特性如图 2-9-1（b）、（c）所示。电路的输出电压 v_o 可表示为

$$v_o = \begin{cases} 0 & v_i>0 \\ -v_i & v_i<0 \end{cases}$$

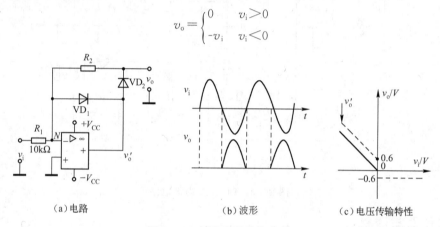

（a）电路　　　　　　（b）波形　　　　　　（c）电压传输特性

图 2-9-1　精密半波整流电路

这里，只需极小的输入电压 v_i，即可有整流输出，例如，设运放的开环增益为 10^5，二极管的正向导通压降为 0.6V，则只需输入为 $|v_i| = \dfrac{0.6}{10^5} = 6\mu V$ 以上，即有整流输出了。同理，二极管的伏安特性的非线性及温漂影响均被压缩了 10^5 倍。

图 2-9-2 给出一个具有高输入阻抗的精密全波整流电路及其工作波形与电压传输特性。

这一电路的工作原理如下：

当输入 $v_i>0$ 时，二极管 VD_1 导通，VD_2 截止，故 $v_{o1}=v_N=v_i$。运放 A_2 为差分输入放大器，由叠加原理可得：$v_o = v_{o1}\left(-\dfrac{2R}{R}\right) + v_i\left(1+\dfrac{2R}{R}\right) = -2v_i + 3v_i = v_i$。

当输入 $v_i<0$ 时，二极管 VD_2 导通，VD_1 截止，此时，运放 A_1 为同相比例放大器，所以，$v_{o1} = v_i\left(1+\dfrac{R}{R}\right) = 2v_i$，同样由叠加原理可得运放 A_2 的输出为

$$v_o = v_{o1}\left(-\dfrac{2R}{R}\right) + v_i\left(1+\dfrac{2R}{R}\right) = -4v_i + 3v_i = -v_i$$

故最后可将输出电压表示为

$$v_o = \begin{cases} v_i & v_i>0 \\ -v_i & v_i<0 \end{cases}$$

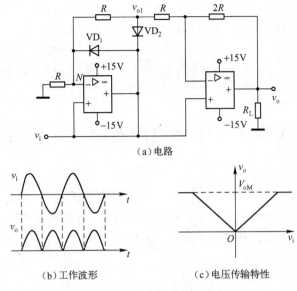

（a）电路

（b）工作波形　　　　　　　　（c）电压传输特性

图 2-9-2　精密全波整流电路

即

$$v_\mathrm{o} = |v_\mathrm{i}|$$

即输出电压为输入电压的绝对值，故此电路又称绝对值电路。

三、实验内容

根据图 2-9-2 设计精密全波整流电路，取 $R=10\mathrm{k\Omega}$；输入正弦电压的频率 f_i 取 $100\mathrm{Hz}$，幅度从 $1\mathrm{mV}\sim5\mathrm{V}$ 调节，实测并记录电路的输出电压 v_o，并以双踪示波器观测其电压传输特性 $v_\mathrm{o}\sim v_\mathrm{i}$。调节输入电压的幅度，找出输出的最大值 v_omax。

四、预习要求

熟悉精密整流电路的组成、工作原理及其参数估算，考虑如何测量其电压传输特性。

五、实验报告要求

整理实验结果，取得精密全波整流电路的工作波形及电压传输特性，并与理想精密全波整流特性相比较，指出误差并分析其原因。

六、思考题

（1）若将如图 2-9-1 所示电路中的两个二极管均反接，试问：电路的工作波形及电压传输特性将会如何变化？

（2）精密整流电路中的运放工作在线性区还是非线性区？为什么？

（3）图 2-9-2 所示电路为什么具有很高的输入电阻？

七、实验仪器与器材

（1）双踪示波器　　　　　　　YB4320 型　　　　　　　　1台。

（2）函数发生器 　　　　　 YB1638 型 　　　　 1 台。
（3）直流稳压电源 　　　　 DS1371S 型 　　　 1 台。
（4）交流电压表 　　　　　 SX2172 型 　　　　 1 台。
（5）模拟实验箱 　　　　　 YB-AG 型 　　　　 1 台。
（6）万用表 　　　　　　　　　　　　　　　　 1 台。

实验十　电平检测器的设计应用

一、实验目的

（1）熟悉具有滞回特性的电平检测器的电路组成、工作原理及参数计算方法。
（2）学会用电平检测器设计满足一定要求的实用电路。

二、实验原理

对于模拟信号电压进行幅度检测、鉴别，可用开环比较器或具有滞回特性的电平检测器两种电路。显然，后者由于其抗干扰性能好而更具有实用性。

具有滞回特性的电平检测器，按其电路结构或传输特性的不同，可分两类：滞回特性反相电平检测器（图 2-10-1）和滞回特性同相电平检测器（图 2-10-2）。

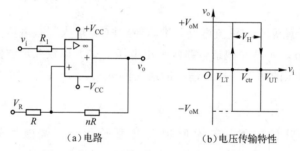

（a）电路　　　　　　　　　（b）电压传输特性

图 2-10-1　具有滞回特性的反相电平检测器

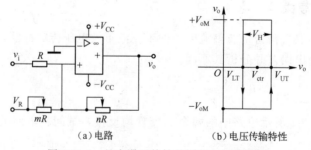

（a）电路　　　　　　　　　（b）电压传输特性

图 2-10-2　具有滞回特性的同相电平检测器

（1）对于图 2-10-1，不难得出

上限阈值电平
$$V_{UT} = V_R \frac{n}{n+1} + \frac{V_{oM}}{n+1}$$

下限阈值电平
$$V_{LT} = V_R \frac{n}{n+1} + \frac{-V_{oM}}{n+1}$$

回差电压
$$V_H = V_{UT} - V_{LT} = \frac{2V_{oM}}{n+1}$$

中心电压
$$V_{ctr} = \frac{V_{UT} + V_{LT}}{2} = V_R \frac{n}{n+1}$$

可见这一电路的特点是：反馈电阻比 n 及参考电压 V_R 决定了 V_{UT}、V_{LT}、V_H 及 V_{ctr}，中心电压 V_{ctr} 及回差电压 V_H 不能独立调节。

（2）对于图 2-10-2，同理可得出

上限阈值电压
$$V_{UT} = \frac{V_{oM}}{n} \frac{V_R}{m}$$

下限阈值电压
$$V_{LT} = -\frac{V_{oM}}{n} \frac{V_R}{m}$$

回差电压
$$V_H = V_{UT} - V_{LT} = \frac{2V_{oM}}{n}$$

中心电压
$$V_{ctr} = \frac{V_{UT} + V_{LT}}{2} = -\frac{V_R}{m}$$

可见，这一电路的特点是：中心电压 V_{ctr} 取决于 V_R 及 m；回差电压 V_H 取决于 V_{oM} 及 n。即 V_{ctr} 与 V_H 可以分别独立调节。

三、实验内容

试设计一个蓄电池充电控制电路（如图 2-10-3 虚线所示）。具体要求如下：

（1）蓄电池额定电压为 12V，当其电压下降至 10.5V 时，继电器线圈得电，其常开触点 NC 闭合，充电器对蓄电池充电；当蓄电池电压充至 13.5V 时，继电器线圈断电，其常开触点 NC 断开，切断充电器与蓄电池的联系。

（2）选择合适的正弦输入电压，加至所设计的控制电路输入端，实测其输入、输出电压波形及电压传输特性。

建议电平检测器所用运放的电源电压 $\pm V_{CC} = \pm 15V$、参考电压 $V_R = -15V$、电阻 R 取 $10k\Omega$。

注： 设计图 2-10-3 中虚线框内部分中的控制电路，然后外加直流可变电压进行输入/输出电压波形及电压传输特性的测量。

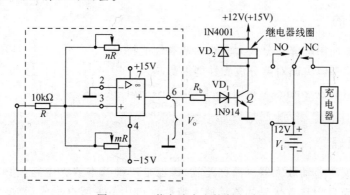

图 2-10-3　蓄电池充电控制电路

四、预习要求

（1）熟悉具有滞回特性的电平检测器电路结构、工作原理及其电压传输特性。

（2）设计满足实验要求的控制电路，选择元件参数，拟订实验方案及步骤。

五、实验报告要求

（1）画出实验电路图，整理设计过程及结果。

（2）记录实验波形及电压传输特性并和理论计算值相比较。

（3）回答第 6 项所提思考问题。

六、思考题

（1）试推导具有滞回特性的同相输入电平检测器的 V_{UT}、V_{LT}、V_{ctr} 及 V_H 公式。

（2）在本次实验电路中，驱动晶体三极管 VT 的基极电阻 R_b 阻值应如何确定？图中继电器线圈旁并联的二极管 VD_2 起什么作用？

（3）若要求用绿色及红色 LED 来分别指示该电路工作于蓄电池正常放电及处于充电状态，请设计这一指示电路。

（4）如果将实验内容要求的 10.5V 改为 11.5V，13.5V 改为 12.5V。试问应如何改动电路参数？

七、实验仪器与器材

（1）双踪示波器	YB4320 型	1 台。
（2）函数发生器	YB1638 型	1 台。
（3）直流稳压电源	DS1371S1 型	1 台。
（4）交流电压表	SX2172 型	1 台。
（5）模拟实验箱	YB-AG 型	1 台。
（6）万用表		1 台。

实验十一　差分放大电路

一、实验目的

（1）通过实验加深理解差分放大电路的基本性能特点。

（2）通过实验理解失调对差分放大性能的影响。

（3）掌握利用 Electronics WorkBench（EWB）软件的高级分析功能，分析电路的性能，测量电路的指标。

二、实验原理

差分放大器又称差动放大器（简称差放），也是一种基本放大电路，它不仅可与另一级差放直接级联，而且它具有优异的差模输入特性。它几乎是所有集成运放、模拟乘法器、电压比较器等电路的输入级，又几乎是完全决定着这些电路的差模输入特性、共模抑制特性、输入失调特性和噪声特性。

1. 差模信号和共模信号

差模输入信号是指加在差分放大器两输入端的数值相等、极性相反的一对信号，表示为：

$$V_{i1} = -V_{i2} = \frac{V_{id}}{2}, \qquad V_{i1} - V_{i2} = V_{id}$$

共模输入信号是指加在差分放大器两输入端的数值相等、极性相同的一对信号，表示为：

$$V_{i1} = V_{i2} = V_{ic}$$

同理，差模输出信号可表示为　　　$V_{o1} - V_{o2} = V_{od}$

共模输出信号可表示为　　　　　　$V_{o1} - V_{o2} = V_{oc}$

2. 单端输入（输出）和双端输入（输出）

差分放大器的输入、输出方式有单端和双端两种，若差分放大器的两输入端中的一端加信号，另一端接地，则称为单端输入，若两端都加信号则称为双端输入。

同样，若差分放大器中的输出信号从其中任一集电极对地取出，称为单端输出，若输出信号从两个集电极之间取出，成为双端输出或浮动输出。

3. 差模电压增益（A_{Vd}）

对于图 2-11-1 所示的电路，由分析可知，当发射极负反馈电阻 $R_{e1} = R_{e2} = R_e$ 时，双端输出的差模电压增益 A_{Vd} 与单管共射放大器的增益相同，即

$$A_{Vd} = \frac{V_{od}}{V_{id}} = -\frac{\beta R'_L}{r_{bb'} + r_{b'e} + (1+\beta) R_e}$$

其中，$R'_L = R_c // \dfrac{R_L}{2}$。

而单端输出的差模电压增益为双端输出的差模电压增益的一半，即

$$A_{Vd1} = \frac{V_{od1}}{V_{id}} = \frac{1}{2} A_{Vd} = -\frac{\beta R'_L}{2 \left[r_{bb'} + r_{b'e} + (1+\beta) R_e \right]}$$

4. 共模电压增益 A_{Vc}

图 2-11-1 中简单差分放大器的单端共模电压增益为

$$A_{vc1} = \frac{V_{oc1}}{V_{ic}} = -\frac{\beta R'_L}{r_{bb'} + r_{b'e} + 2 (1+\beta) R_{EE}}$$

若图 2-11-1 中的 R_{EE} 用恒流源代替，则只要将上式中的 R_{EE} 用恒流源输出管的交流输出电阻代替，即可得到带有恒流源的差分放大器的单端输出共模增益。

在满足理想对称的条件下，双端输出的共模电压增益趋近于零。

5. 共模抑制比 K_{CMR}

单端输出时，共模抑制比定义为差模电压增益 A_{vd1} 对共模电压增益 A_{vc1} 之比的绝对

值，即

$$K_{\text{CMR}} = \left| \frac{\frac{1}{2} A_{\text{vd}}}{A_{\text{vc1}}} \right|$$

工程上，K_{CMR} 一般用分贝数表示，即 K_{CMR}（dB）$= 20 \lg K_{\text{CMR}}$。

对于图 2-11-1 所示的简单差分放大器，共模抑制比为

$$K_{\text{CMR}} = \frac{r_{\text{bb}'} + r_{\text{b}'\text{e}} + 2 \left(1 + \beta \right) R_{\text{EE}}}{2 \left[r_{\text{bb}'} + r_{\text{b}'\text{e}} + \left(1 + \beta \right) R_{\text{e}} \right]}$$

由上式可知，为了提高电路的共模抑制比，可增大 R_{EE} 或改用恒流源电路，在满足理想对称的条件下，K_{CMR} 趋向无穷大。

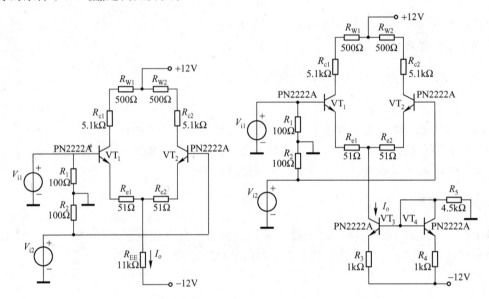

图 2-11-1　简单差分放大器　　　图 2-11-2　采用恒流源偏置的差分放大器

6. 差分放大器差模传输特性线性范围的扩展（见图 2-11-3）

若不接负反馈电阻 R_{e}，则差模传输特性的线性范围限制在 $|26\text{mV}|$ 以内。接入负反馈电阻 R_{e1}、R_{e2} 后，差模传输特性的线性范围大大地扩展，且 R_{e} 越大，线性范围的扩展就越大，不过曲线的斜率也就越低，即跨导相应的差模电压增益越低。

7. 电路不对称对电路性能的影响

在电路两边对称的理想情况下，输入差模信号时仅输出差模信号；输入共模信号时输出仅有共模信号。双端输出时，由

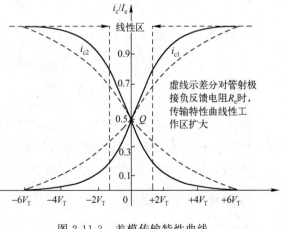

图 2-11-3　差模传输特性曲线

于两管共模输出电压相抵消，因此差分放大器对共模输入信号具有无限抑制能力。而当电路两边不对称时（两边管子特性或集电极电阻 R_C 不相等），在差模输入信号作用下，两管输出电压不会严格等值反相，这样，两输出端电压中除了差模分量外，还同时有了共模分量；同样，在共模输入信号作用下，两管输出电压不会严格等值同相，这样，两输出端电压中除了共模分量外，还同时出现了差模分量，双端输出时，由于输出端电压中的共模分量相抵消，因此输出电压仅有其中的差模电压分量。当有多级差分放大器直接级联时，由于前级差分电路不对称造成的误差，将被后级差分放大器放大。因此在集成电路设计时应尽可能避免差分电路的不对称情况发生。

三、实验内容

（1）在 EWB（Electronics WorkBench）中根据图 2-11-2 画出电路图，其中 $VT_1 \sim VT_4$ 各管选用 National 公司的三极管 PN2222A（或 2N2222A），β 取值为 100。

（2）选择 "Analysis" 菜单下的 "DC Operating Point" 菜单项进行直流工作点分析，由此测出 $VT_1 \sim VT_4$ 各管的静态工作点电压和各管的静态工作点电流。为了测量静态工作点电流，可以在相应支路中添加零电压源，以简化测量过程。将所测结果记入实验报告，求各个管子 β 值并与理论值比较。对静态工作点电压和电流也可采用仪表测量（选做）。

（3）在两输入端分别加入幅度同为 15mV、频率同为 2kHz，但相位相反的正弦信号（即加入差模信号），选择 "Analysis" 菜单下的 "Transient Analysis" 菜单项进行瞬态分析，在图 2-11-4 所示的 "Transient Analysis" 对话框中设定 "Start time" 为 0s，"End time" 为 0.0025s，并将两集电极节点加入 "Node for analysis" 列表框中。观察两集电极的单端输出波形，读出两电压幅值，比较两者的相位，用示波器观察双端输出波形，将测量结果和波形记录在实验报告上，计算出 A_{vd1}、A_{vd2} 和 A_{vd}。

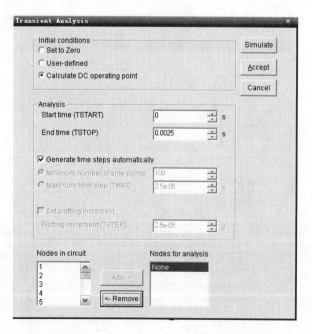

图 2-11-4 "Transient Analysis" 对话框

（4）选择"Analysis"菜单下的"AC Frequency Analysis"菜单项，弹出如图2-11-5所示窗口。设"Start frequency"为1Hz，"End frequency"为10MHz，"Sweep type"为Decade（即幅频特性的横坐标是对数坐标），"Number of points"为1000（即电路仿真时每10倍频取1000个采样点），"Vertical scale"设为Decibel（即幅频特性的纵坐标是分贝），将电路输出端的节点号加到"Node for analysis"列表框中，单击"Simulate"按钮进行频率特性分析。观察测出的幅频特性曲线，读出3分贝带宽，将波形和测量结果记入实验报告纸，也可采用波特图示仪测带宽（选做）。

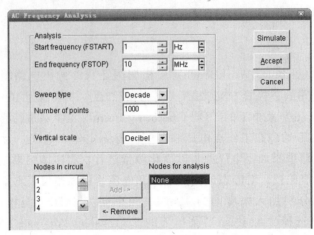

图 2-11-5   "AC Frequency Analysis"参数设置窗口

（5）将R_5改为2kΩ，重复步骤（2）～（4），并对两次结果进行比较分析。

（6）将R_5改回4.5kΩ，R_{c1}与R_{c2}改为8kΩ，重复步骤（1）～（4），并对两次结果进行比较分析。

（7）将R_{c1}与R_{c2}改回5.1kΩ，在两输入端加入幅值为150mV，频率为2kHz的差模正弦

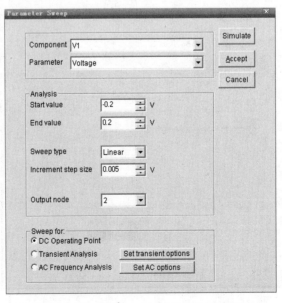

图 2-11- 6   "Parameter Sweep"对话框

信号，选择"Analysis"菜单下的"Transient Analysis"菜单项进行瞬态分析，观察单端输出的波形（或用示波器），测出最大不失真时输入信号大小。

（8）将 V_{i2} 改为由 V_{i1} 控制的电压源 E_1，选择"Analysis"菜单下的"Parameter Analysis"菜单项进行直流变量扫描分析。在如图 2-11-6 所示的"Parameter Sweep"对话框中，设定"Component"为 V1。"Parameter"为"Voltage"，"Start value"为-0.2V，"End value"为 0.2V，"Sweep type"为"Linear"，"Increment step size"为 0.005V，"Output node"为两集电极所在的节点号，"Sweep for"为"DC Operating Point"，单击 Simulate 按钮，可分析得出差模传输特性曲线，读出差模电压的线性范围，打印出该曲线。

（9）将 R_{e1} 与 R_{e2} 改为 1Ω，重复步骤（8）项。

（10）将两输入端短接，加入幅值为 500mV、频率为 2kHz 的共模正弦信号，选择"Analysis"菜单下的"Transient Analysis"菜单项进行瞬态分析，在如图 2-11-4 所示的"Transient Analysis"对话框中设定"Start time"为 0s，"End time"为 0.0025s，并将两集电极节点加入"Node for analysis"。观察两集电极的单端输出波形，读出两电压幅值，比较两者的相位，将测量结果和波形在记录在实验报告上，计算出 A_{VC1}、A_{VC2}、A_{VC}、K_{CMR}。

（11）将 R_{C2} 值改为 8kΩ，重复第（10）项，并对结果进行比较分析。

注：基本要求为步骤（1）～（5）以及（10）。

四、预习要求

（1）复习差分放大器的工作原理和性能分析方法。

（2）复习 Electronics WorkBench 软件的使用方法。

（3）对实验所用差分放大电路的静态工作点和 A_V、R_i 进行估算，并分析哪些因素的变化会对电路的性能产生影响。

五、实验报告要求

（1）整理实验数据，对实验结果进行详细分析。

（2）总结差分放大电路的特点。

六、思考题

（1）当 K_{CMR} 为有限值，且保持信号源的幅度不变时，试问：在单端输入和双端输入两种情况下，其输出值是否相同？为什么？

（2）图 2-11-2 在硬件实验中差模输入时有何缺陷？如何改正？

（3）实验内容 4 中测量带宽对输入信号有什么要求？采用波特图示仪测量时应如何测量？

七、仪器与器材

（1）微型计算机　　　　　　　　　　　　1台。

（2）Electronics WorkBench 软件　　　　　1套。

实验十二   通用集成运放基本参数测试

一、实验目的

（1）理解通用运放主要参数的意义，学会其测量方法，为选择运放和设计运放应用电路打下基础。

（2）掌握利用 Electronics WorkBench（EWB）软件的高级分析功能，分析电路的性能，测量电路的指标。

二、实验原理

集成运放是模拟集成电路中发展最快、通用性最强的一类集成电路。集成运放内部电路较为复杂，但只要掌握其基本特性，通常将它近似看做理想放大器，便能分析和设计一般的应用电路。但是，只有对集成运放的内部结构和主要技术参数有了较深入的了解，才能选用合适的运放，设计出更加简练和巧妙的实用电路。

理想集成运放具有以下特性：

● 开环增益无限大；

● 输入阻抗无限大；

● 输出阻抗为零；

● 带宽无限；

● 失调及其温漂为零；

● 共模抑制比为无穷大；

● 转换速率为无穷大。

当然，实际运放只能在一定程度上接近上述指标。表 2-12-1 给出 μA741（双极型晶体管构成）、LF356（JEFT 作输入级，其他为双极型晶体管）和理想运放的参数对照。

表 2-12-1   运放参数对照表

特 性 参 数	μA741			LF356			理 想 运 放
	最　小	标　准	最　大	最　小	标　准	最　大	
输入失调电压/mV		2	6		3	10	0
输入偏置电流/nA		80	500		0.07	0.2	0
输入失调电流/nA		20	200		0.007	0.04	0
电源电流/mA		2.8			10		0
开环电压增益/dB	86	106	2	50	200		∞
共模抑制比/dB	70	90		80	100		∞
转换速率/V · μs^{-1}		0.5			12		∞

本次实验推荐采用 μA741 型运放，其引脚排列如图 2-12-1 所示。下面简述运放主要参数的含义及其测量电路。

1. 输入失调电压 V_{ios}

理想运放当输入电压为零时，其输出电压也为零，但实际运放当输入电压为零时，其输出端仍有一个偏离零的直流电压 V_{os}，这是由于运放电路参数不对称所引起的。在室温（25℃）和标准电源电压下，为了使这一输出直流电压 V_{os} 为零，必须预先在输入端加一个直流电压，以抵消这一不为零的直流输出电压，这个应加在输入端的电压即为输入失调电压 V_{ios}，其典型值为 $\pm(1\sim10)$ mV。测量输入失调电压的电路如图 2-12-2 所示。

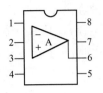

1—失调调零端；2—反相输入端；3—同相输入端；
4—负电源端或参考地端；5—失调调零端；
6—输出端；7—正电源端；8—空脚

图 2-12-1　μA741 引脚图

测量依据：闭环增益 $|A_{Vf}| = \dfrac{R_2}{R_1}$。

则输入失调电压：$V_{ios} = \dfrac{-V_{os}}{|A_{Vf}|}$。

建议取 $R_2 = 1\mathrm{M}\Omega$，$R_1 = 100\mathrm{k}\Omega$。

2. 运放输入偏置电流 I_{B1}、I_{B2} 和失调电流 I_{io}

运放的输入偏置电流系指运放输入级差分对管的基极电流 I_{B1}、I_{B2}。通常由于晶体管参数的分散性，$I_{B1} \neq I_{B2}$。运放的输入失调电流是指当运放输出电压为零时，两个输入端静态电流的差值，即 $I_{io} = I_{B1} - I_{B2}$。其典型值为几十纳安至几百纳安。实验测量电路如图 2-12-3 所示。

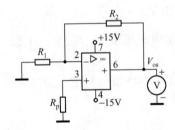

图 2-12-2　测量 V_{ios} 的电路图

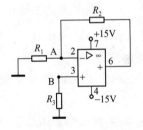

图 2-12-3　测量 I_B 及 I_{io} 的电路

测量依据：

输入偏置电流 $I_{B1} = \dfrac{V_A}{R_1 /\!/ R_2}$，$I_{B2} = \dfrac{V_B}{R_3}$。

据此可以算得输入失调电流 I_{io} 和输入平均偏置电流 $I_{B平均}$ 为

$$I_{io} = I_{B1} - I_{B2}, \qquad I_{B平均} = \frac{I_{B1} + I_{B2}}{2}$$

3. 转换速率（压摆率）S_R

当运放在闭环情况下，其输入端加上大信号（通常为阶跃信号）时，其输出电压波形将呈现如图 2-12-4 所示的一定的时延。其主要原因是运放内部电路中的电容充放电需要一定的时间。运放的转换速率定义为

$$S_R = \frac{\Delta V_o}{\Delta t} \quad (V/\mu s)$$

即 S_R 表示运放在闭环状态下，每 $1\mu s$ 时间内输出电压变化的最大值。理想运放的 $S_R = \infty$，通用运放如 $\mu A741$，其 $S_R = 0.5V/\mu s$。

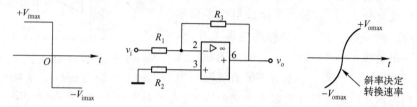

图 2-12-4　测量转换速率电路及波形图

当运放处理微小信号时，S_R 影响不大，但对于大信号，则往往限制了运放的不失真最大的频率。这是因为：设输入为正弦电压 $v_i = V_{im}\sin\omega t$ 时，则理想的输出为

$$v_o = -V_{om}\sin\omega t, \quad \omega = 2\pi f$$

所以 $\dfrac{dv}{dt} = \omega V_{om}\cos\omega t$。

输出电压的最大变化速率为 $\left|\dfrac{dv_o}{dt}\right|_{max} = \omega V_{om} = 2\pi f \cdot V_{om}$

即　　　　　　　　　　　　　　　$\omega V_{om} \leqslant S_R$

据此可得，当不失真的最大输出电压为 V_{om} 时，最大频率

$$f_{max} \leqslant \frac{0.5}{2\pi \times 10} = 8kHz$$

还可推出，当频率为 f_{max} 时，不失真的最大输出电压 $V_{om} \leqslant \dfrac{S_R}{2\pi f_{max}}$。

同样对于 $\mu A741$，为使其 $f_{max} = 10kHz$，其最大输出电压幅值 $V_{om} \leqslant 8V$。注意，运放的 V_{om} 还需受电源电压的限制。

图 2-12-5 给出了 $\mu A741$ 的不失真最大输出电压 V_{P-P}（峰-峰值）与输入信号频率 f_i 的关系曲线。

测量 S_R 的实验电路如图 2-12-6 所示。

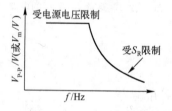

图 2-12-5　V_{P-P}-f_i 关系曲线

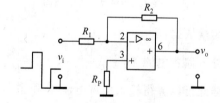

图 2-12-6　测量 S_R 的电路

因运放闭环反馈深度不同，其 S_R 差别较大，故通常规定单位增益时 S_R 的为其上升速率的指标。

建议：$R_1 = R_2 = 100k\Omega$；V_i 取 5V（峰-峰值）；f_i 取 10kHz。

观测 V_i 的 A 通道灵敏度，取 5V/div，观测 V_o 的 B 通道灵敏度，取 1V/div，时基取 $10\mu s/div$，交流耦合。

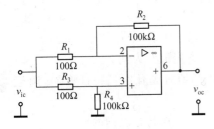

图 2-12-7　测量运放 K_{CMR} 的电路

4. 共模抑制比 K_{CMR}

运放的共模抑制比是指其差模电压增益 A_{Vd} 与共模电压增益 A_{Vc} 之比，即 K_{CMR}（dB）$= 20\lg \dfrac{A_{Vd}}{A_{Vc}}$。实验电路如图 2-12-7 所示。

差模增益：$\qquad |A_{Vd}| = \dfrac{R_2}{R_1} = \dfrac{R_4}{R_3}$

共模增益：$\qquad\qquad\qquad A_{Vc} = \dfrac{V_{oc}}{V_{ic}}$

共模抑制比：$\qquad K_{CMR}$（dB）$= 20\lg \dfrac{A_{Vd}}{A_{Vc}}$

建议：输入正弦电压 v_i（f 取 60~100 Hz）取 2V（有效值）。

5. 开环输入阻抗

放大器的开环输入阻抗是指运算放大器在开环状态下，输入差模信号时，两输入端之间的等效阻抗。

6. 开环电压增益

开环电压增益是指运算放大器没有反馈时的差模电压增益，即运算放大器的输出电压与差模输入电压之比值。开环增益通常很高，因此只有在输入电压很小时（几百微伏），才能保证输出波形不失真。但在小信号输入条件下测试时，易引入各种干扰，所以采用闭环测量的方法较好。

三、实验内容

自行设计电路，分别测量 $\mu A741$ 的下列参数：

① 输入失调电压 V_{ios}；
② 测量运放输入偏置电流 I_{B1}、I_{B2} 和失调电流 I_{io}（选做）；
③ 转换速率 S_R；
④ 共模抑制比 K_{CMR}；
⑤ 自行设计电路，测量运放开环输入阻抗；
⑥ 自行设计电路，测量运放开环电压增益（选做）。

四、预习要求

（1）复习运放主要参数的定义，了解通用运放 $\mu A741$ 的主要参数数值范围。

（2）设计 $\mu A741$ 运放主要参数测试电路并估算参数。拟定测试所需仪器、仪表的接法、量程等。

五、报告要求

画出各主要参数的测试电路图，估算电路元件的参数，整理测量结果（数据、波形等）。

六、思考题

（1）测量失调电压时，观察电压表读数 V_{os} 是否始终是一个定值？为什么？

（2）若 $V_{os} \neq 0$，如何利用失调调零端将它调至零？调零的原理是什么？一旦将 V_{os} 调至零后，它是否再也不会变化了？为什么？

（3）若将测量 S_R 的电路改为反相电压跟随器接法，其输出波形将是怎样的？

（4）测 S_R 时若将 μA741 换作 LM318（其 $S_R = 70V/\mu s$），则输出波形响应将如何？为什么？

七、仪器与器材

（1）微型计算机　　　　　　　　　　　　1台。

（2）Electronics WorkBench 软件　　　　　1套。

实验十三　负反馈放大电路

一、实验目的

（1）掌握负反馈放大电路的各种类型，以及各类负反馈对增益的影响。

（2）能利用负反馈改善放大电路的性能。

（3）掌握利用 Electronics WorkBench（EWB）软件的高级分析功能，分析电路的性能，测量电路的指标。

二、实验原理

在电子系统中，将输出电量（电压或电流）以一定比例通过特定的电路（反馈网络）馈送到输入回路的现象称之为"反馈"。前馈通道和反馈通道使电路构成一个闭环系统。

当反馈量与输入电量（电压或电流）以某种形式进行比较后，使放大电路的实际输入量减小，进而影响输出电量的反馈称为"负反馈"；反之称为"正反馈"。通常用瞬时极性法可判断反馈极性。负反馈的方框图如图 2-13-1 所示。其闭环增益的基本方程式为

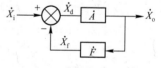

图 2-13-1　负反馈方框图

$$\dot{A}_F = \frac{\dot{X}_o}{\dot{X}_i} = \frac{\dot{A}}{1 + \dot{A}\dot{F}}$$

其中，$|1 + \dot{A}\dot{F}|$ 称为反馈深度。当 $|1 + \dot{A}\dot{F}| \gg 1$ 时，称为深度负反馈，这时，$\dot{A}_F \approx \dfrac{1}{\dot{F}}$，这在工程上常用来近似估算负反馈放大电路的闭环增益。同时，由此可引出 $\dot{X}_i \approx \dot{X}_f$，$\dot{X}_d \to 0$ 的虚短、虚断概念。

在放大电路的设计中，引入负反馈可以改善放大电路的性能。换句话说，放大电路借助于负反馈，可以更好地工作。比如，稳定静态工作点；稳定放大增益；减少非线性失真；抑制噪声干扰；扩展频带，以及影响输入、输出电阻等。因此，负反馈在放大电路中起着很重

要的作用。

负反馈改善放大电路的实质是反馈量通过反馈网络对放大电路实际输入量具有自动调节作用。负反馈在改善放大电路的同时是以牺牲电路增益为代价的。尽管如此，在大部分电路中，这还是值得的。

负反馈改善放大电路性能的程度与"反馈深度"有关，反馈深度越深，改善程度越高。但同时也可能使放大电路不稳定——即引起"自激振荡"现象。通过适当的频率补偿可消除自激现象。

1. 负反馈的类型及稳定电量

根据反馈在输出回路中取样量的性质，可分为电压反馈（取样输出电压）和电流反馈（取样输出电流）。根据反馈量在输入回路中与输入量比较的形式，可分为串联反馈（电压回路比较）和并联反馈（电流结点比较）。因此，负反馈的类型可分为四种组态：电压串联负反馈、电压并联负反馈、电流串联负反馈、电流并联负反馈，典型电路如图 2-13-2 所示。

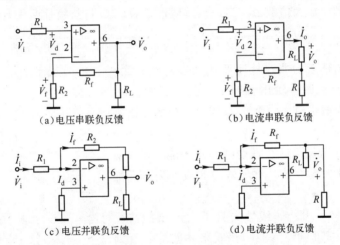

（a）电压串联负反馈　　　　（b）电流串联负反馈

（c）电压并联负反馈　　　　（d）电流并联负反馈

图 2-13-2　负反馈类型典型电路

通过将 R_L 短路后反馈量存在与否可判断是电压反馈还是电流反馈；通过反馈量与输入端形成回路还是节点，可判断是串联反馈还是并联反馈。

当负载 R_L 变化时，输出电量将会发生变化，这时负反馈将通过自动调节作用来稳定取样量。例如"电压串联负反馈"，其调节过程如下：

$$R_L \downarrow \rightarrow \dot{V}_o \downarrow \rightarrow \dot{V}_f \downarrow \rightarrow \dot{V}_d \uparrow \rightarrow \dot{V}_o \uparrow$$

2. 负反馈改善放大电路的性能

（1）稳定放大电路增益

当条件变化时，例如环境温度的变化、电源电压的波动、器件的老化或更换、负载的变化等，将使电路的元件参数和器件特性参数发生变化，从而导致放大电路的增益发生变化。引入负反馈后，这种变化约为原先的 $|1+\dot{A}\dot{F}|$，从而可稳定增益。例如，在不考虑相位情

况时有 $A_F = \dfrac{1}{|1+AF|}$。当基本放大电路增益 A 发生相对变化，$\gamma_A = \dfrac{\mathrm{d}A}{A}$ 时，则引入负反馈后的增益相对变化为：

$$\gamma_{AF} = \frac{\mathrm{d}A_F}{A_F} = \frac{1}{1+AF} \cdot \frac{\mathrm{d}A}{A} = \frac{\gamma_A}{1+AF}$$

应该注意：稳定的增益类型与反馈类型有关。例如"电流串联负反馈"，当 R_L 变化时，稳定的是取样量电流，比较的是电压量，所以负反馈能使电导增益 $\dot{A}_{GF} = \dfrac{\dot{I}_o}{\dot{V}_i}$ 稳定，而不能使电压增益 $A_{VF} = \dfrac{\dot{V}_o}{\dot{V}_i}$ 稳定（因为 $\dot{V}_o = \dot{I}_o R_L$ 已变化）。

（2）减少放大电路的非线性失真

实际放大电路的输入量和输出量之间不是严格的线性关系，在输出幅度较大时，这种非线性关系尤其严重，见图 2-13-3 中的开环传输特性曲线，该曲线只在零点附近的小范围内成线性，其值为理想放大倍数 A。当进入非线性区后，V_o 将与线性曲线有一个 ΔV_o 的差别。而闭环后，由于其斜率降低到开环时的 $\dfrac{1}{|1+AF|}$，所以进入非线性区的 ΔV_o 以同样比例降低，换句话说，闭环后的非线性度要比开环时小，如图 3-13-3 所示的闭环传输特性曲线，为增加可比性，应在同一输出幅度下进行（图中，v_{om} 为电源限制的最大输出电压幅度，v_{oB} 为对比处的输出幅度）。

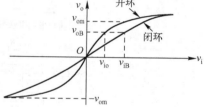

图 2-13-3　开关与闭环传输特性曲线

应该注意：① 负反馈减少非线性失真的能力，仅对环内产生的非线性失真有效，对环外的非线性失真无能为力。

② 只有在信号不大、非线性失真不太严重的情况下（即尚未发生"胖顶形"失真），效果才较好，否则负反馈的作用也有限。

（3）抑制放大电路内部的温漂、噪声和干扰

温漂、噪声和干扰虽然产生的原因、出现的位置和表现的形态各不相同，但是它们都与有用信号不同，是放大电路的有害信号。通常把它们折算到输入端，作为等效（有害）输入信号来考虑，一般在毫伏数量级以下。但当有用信号较微弱时，这种有害信号的影响就不容忽视，必须设法减小。

引入负反馈后，将使这些有害信号降低为开环时的 $\dfrac{1}{|1+\dot{A}\dot{F}|}$。当然，同时也使有用信号降低同样的倍数，但我们可通过提高输入有用信号的幅度使输出信号幅度与开环时一样，从而大大提高了信噪比。

同样应该指出的是，负反馈只能抑制环内产生的有害信号，对环外的有害信号无能为力。

（4）扩展通频带

引入负反馈使放大电路增益下降，但却可以拓宽电路的通频带。例如，对于单极点放大

电路，分析其高频响应时，其开环增益为

$$A(j\omega) = \frac{A_0}{1 + j\dfrac{\omega}{\omega_{\mathrm{H}}}}$$

式中，A_0 为低频增益，ω_{H} 为上限截止频率。

当闭环后，

$$A_{\mathrm{F}}(j\omega) = \frac{A(j\omega)}{1 + A(j\omega)F} = \frac{A_{\mathrm{F}}}{1 + j\dfrac{\omega}{\omega_{\mathrm{HF}}}}$$

式中，$A_{\mathrm{F}} = \dfrac{A_0}{1 + A_0 F}$，$\omega_{\mathrm{HF}} = (1 + A_0 F)\omega_{\mathrm{H}}$。

可见，引入负反馈后，上限频率扩大了 $(1 + A_0 F)$ 倍。同样，在低频响应时，下限频率降低为 $\dfrac{\omega_{\mathrm{L}}}{1 + A_0 F}$。

对于多极点的负反馈放大电路，其频率特性比较复杂，但其扩展通频带的性质不变。

（5）对输入电阻和输出电阻的影响

放大电路输入电阻的大小关系到能否有效地传递信号。负反馈对输入电阻的影响，只取决于输入端的连接方式，而与输出端的取样方式无直接关系。定性分析，可参考如图 2-13-4 所示的等效电路。

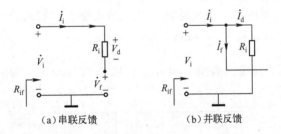

（a）串联反馈　　　　　　　　（b）并联反馈

图 2-13-4　分析输入电阻的等效电路

对于串联反馈，有

$$R_{\mathrm{if}} = \frac{\dot{V}_{\mathrm{i}}}{\dot{I}_{\mathrm{i}}} = \frac{\dot{V}_{\mathrm{i}}}{(\dot{V}_{\mathrm{i}} - \dot{V}_{\mathrm{f}})/R_{\mathrm{i}}} = \frac{\dot{V}_{\mathrm{i}} R_{\mathrm{i}}}{\dot{V}_{\mathrm{i}} - \dot{V}_{\mathrm{f}}}$$

当 $\dot{V}_{\mathrm{f}}$ 存在时，$\dot{I}_{\mathrm{i}}$ 比开环时减小，所以 R_{if} 增大。

对于并联反馈，有

$$R_{\mathrm{if}} = \frac{\dot{V}_{\mathrm{i}}}{\dot{I}_{\mathrm{i}}} = \frac{\dot{I}_{\mathrm{d}} R_{\mathrm{i}}}{\dot{I}_{\mathrm{i}}} = \frac{(\dot{I}_{\mathrm{i}} - \dot{I}_{\mathrm{f}}) R_{\mathrm{i}}}{\dot{I}_{\mathrm{i}}}$$

当 $\dot{I}_{\mathrm{f}}$ 存在时，$\dot{V}_{\mathrm{i}}$ 比开环时减小，所以 R_{if} 减小。

放大电路输出电阻的大小反映了放大电路带负载的能力。负反馈对放大电路输出电阻的影响只取决于输出端的取样量，而与输入端的连接方式没有直接关系。定性分析，由于取样电压时能稳定输出电压，这相当于输出电阻减小；取样电流时能稳定输出电流，这相当于输出电阻增大。

负反馈对输入、输出电阻的实际影响和理想情况如表 2-13-1 所示。

表 2-13-1　负反馈对输入、输出电阻的实际影响和理想情况

反馈类型	R_{if}		R_{of}		注　释
	实　际	理想	实　际	理想	
串联负反馈	$(1+\dot{A}\dot{F})R_i$	∞			R_i：基本放大电路 $\dot{A}$ 的输入电阻
并联负反馈	$\dfrac{R_i}{1+\dot{A}\dot{F}}$	0			R_o：基本放大电路 $\dot{A}$ 的输出电阻
电压负反馈			$\dfrac{R_o}{1+\dot{A}_o\dot{F}}$	0	$\dot{A}_o$：基本放大电路 A 的开路增益
电流负反馈			$(1+\dot{A}_s\dot{F})R_o$	∞	$\dot{A}_s$：基本放大电路 A 的短路增益

注： 严格地讲，闭环系统的基本方程式中的基本放大电路增益 A 应该考虑反馈网络在去除反馈作用的情况下对基本放大电路输入和输出回路的影响。如果用去除反馈环的方法考虑 A，则会产生一定的误差，误差的大小取决于反馈网络对基本放大电路输入和输出回路的影响程度。

三、实验内容

（1）多级放大电路性能参数测量

参考电路如图 2-13-5 所示，按电路图连接。输入交流正弦波信号，用示波器监测输出端波形，以不失真为宜（建议 $V_i=10\text{mV}$，$10\text{kHz}/0°$）。

① 测 $\dot{A}_V$——可用交流电压表测出输出电压 $\dot{V}_o$，则 $\dot{A}_V=\dfrac{\dot{V}_o}{\dot{V}_i}$。并与理论值进行比较。

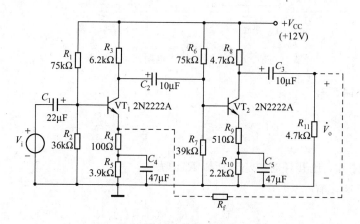

图 2-13-5　多级放大电路

② 测 R_i——可在输入端串入交流电流表测出 $\dot{I}_i$，则 $R_i=\dfrac{\dot{V}_i}{\dot{I}_i}$。并与理论值进行比较。

③ 测 R_o——测出输出端空载电压 $\dot{V}_o'$ 和加载电压 $\dot{V}_o$，则 $R_o=R_L\left(\dfrac{\dot{V}_o'}{\dot{V}_o}-1\right)$。与理论值进行比较。

④ 测 B_W——利用 "AC 分析" 功能，测出上、下限频率 f_L 和 f_H，则 $BW = f_H - f_L$。

（2）负反馈放大电路性能参数测量

引入电压串联负反馈，如图 2-13-5 中的虚线所示。

根据深度负反馈时 $|1 + \dot{A}\dot{F}| > 10$ 的条件，设计 R_f 值。建议在 $15 > |1 + \dot{A}\dot{F}| > 10$ 范围内给出 R_f 值，且取标准系列。

进行（1）中①~④的测量，并与理论值进行比较，分析引起误差的原因。

（3）负反馈对增益稳定性的影响

① 假设 V_{CC} 从 8~16V 变化（即 $V_{CC} = 12 \pm 4V$），利用 "参数扫描" 功能，测出 $\dot{V}_o$ 在通频带内的变化 $\Delta\dot{V}_o$。假设变化是线性的，则可得到 $\gamma = \dfrac{\Delta\dot{V}_o/2}{\dot{V}_o}$（$\dot{V}_o$ 为 $V_{CC} = 12V$ 时的值）。未引入负反馈时和引入负反馈后，分别测出 γ 和 γ_f，分析开环和闭环时的稳定性，并分析引起误差的原因。

② 假设温度 T 从 7~47℃变化（即 $T = 27 \pm 20℃$），利用 "温度扫描" 功能，测出 $\dot{V}_o$ 在通频带内的变化 $\Delta\dot{V}_o$。假设变化是线性的，则可得到 $\gamma = \dfrac{\Delta\dot{V}_o/2}{\dot{V}_o}$（$\dot{V}_o$ 为 $T = 27℃$ 时的值）。未引入负反馈时和引入负反馈后，分别测出 γ 和 γ_f，分析开环和闭环时的稳定性，并分析引起误差的原因。

（4）反馈深度对反馈效果影响

反馈电阻 R_f 在一定范围（自行设计）内变化，利用 "参数扫描" 功能，测出系统的带宽变化和系统增益变化。

（5）观察负反馈对非线性失真的改善

未加入反馈电阻时，增大输入信号的幅值（频率不变），使输出电压波形出现轻度非线性失真。然后再加入反馈电阻，观察输出电压波形。分析负反馈改善了非线性失真的原因。

四、预习要求

（1）复习有关负反馈理论方面的内容，自拟实验数据表格。

（2）理论估算图 2-13-5 中开环电路的 $\dot{A}_V$、R_i 和 R_o。

（3）引入负反馈，按深度负反馈设计 R_f 值。理论估算 $\dot{A}_{Vf}$、R_{if} 和 R_{of}。

五、报告要求

整理实验数据，并与理论值进行比较，分析讨论。

六、思考题

（1）如何在图 2-13-5 电路中引入极间 "电流并联负反馈"？引入时，电路还缺什么元件？

（2）图 2-13-5 电路中开环电路里是否存在交直流反馈，指出它们的类型及作用。

（3）在负反馈电路中，什么叫虚短和虚断？其物理实质是什么？

七、仪器与器材

（1）微型计算机　　　　　　　　　　　　　　1 台。
（2）Electronics WorkBench 软件　　　　　　1 套。

实验十四　有源滤波器

一、实验目的

（1）进一步理解由运放组成的 RC 有源滤波器的工作原理。
（2）熟练掌握二阶 RC 有源滤波器的工程设计方法。
（3）掌握滤波器基本参数的测量方法。
（4）进一步熟悉 Electronics WorkBench 高级分析命令的使用方法。

二、实验原理

滤波器是最通用的模拟电路单元之一，几乎在所有的电路系统中都会用到它。以我们常用的电视和广播为例，当我们调台时，至少用到了 3 个滤波器，稍微高档一点的可能用到 5

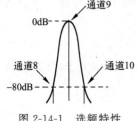

图 2-14-1　选频特性

个以上，其实"调台"在电路中的意思是使对应频率的信号通过（要想接收的频道），而隔离或抑制其他频率的信号，如图 2-14-1 所示。通常在 200kHz（调频广播）或 6.5MHz（电视）范围内对相邻调频电台或电视台会有 80dB 的抑制度。

滤波器根据幅频特性或相频特性的不同可分为低通滤波器、高通滤波器、带通滤波器和带阻滤波器。其各自的幅频特性如图 2-14-2 所示，其中 $\dot{A}_{VP}$ 为最大通带增益。

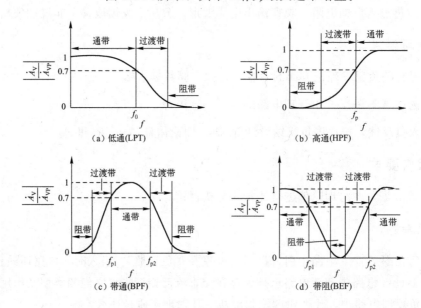

图 2-14-2　各类滤波器幅频特性

　　滤波器按截止频率附近的幅频特性和相频特性的不同，又可分为巴特沃兹（Butter-worth）滤波器、切比雪夫（Chebyshev）滤波器和椭圆（Elliptic）滤波器，其各自的幅频特性如图 2-14-3 所示。其中巴特沃兹滤波器在通带内响应最为平坦；切比雪夫滤波器在通带内的响应在一定范围内有起伏，但带外衰减速率较大；椭圆滤波器在通带内和止带内的响应都在一定范围内有起伏，具有最大的带外衰减速率。

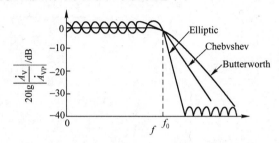

图 2-14-3　巴特沃兹、切比雪夫和椭圆滤波器的幅频特性

　　滤波器按是否采用有源器件又可分为无源滤波器和有源滤波器。无源滤波器电路简单，但对通带信号有一定的衰减，因此电路性能较差；用运放与少量的 RC 元件组成的有源滤波器具有体积小、性能好、可放大信号、调整方便等优点，但因受运放本身有限带宽的限制，目前仅适用于低频范围。

　　由于大多数高阶有源滤波器都可由一阶和二阶的滤波器级联而成，其中一阶滤波器只需由运放、1 只电阻和 1 只电容构成，本实验仅着重研究二阶 RC 有源滤波器的有关问题。

　　根据二阶 RC 有源滤波器传递函数零点的不同，也可分为低通、高通、带通和带阻等几种类型，相应的传递函数如表 2-14-1 所示。式中 ω_0 为高、低通滤波器的截止角频率或带通、带阻滤波器的几何中心频率；Q 为品质因数；A_0 为增益系数。

表 2-14-1　滤波器分类表

类　　型	传 递 函 数	零点情况
低通	$A(s) = \dfrac{A_0\omega_0^2}{S^2 + \dfrac{\omega_0}{Q}S + \omega_0^2}$	无零点
高通	$A(s) = \dfrac{A_0 S^2}{S^2 + \dfrac{\omega_0}{Q}S + \omega_0^2}$	原点主双重零点
带通	$A(s) = \dfrac{A_0\dfrac{\omega_0}{Q}S}{S^2 + \dfrac{\omega_0}{Q}S + \omega_0^2}$	原点为单零点
带阻	$A(s) = \dfrac{A_0(S^2 + \omega_0^2)}{S^2 + \dfrac{\omega_0}{Q}S + \omega_0^2}$	零点为共轭虚数

1. 二阶低通有源滤波器

（1）简单二阶低通有源滤波器

如图 2-14-4 所示是一个简单的二阶低通有源滤波器的电路，其主要性能如下：

① 通带电压放大倍数

二阶 LPF 的通带电压放大倍数就是频率 $f=0$ 时的输出电压与输入电压之比，因此也就是同相比例放大器的增益：

$$A_{of}=1+\frac{R_F}{R_f}$$

② 传递函数

$$A(s)=\frac{V_o(s)}{V_i(s)}=\frac{A_0}{1+3sCR+(sCR)^2}$$

③ 通带截止频率

$$f_p=\frac{0.37}{2\pi RC}$$

图 2-14-4 简单二阶低通有源滤波器

④ 幅频特性

图 2-14-5 为图 2-14-4 所示电路的幅频特性，从图中可以看出，二阶 LPF 在 $f\gg f_0$ 时衰减的斜率为-40dB/10 倍频。

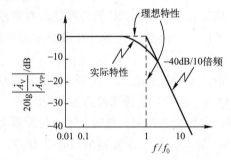

图 2-14-5 简单二阶低通有源滤波器的幅频特性

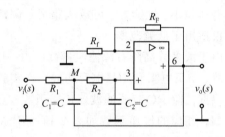

图 2-14-6 单端正反馈型低通滤波器电路

（2）单端正反馈型二阶低通滤波器（Sallen-Key LPF）

简单二阶 LPF 虽然在 $f\gg f_0$ 时其幅频特性的衰减斜率较大，但在 f_0 附近的幅频特性和理想的 LPF 特性差别较大，即在 $f<f_0$ 附近，幅频特性曲线已经开始下降，而在 f_0 处它的下降斜率还不够大。单端正反馈型二阶低通滤波器可以克服这个缺点。图 2-14-6 为典型的单端正反馈型低通滤波器电路，图中将 C_1 接地端改接到输出端，形成反馈，以改善在 $\frac{\omega}{\omega_0}=1$ 附近的滤波器的性能。在 $\frac{\omega}{\omega_0}<1$ 且接近于 1 的范围内，有利于提高这段范围内的输出幅度，而在此频带外，即 $\frac{\omega}{\omega_0}\gg 1$ 时，V_o 和 V_i 基本反相，C_1 起着促进带外衰减的作用。当 $R_1=R_2=R$，$C_1=C_2=C$，$\omega_0=2\pi f_0=\frac{1}{RC}$ 时，其主要电路性能如下：

① 通带电压放大倍数 $\qquad A_{of}=1+\frac{R_F}{R_f}$

② 传递函数 $\qquad A(s)=\frac{A_0}{1+(3-A_0)sCR+(sCR)^2}$

上式表明，该电路的放大倍数应该小于 3，否则将有极点处于右半平面或虚轴上，电路不能稳定工作。

③ 品质因数

将 $f=f_0$ 时，电压放大倍数的模和通带放大倍数的比称为滤波器的品质因数，记作 Q。对于图 2-14-6 所示的电路而言，其值是

$$Q=\frac{1}{3-A_0}$$

电路的幅频特性曲线如图 2-14-7 所示，不同 Q 值将使幅频特性具有不同的特点。

2. 二阶高通有源滤波器

将二阶低通滤波器电路中的 R 和 C 的位置互换，就构成了如图 2-14-8 所示的典型的单端正反馈型二阶高通滤波电路。当 $R_1=R_2=R$，$C_1=C_2=C$ 时，其主要电路性能如下：

（1）通带电压放大倍数数同二阶 LPF，即

$$A_{of}=1+\frac{R_F}{R_f}$$

（2）传递函数

$$A(s)=\frac{(sCR)^2}{1+(3-A_0)sCR+(sCR)^2}$$

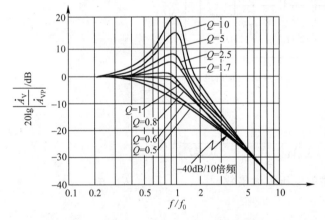

图 2-14-7 单端正反馈型低通滤波器幅频特性

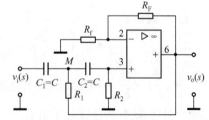

图 2-14-8 单端正反馈型高通滤波器电路

（3）品质因数

$$Q=\frac{1}{3-A_0}$$

电路的幅频特性曲线如图 2-14-9 所示，不同 Q 值将使幅频特性具有不同的特点。

3. 二阶带通滤波器

只要将二阶 LPF 中的一阶 RC 电路改为高通接法，就构成了二阶 BPF。如图 2-14-10 所示电路就是典型的单端正反馈型二阶带通滤波电路。当 $R_1=R_2=R$，$C_1=C_2=C$，$\omega_0=2\pi f_0=\frac{1}{RC}$ 时，其主要电路性能如下。

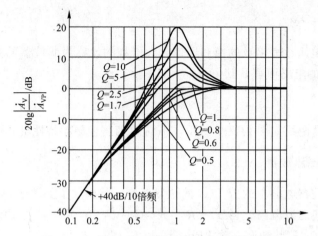

图 2-14-9　单端正反馈型高通滤波器幅频特性

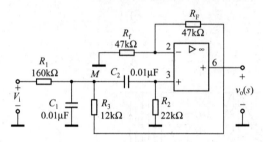

图 2-14-10　二阶带通滤波器电路

（1）传递函数

$$A\ (s)\ =\frac{sCR}{1+\ (3-A_{of})\ sCR+\ (sCR)^2}\cdot A_{of}$$

其中，$A_{of}=1+\dfrac{R_F}{R_f}$为同相比例放大电路的电压放大倍数。

（2）中心频率和通带放大倍数

$$f_0=\frac{1}{2\pi RC}$$

$$A_0=\frac{A_{of}}{3-A_{of}}$$

（3）通带截止频率和通带宽度

$$\begin{cases}f_{p1}=\dfrac{f_0}{2}\left[\sqrt{(3-A_{of})^2+4}-\ (3-A_{of})\right]\\[2mm] f_{p2}=\dfrac{f_0}{2}\left[\sqrt{(3-A_{of})^2+4}+\ (3-A_{of})\right]\end{cases}$$

$$\mathrm{BW}=f_{p2}-f_{p1}=\ (3-A_{of})\ f_0=\left(2-\frac{R_F}{R_f}\right)f_0$$

可见，改变电阻 R_F 或 R_f，就可以改变通带宽度，但并不影响中心频率。

（4）品质因数 Q

BPF 的 Q 值是中心频率与通带宽度之比，为：

$$Q = \frac{1}{3 - A_{of}}$$

电路的幅频特性曲线如图 2-14-11 所示，不同 Q 值将使幅频特性具有不同的特点，Q 值越大，通带宽度越窄，选择性也越好。

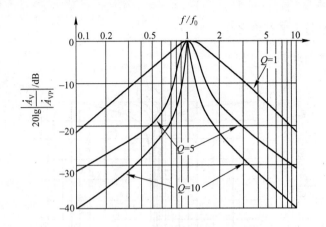

图 2-14-11　二阶带通滤波器幅频特性

4. 带阻滤波电路

如图 2-14-12 所示电路就是典型的单端正反馈型二阶带阻滤波电路。当 $R_1 = R_2 = R$，$C_1 = C_2 = C$，$\omega_0 = 2\pi f_0 = \frac{1}{RC}$ 时，其主要电路性能如下：

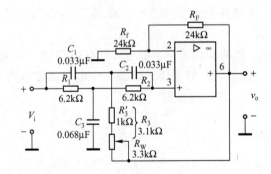

图 2-14-12　二阶带阻滤波器电路

（1）通带电压放大倍数　　　　　　$A_0 = 1 + \dfrac{R_F}{R_f}$

（2）传递函数　　　$A(s) = \dfrac{1 + (sCR)^2}{1 + 2(2 - A_0)sCR \times (sCR)^2} \cdot A_0$

（3）中心频率　　　　　　$f_0 = \dfrac{1}{2\pi RC}$

（4）通带截止频率和阻带宽度

$$\begin{cases} f_{p1} = [\sqrt{(2-A_0)^2+1} - (2-A_0)]f_0 \\ f_{p2} = [\sqrt{(2-A_0)^2+4} + (2-A_0)]f_0 \end{cases}$$

$$BW = f_{p2} - f_{p1} = 2(2-A_0)f_0$$

（5）品质因数 Q

Q 值是中心频率与阻带宽度之比，为 $Q = \dfrac{1}{2(2-A_0)}$

电路的幅频特性曲线如图 2-14-13 所示。

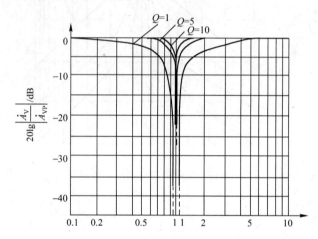

图 2-14-13　二阶带阻滤波器幅频特性

三、设计举例

要求设计一个 LPF，其截止频率为 $500\mathrm{Hz}$，Q 值为 0.7，$f \gg f_0$ 处的衰减速率不低于 $30\mathrm{dB}/10$ 倍频。

首先，因为要求 $f \gg f_0$ 处的衰减速率不低于 $30\mathrm{dB}/10$ 倍频。确定滤波器的阶数为 2；然后根据 f_0 的值选择电容 C 的值，一般来讲，滤波器中电容的容量要小于 $1\mu\mathrm{F}$，电阻的值至少要求 $\mathrm{k}\Omega$ 级。假设取 $C = 0.1\mu\mathrm{F}$，则根据

$$f_0 = \frac{1}{2\pi RC}$$

即

$$f_0 = \frac{1}{2\pi R \times 0.1 \times 10^{-6}} = 500\mathrm{Hz}$$

可求得

$$R = 3185\Omega$$

最后再根据 Q 值求 R_f 和 R_F，因为 $Q = 0.7$，即 $\dfrac{1}{3-A_0} = 0.7$，$A_0 = 1.57$。

又因为集成运放要求两个输入端的外接电阻对称，可得

$$\begin{cases} 1 + \dfrac{R_F}{R_f} = 1.27 \\ R_F /\!/ R_f = R + R = 2R \end{cases}$$

可得：$R_f = 17.549\mathrm{k}\Omega$，$R_F = 10\mathrm{k}\Omega$。

四、实验内容

1. 低通滤波器

（1）自行设计一个低通滤波器，截止频率 $f_0 = 2\text{kHz}$，$Q = 0.7$，$f \gg f_0$ 处的衰减速率不低于 30dB/10 倍频。

（2）根据设计元件值，在 Electronics WorkBench 软件中画出电路，其中运算放大器采用 LM741，该运算放大器存放在模拟器件库（Analog ICS）中。先选择一个五端运放（5-Terminal Oparnp）拖到电路图中，再双击该运放，弹出如图 2-14-14 所示的界面。在左边（Library）一列中选择 lm7××，再在右边一列（Model）中选择 LM741。该运放的电源电压为 ±12V，通过在电路中增加两个电池组实现。

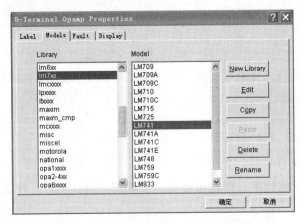

图 2-14-14　运算放大器型号选择窗口

（3）选择"Analysis"菜单下的"AC Frequency Analysis"菜单项，弹出如图 2-14-15 所示的对话框。将"Start frequency"设为 1Hz，"End frequency"设为 10kHz，"Sweep type"设为 Decade（即幅频特性的横坐标是对数坐标），"Number of points"设为 1000（即电路仿真时每 10 倍频取 1000 个采样点），"Vertical scale"设为 Decibel（即幅频特性的纵坐标是 dB），将电路输出端的节点号加到"Node for analysis"列表框中，单击"Simulate"按钮进行频率特性分析。

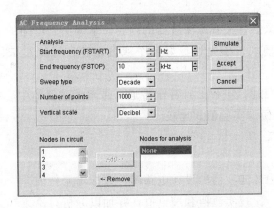

图 2-14-15　AC Frequency Analysis 参数设置窗口

（4）从分析所得的幅频特性曲线中找出截止频率，检查是否符合设计指标要求，若不满足要求，调整元器件的值，直到满足要求为止。

（5）在幅频特性曲线上读出 4kHz 和 8kHz 所对应的分贝数，检查是否满足 $f \gg f_0$ 处的衰减速率不低于 30dB/10 倍频的要求。

（6）将电路中的 C_1 由输出端改为接地，重复前面的分析，比较两者的区别，并进行分析讨论。

（7）观察 Q 值变化对幅频特性的影响，将反馈电阻改为 $R'_F = 2R_F$，重复前面的分析，描下波形，观察两者的区别，并进行分析讨论。

（8）观察 R、C 值变化的影响，改变 R_1、R_2 的电阻值使 $\dfrac{\Delta R}{R} = 0.1$，测量 f_0 的变化是否符合 $\dfrac{\Delta f_0}{f_0} = \dfrac{\Delta R}{R}$。

2. 高通滤波器

设计一个高通滤波器，要求 $f_0 = 500\text{Hz}$，且 $f = 0.5f_0$ 的幅度衰减不低于 12dB，这可重复低通滤波器的有关内容。

3. 带通滤波器

设计一个带通滤波器电路，要求 $f_0 = 200\text{Hz}$，$\text{BW} = 1.2f_0$，测量其频率特性曲线，中心频率、上限频率、下限频率、带宽和 Q 值，并和理论值相比较。改变 R_F 值，测量其带宽变化情况。

4. 二阶带阻滤波器

设计一个带阻滤波器电路，要求 $f_0 = 1000\text{Hz}$，$\text{BW} = f_0$，测量其频率特性曲线，中心频率、上限频率、下限频率、带宽和 Q 值，并和理论值相比较。改变 R_F 值，测量其带宽变化情况。

注：基本要求为 1 和 3。

五、预习要求

（1）复习电子线路课中有关有源滤波器的内容，掌握实验电路的基本工作原理。

（2）根据实验内容要求，事先设计好各个滤波电路，计算出 R、C 的值，并拟定调整步骤。

（3）根据图 2-14-10 和图 2-14-12 计算出带通、带阻滤波器的中心频率、上限频率、下限频率、带宽和 Q 值，以便与实验值相比较。

六、报告要求

（1）画出实验内容中各滤波器的设计电路图，并标出元件值。

（2）记录仿真结果，比较实测值和理论值，并加以分析讨论。

七、思考题

（1）试分析集成运放有限的输入阻抗对滤波器性能是否有影响？

（2）BEF 和 BPF 是否像 HPF 和 LPF 一样具有对偶关系？若将 BPF 中起滤波作用的电阻与电容的位置互换，能得到 BEF 吗？

（3）传感器加到精密放大电路的信号频率范围是 400Hz±10Hz，经放大后发现输出波形含有一定程度的噪声和 50Hz 的干扰。试问：应引入什么形式的滤波电路以改善信噪比，并画出相应的电路原理图。

八、仪器与器材

（1）微型计算机   1 台。
（2）Electronics WorkBench 软件   1 套。

第三篇 数字电子技术实验

实验一 逻辑门功能测试及其应用研究

一、实验目的

（1）学习掌握 TTL 集成与非门的逻辑功能及主要参数测试方法。

（2）学习掌握三态门逻辑功能，了解"总线"结构的工作原理。

二、实验原理

集成逻辑门是数字电路中应用十分广泛的最基本的一类器件，为了合理地使用和充分利用其逻辑功能，必须对它的主要参数和逻辑功能进行测试，本实验中采用 TTL 中速四—2 输入与非门 74LS00 进行测试，74LS00 与非门的内部电路和引脚排列可参考相关资料。

1. TTL 集成逻辑门电路主要技术参数

（1）传输特性

各种类型的 TTL 门电路，其传输特性大同小异，如图 3-1-1 所示，这是一条由理论分析所得到的曲线，实际的曲线，可用实验的方法求得，如用示波器扫描来获得，或者通过在输入端输入不同的直流电压，利用直流电压表逐点测量输出电压值的方法得到传输特性曲线。

（2）输入和输出的高、低电压

数字电路中的高、低电压常用高、低电平来描述，并规定在正逻辑体制中，用逻辑 1 与逻辑 0 分别表示高、低电平。作为门电路的技术参数常用高、低电压表示，以 V 为单位进行量化，有利于具体应用。由于不同类型的 TTL 器件，其 V_i—V_o 特性各不相同，因而其输入和输出高、低电压也各不相同。74LS00 与非门的输入和输出的高、低电压可由其电压传输特性得出。

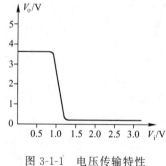

图 3-1-1　电压传输特性

（3）传输延迟时间

传输延迟时间是表示门电路开关速度的参数，它意味着门电路在输入脉冲波形的作用下，其输出波形相对于输入波形延迟了多少时间。一般采用平均传输延迟时间 t_{pd} 表示，它是一个瞬态参数，它是指与非门输出波形边沿的 0.5 $(V_{oH}\text{-}V_{oL})$ 点相对于输入波形对应边沿的 0.5 $(V_{iHa}\text{-}V_{iL})$ 点的时间延迟，如图 3-1-2 所示，其中 t_{pdL} 为导通延迟时间，t_{pdH} 为截止延迟时间。则门电路的平均延迟时间为 $t_{pd}=(t_{pdL}+t_{pdH})/2$。平均延迟时间是衡量门电路开关速度的一个重要指标，按平均延迟时间的不同，TTL 门电路有中速、高速和超高速之分，一般中速门电路的 t_{pd} 为 $10\sim50$ns，高速为 2ns~10ns，超高速 $t_{pd}\leqslant2$ns。

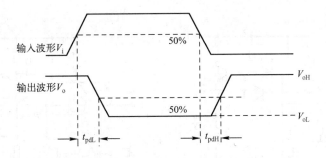

图 3-1-2　门电路的延迟时间

74LS00 的主要参数规范值如表 3-1-1 所示。

表 3-1-1　74LS00 型与非门主要性能参数

参 数 名 称	符　号	单　位	测 试 条 件	规 范 值
输出高电平	V_{oH}	V	$V_i=0.8$V，$I_{oH}=0.4$mA	$\geqslant2.4$
输出低电平	V_{oL}	V	$V_i=2.0$V，$I_{oL}=4$mA	$\leqslant0.4$
输出高电平电流	I_{oH}	mA	$V_i=0.8$V，$V_{oH}=2.7$V	$\leqslant0.4$
输出低电平电流	I_{oL}	mA	$V_i=2.0$V，$V_{oH}=0.5$V	$\geqslant8$
输入漏电流	I_{iH}	μA	$V_i=5$V	$\leqslant20$
输入短路电流	I_{iS}	mA	$V_i=0$V	$\leqslant0.4$
输出高电平时电源电流	I_{CCH}	mA		$\leqslant1.6$
输出低电平时电源电流	I_{CCL}	mA		$\leqslant4.4$
开门电平	V_{ON}	V		$\leqslant1.8$
关门电平	V_{OFF}	V		$\geqslant0.8$
传输延迟时间	t_{pd}	ns		$\leqslant30$
扇出系数	N_0		同 V_{oH}、V_{oL}	$\geqslant8$

2. 三态门

在数字系统中，有时需要把两个或两个以上的集成逻辑门的输出连接起来，完成一定的逻辑功能。普通 TTL 门电路的输出端是不允许直接连线的。三态门是一种特殊的 TTL 电路，它允许把输出端互相连在一起使用。

三态门，简称 TSL（Three-state Logic）门，是在普通门电路的基础上，附加使能控制端和控制电路构成的。图 3-1-3 所示为三态门的结构和逻辑符号，三态门除了通常的高电平和低电平两种输出状态外，还有第三种输出状态——高阻态。处于高阻态时，电路与负载之间相当于开路。图 3-1-3（a）是使能端高电平有效的三态与非门，当使能端 EN＝1 时，电路为正常的工作状态，与普通的与非门一样，实现 $Y=\overline{AB}$；当 EN＝0 时，为禁止工作状态，Y 输出端呈高阻状态。图 3-1-3（b）是使能端低电平有效的三态与非门，当 $\overline{EN}=0$ 时，电路为正常的工作状态，实现 $Y=\overline{AB}$；当 $\overline{EN}=1$ 时，电路为禁止工作状态，Y 输出呈高阻状态。

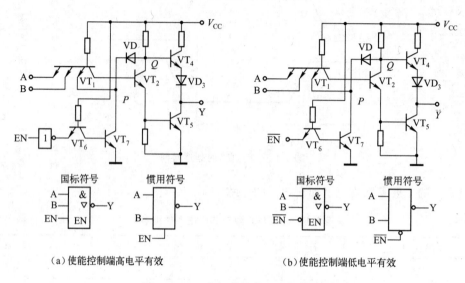

（a）使能控制端高电平有效　　　　　　（b）使能控制端低电平有效

图 3-1-3　三态门的结构和逻辑符号

三、设计举例

三态电路用途之一就是实现总线传输。总线传输的方式有两种，一种是单向总线，如图 3-1-4（a）所示，功能表如表 3-1-2 所示，可实现信号 A_1、A_2、A_3 向总线 Y 的分时传送；另一种是双向总线，如图 3-1-4（b）所示，功能表如表 3-1-3 所示，可实现信号的分时双向传送。单向总线方式下，要求只有需要传输信息的那个三态门的控制端处于使能状态（EN =1），其余各门皆处于禁止状态（EN＝0），否则会出现与普通 TTL 门线与运用时同样的问题，因此是绝对不允许的。

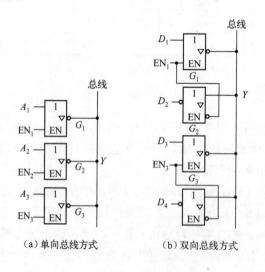

（a）单向总线方式　　　　（b）双向总线方式

图 3-1-4　三态门总线传输方式

表 3-1-2　单向总线逻辑功能

使 能 控 制			输　出
EN_1	EN_2	EN_3	Y
1	0	0	$\overline{A_1}$
0	1	0	$\overline{A_2}$
0	0	1	$\overline{A_3}$
0	0	0	高阻

表 3-1-3　双线总线逻辑功能

使 能 控 制		信号传输方向
EN_1	EN_2	
1	0	$\overline{D_1} \rightarrow Y$　$\overline{Y} \rightarrow D_4$
0	1	$\overline{Y} \rightarrow D_2$　$\overline{D_3} \rightarrow Y$

四、实验内容

（1）TTL 与非门逻辑功能的测试

TTL 与非门电压传输特性的测试。要求：自己设计电路，测试 TTL 的电压传输特性，得到电压传输特性的曲线，并且利用示波器等仪器测出传输延迟时间。

（2）用三态门实现三路信号分时传送的总线结构。框图如图 3-1-5 所示，功能如表 3-1-4 所示。

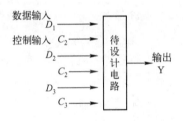

图 3-1-5　设计要求框图

表 3-1- 4　设计要求的逻辑功能

控 制 输 入			输　　出
C_1	C_2	C_3	Y
1	0	0	D_1
0	1	0	D_2
0	0	1	D_3

在实验中要求：

① 静态验证　控制输入和数据输入端加高、低电平，用电压表测量输出高电平、低电平的电压值。

② 动态验证　控制输入加高、低电平，数据输入加连续矩形脉冲，用示波器对应地观察数据输入波形和输出波形。

③ 动态验证时，分别用示波器中的 AC 耦合与 DC 耦合，测定输出波形的幅值 V_{P-P} 及高、低电平值。

五、注意事项

用三态门实现分时传送时，不能同时有两个或两个以上三态门的控制端处于使能状态。

六、预习要求

（1）根据设计任务的要求，画出逻辑电路图，并注明引脚号。
（2）拟出记录测量结果的表格。
（3）完成第八项中的思考题。

七、报告要求

（1）示波器观察到的波形必须画在方格纸上，且输入波形与输出波形必须对应，即在一个相平面上比较二者的相位关系。

（2）根据要求设计的任务应有设计过程和设计逻辑图，记录实际检测的结果，并进行分析。

（3）完成第八项中思考题（4）。

八、思考题

（1）为什么 TTL 与非门输入端悬空就相当于输入逻辑"1"电平？

（2）如果用 TTL 门电路点亮 LED 发光二极管，请问你是用高电平还是用低电平驱动？是否需要限流电阻？为什么？

（3）几个三态门的输出端是否允许短接？有没有条件限制？应注意什么问题？

（4）如何使用示波器来测量波形的高、低电平？

九、仪器与器材

（1）双踪示波器	YB4320 型	1 台。
（2）函数发生器	YB1638 型	1 台。
（3）电路与数字实验箱	ELL-2 型	1 台。
（4）直流稳压电源	DF1371S 型	1 台。
（5）万用表	MF78 型	1 台。
（6）主要器材	74LS00	1 片。
	74LS04	1 片。
	74LS244	2 片。
	电阻	500Ω 和 10kΩ 各一只。

实验二　组合电路设计和冒险现象分析

一、实验目的

（1）掌握用 SSI 设计组合电路及其检测方法。

（2）观察组合电路的冒险现象。

（3）熟悉消除冒险现象的常用方法。

二、实验原理

在实际工作中常遇到这样的问题：给定一定的逻辑功能，要求用门电路器件实现这一逻辑功能，这就是组合逻辑电路设计的任务。使用小规模集成电路（SSI）进行组合电路设计的一般步骤是：

（1）根据实际问题对逻辑功能的要求，定义输入、输出逻辑变量，然后列出真值表。

（2）通过化简得出最简与或表达式。

（3）通过最简与或表达式，画逻辑图（一般用与非门）实现此逻辑函数。若给出的门电路器件不是与非门，则可在最简与或表达式的基础上进行转换，得出与给定器件相一致的逻辑表达式，并实现之，最后测试验证其逻辑功能。

组合逻辑电路设计的关键之一，往往是对输入逻辑变量和输出逻辑变量做出合理的定义。在定义时，应注意以下两点：

● 只有具有二值性的命题（"非此即彼"）才能定义为输入或输出逻辑变量。

● 要把变量取 1 值的含义表达清楚。

组合逻辑电路设计过程通常是在理想情况下进行的，即假定一切器件均没有延迟效应。但是实际上并非如此，信号通过任何导线或器件都存在一个响应时间，某一个或几个信号因通过不同的途径，或因门电路的传输延迟不同，而可能产生不应出现的窄脉冲（毛刺），这种现象叫冒险现象。冒险的类型分为功能冒险（因经历不同途径而可能产生的冒险现象叫功能冒险）和逻辑冒险（虽然没有发生功能冒险，但因门电路的传输延迟不同而可能产生的冒险现象叫逻辑冒险）。图 3-2-1 所示为出现冒险现象的两个例子。

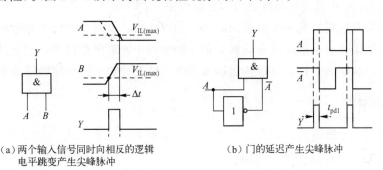

（a）两个输入信号同时向相反的逻辑　　　　（b）门的延迟产生尖峰脉冲
电平跳变产生尖峰脉冲

图 3-2-1　出现冒险现象的两个例子

在图 3-2-1（a）中，与门输出函数 $Y = AB$，在 A 从 1 跳为 0 时，如果 B 从 0 跳为 1，而且 B 首先上升到 $V_{IL(max)}$ 以上，这样在极短的时间 Δt 内出现 A、B 同时高于 $V_{IL(max)}$ 的状态，于是便在门电路的输出端 Y 产生一正向毛刺。在图 3-2-1（b）中，由于非门 1 有延迟时间 t_{pd}，使输出 Y 产生一相应宽度的正向毛刺。毛刺是一种非正常输出，它对后接电路有可能造成误动作，从而直接影响数字设备的稳定性和可靠性，故常常需设法清除。常用的消除方法有：

（1）加封锁脉冲或选通脉冲

由于组合电路的冒险现象是在输入信号变化过程中发生的，因此可以设法避开这一段时间，待电路稳定后再让电路正常输出。

加封锁脉冲——在引起冒险现象的有关门输入端引进封锁脉冲，当输入信号变化时，将该门封锁。

引入选通脉冲——在存在冒险现象的有关门输入端引进选通脉冲，平时将该门封锁，只有在电路接收信号到达新的稳定状态之后，选通脉冲才将该门打开，允许电路输出。

（2）接滤波电容

由于冒险现象中出现的干扰脉冲宽度一般很窄，所以可在门的输出端并接一个几百皮法的滤波电容加以消除。但这样做将导致输出波形的边沿变坏，在某些情况下是不允许的。

（3）修改逻辑设计

如果输出端门电路的两个输入信号 A 和 $\overline{A}$ 是输入变量 A 经过两个不同的传播途径而来的（如图 3-2-1（b）），那么当输入变量 A 的状态发生突变时，输出端便有可能产生干扰脉冲。在这种情况下，可以通过增加冗余项的方法，修改逻辑设计，消除冒险现象。

例如：若一电路的逻辑函数式可写为

$$Y = AB + \overline{A}C$$

当 $B = C = 1$ 时，上式将成为

$$Y = A + \overline{A}$$

故该电路存在冒险现象。

根据逻辑代数的常用公式可知

$$Y = AB + \overline{A}C + BC$$

从上式可知，在增加了 BC 项以后，在 $B = C = 1$ 时，无论 A 如何改变，输出端始终保持 $Y = 1$；因此，A 的状态变化不再会引起冒险现象。

组合电路的冒险现象是一个重要的问题。当设计出一个组合逻辑电路后，首先应进行静态测试，也就是按真值表依次改变输入变量，测得相应的输出逻辑值，验证其逻辑功能，再进行动态测试，观察是否存在冒险，然后根据不同情况分别采取措施消除险象。

三、设计举例

设计一个组合逻辑电路，它有 3 个输入端，分别是 B_2，B_1，B_0，当 $B_2 B_1 B_0$ 值为 2，3，5，7 时，输出 Y 为 1，其他值时输出 Y 为 0。

具体设计过程为：

（1）根据题意列出真值表，如表 3-2-1 所示。

（2）根据真值表画卡诺图，并利用无关项化简得组合逻辑电路表达式为：

$$Y = \overline{B_2}B_1 + B_2 B_0 = \overline{\overline{\overline{B_2}B_1}\cdot\overline{B_2 B_0}}$$

（3）逻辑冒险现象判断

根据函数表达式进行判别，当某一变量同时以原变量和反变量的形式出现在逻辑函数式中时，该变量就具备了竞争的条件；当 n-1 个变量给予特定的取值（0 或 1），只保留被讨论的变量，函数若得到以下两种形式，则说明存在静态冒险现象：

$$Y = A + \overline{A} \quad \text{或} \quad Y = A \cdot \overline{A}$$

由输出函数表达式 $Y = \overline{B_2}B_1 + B_2 B_0$ 可知，变量 B_2 具备了竞争条件，由表达式可知，$B_1 B_0 = 11$ 时，B_2 变化时将产生冒险现象。

表 3-2-1　逻辑电路真值表

B_2	B_1	B_0	Y	B_2	B_1	B_0	Y
0	0	0	0	1	0	0	0
0	0	1	0	1	0	1	1
0	1	0	1	1	1	0	0
0	1	1	1	1	1	1	1

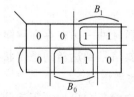

图 3-2-2　组合逻辑电路卡诺图

（4）逻辑冒险现象的消除

对上述产生的冒险现象，可以增加冗余项 B_1B_0 来消除，可得组合逻辑电路的表达式为：

$$Y=\overline{B_2B_1}+B_2B_0+B_1B_0=\overline{\overline{B_2B_1}\,\overline{B_2B_0}\,\overline{B_1B_0}}$$

（5）根据逻辑表达式画电路逻辑图，并根据逻辑电路图搭试电路进行实验。

四、实验内容

在下列各题目中，由教师指定 3 个作为必做设计题，有余力的学生可以全做。学生在教师指导下完成设计、组装和调试（设计中全部采用与非门，并设自变量的反变量由实验箱提供）。

（1）设计一个组合逻辑电路，它接收一个 8421 BCD 码 $B_3B_2B_1B_0$，仅当 $2<B_3B_2B_1B_0<7$ 时，输出 Y 才为 1。

（2）设计一个四舍五入电路，输入信号为 8421 BCD 码，输出结果用指示灯显示。

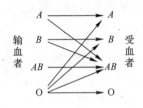

图 3-2-3　正确的输血流程图

（3）人类有四种血型：A、B、AB 和 O 型。输血时，输血者与受血者必须符合图 3-2-3 所示的规定，否则有生命危险，试设计一个电路，判断输血者与受血者血型是否符合规定（提示：可用两个自变量的组合代表输血者的血型，另外两个自变量的组合代表受血者的血型，用输出变量代表是否符合规定）。

（4）按表 3-2-2 设计一个逻辑电路，要求完成下列工作：

① 设计要求：输入信号仅提供原变量，要求用最少数量的 2 输入端与非门，画出逻辑图；

② 试搭电路，进行静态测试，验证逻辑功能，记录测试结果；

③ 分析输入端 B、C、D 各处于什么状态时能观察到输入端 A 信号变化时产生的冒险现象；

④ 估算此时出现的干扰脉冲宽度是门平均传输延迟时间 t_{pd} 的几倍；

⑤ 在 A 端输入 $f=100\mathrm{kHz}\sim1\mathrm{MHz}$ 的方波信号，观察电路的冒险现象，记录 A 和 Y 点的工作波形图；

⑥ 观察用增加校正项的办法消除由于输入端 A 信号变化所引起的逻辑冒险现象，画出此时的电路图，观察并记录实验结果。

提示：

● 电路应由 9 个（甚至 8 个）与非门实现；

● 观察冒险现象时输入信号的频率应尽可能高一些；

● 在消除冒险现象时，尽可能少地变动原来电路，必要时电路中允许使用一块双 4 输入端与非门。

表 3-2-2　实验任务 4 真值表

A	B	C	D	Y	A	B	C	D	Y
0	0	0	0	0	1	0	0	0	0
0	0	0	1	0	1	0	0	1	0
0	0	1	0	1	1	0	1	0	1
0	0	1	1	1	1	0	1	1	0

A	B	C	D	Y	A	B	C	D	Y
0	1	0	0	0	1	1	0	0	1
0	1	0	1	0	1	1	0	1	1
0	1	1	0	0	1	1	1	0	1
0	1	1	1	1	1	1	1	1	1

五、注意事项

在做该实验时，由于门较多，线也较多，因而稍不慎就会使输出的逻辑状态不正确。要排除故障，可根据逻辑表达式由前向后逐级检查。但更快的检查方法，应该是由后向前逐级检查，例如某个输入组合情况下输出状态应为低，而发生为"高"的错误，此时应先用万用表检查最后一级与非门。根据与非门"有低出高，全高出低"的原则，很快判断出最后一级的输入端中为低电平的输入端前向通路中有故障，依次向前推，可很快找出问题所在。

六、预习要求

（1）画出设计的逻辑电路图，图中必须标明引脚号。
（2）完成第八项中的思考题（1）、（2）、（3）。

七、报告要求

（1）写出任务的设计过程，包括叙述有关设计技巧，画出设计电路图。
（2）记录检测结果，并进行分析。
（3）画出冒险现象的工作波形，必须标出零电压坐标轴。

八、思考题

（1）普通4位二进制与1位8421 BCD码的设计方案有什么不同？
（2）在出现冒险现象的电路输出端，串接两个非门能够消除冒险现象吗？试分析是否符合逻辑，并在实验中验证。
（3）在实验内容3中，如何选择两个自变量的组合与血型的对应关系，使得电路为最简？

九、仪器与器材

（1）双踪示波器	YB4320型	1台。
（2）函数发生器	YB1638型	1台。
（3）电路与数字实验箱	ELL-2型	1台。
（4）直流稳压电源	DF1371S型	1台。
（5）万用表	MF78型	1只。
（6）主要器材	74LS00	3片。
	74LS20	1片。
	74LS04	1片。

实验三　MSI 组合功能器件的设计应用

一、实验目的

(1) 掌握数据选择器、译码器和全加器等 MSI 的组合原理及基本功能。

(2) 掌握 MSI 组合功能件的应用。

二、实验原理

中规模集成电路（MSI）是一种具有专门功能的集成功能件。常用的 MSI 组合功能件有译码器、编码器、数据选择器、数据比较器和全加器等。借助于器件手册提供的功能表，弄清器件各引出端（特别是各控制输入端）的功能与作用，就能正确地使用这些器件。在此基础上应该尽可能地开发这些器件的功能，扩大其应用范围。对于一个逻辑设计者来说，关键在于合理选用器件，灵活地使用器件的控制输入端，运用各种设计技巧，实现任务要求的功能。

在使用 MSI 组合功能件时，器件的各控制输入端必须按逻辑要求接入电路，不允许悬空。

1. 数据选择器

数据选择器是一个多路输入、单路输出的逻辑器件，其输出等于哪一路的输入，取决于控制输入端的状态。

74LS153 是一个双 4 选 1 数据选择器，其逻辑符号如图 3-3-1 所示，功能表如表 3-3-1 所示。一片 74LS153 中有两个 4 选 1 数据选择器，且每个都有一个选通输入端 $\overline{ST}$，输入低电平有效。选择输入端 A_1、A_0 为两个数据选择器所共用；从功能表可以看出，数据输出 Y 的逻辑表达式为

$$Y = ST[D_0\ \overline{A_1}\ \overline{A_0} + D_1\ (\overline{A_1}A_0)\ + D_2\ (A_1\ \overline{A_0})\ + D_3\ (A_1A_0)]$$

即当选通输入 $\overline{ST}=0$ 时，若选择输入 A_1、A_0 分别为 00，01，10，11，则相应地把 D_0，D_1，D_2，D_3 送到数据输出端 Y 去。当 $\overline{ST}=1$ 时，Y 恒为 0。

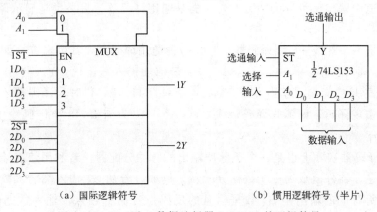

（a）国际逻辑符号　　　　　　　（b）惯用逻辑符号（半片）

图 3-3-1　双 4 选 1 数据选择器 74LS153 的逻辑符号

表 3-3-1　双 4 选 1 数据选择器 74153 功能表

输　　入							输　出
A_1	A_0	D_0	D_1	D_2	D_3	$\overline{ST}$	Y
×	×	×	×	×	×	1	0
0	0	0	×	×	×	0	0
0	0	1	×	×	×	0	1
0	1	×	0	×	×	0	0
0	1	×	1	×	×	0	1
1	0	×	×	0	×	0	0
1	0	×	×	1	×	0	1
1	1	×	×	×	0	0	0
1	1	×	×	×	1	0	1

　　使用数据选择器进行电路设计的方法是合理地选用地址变量，通过对函数的运算，确定各数据输入端的输入方程。

　　例如，利用 4 选 1 数据选择器实现有较多变量的函数：

$$Y=\overline{A}\,\overline{B}\,\overline{D}+\overline{A}\,\overline{B}\,E+\overline{A}B\,\overline{C}+\overline{A}BDE+A\,\overline{B}F+ABC+AB\,\overline{F}$$

　　从函数表达式可以看出，各乘积项均包含有 A 和 B 两个变量，可将表达式整理得

$$Y=\overline{A}\,\overline{B}\,(\overline{D}+E)+\overline{A}B\,(\overline{C}+DE)+A\,\overline{B}F+AB\,(C+\overline{F})=$$
$$\overline{A}\,\overline{B}\,\overline{\overline{D}E}+\overline{A}B\,\overline{C}\,\overline{DE}+A\,\overline{B}F+AB\,\overline{CF}$$

　　此表达式可用图 3-3-2 所示的电路实现。

　　从上述例子可见，数据选择器的地址变量一般的选择方式为：

　　（1）选用逻辑表达式各乘积项中出现次数最多的变量（包括原变量和反变量），以简化数据输入端的附加电路。

　　（2）选择一组具有一定物理意义的量。

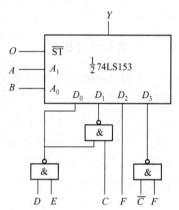

3-3-2　数据选择器的扩展使用方法

2. 译码器

　　译码器是一个多输入、多输出的组合逻辑电路。它的逻辑功能是将输入的二进制代码译成唯一对应的高、低电平信号，在输出通道中输出。可分为两大类：一类是通用译码器；另一类是显示译码器，本实验仅讨论前者。

　　74LS138 是一个 3 线—8 线译码器，它是一种通用译码器，其逻辑符号如图 3-3-3 所示，其功能表如表 3-3-2 所示。其中，A_2，A_1，A_0 是地址输入端，$\overline{Y_0}$，$\overline{Y_1}$，…，$\overline{Y_7}$ 是译码输出端，S_A，$\overline{S_B}$，$\overline{S_C}$ 是使能端，仅当 S_A，$\overline{S_B}$，$\overline{S_C}$ 分别为 H，L，L 时，译码器才正常译码；否则，译码器不实现译码，即不管译码输入 A_2，A_1，A_0 为何值，8 个译码输出 $\overline{Y_0}$，$\overline{Y_1}$，…，$\overline{Y_7}$ 都输出高电平。

　　3 线-8 线译码器实际上也是一个负脉冲输出的脉冲分配器。若利用使能端中的一个输入端输入数据信息，器件就成为一个数据分配器。例如，若从 S_A 输入端输入数据信息，$\overline{S_B}=\overline{S_C}=0$ 地址码所对应的输出是 S_A 数据信息的反码；若从 $\overline{S_B}$ 输入端输入数据信息，$S_A=1$，$\overline{S_C}=0$，地址码所对应的输出就是数据信息 $\overline{S_B}$。

译码器的每一路输出，实际上是各地址变量组成函数的一个最小项的反变量，利用其中一部分输出端输出的与非关系，也就是它们相应最小项的或逻辑表达式，能方便地实现逻辑函数。

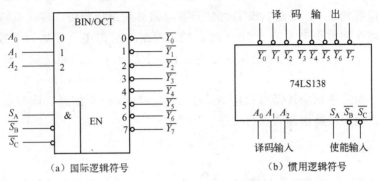

图 3-3-3　3 线—8 线译码器 74LS138 的逻辑符号

表 3-3-2　3 线—8 线译码器 74LS138 功能表

输　　入					输　　出							
S_A	$\overline{S_B}+\overline{S_C}$	A_2	A_1	A_0	$\overline{Y_0}$	$\overline{Y_1}$	$\overline{Y_2}$	$\overline{Y_3}$	$\overline{Y_4}$	$\overline{Y_5}$	$\overline{Y_6}$	$\overline{Y_7}$
×	1	×	×	×	1	1	1	1	1	1	1	1
0	×	×	×	×	1	1	1	1	1	1	1	1
1	0	0	0	0	0	1	1	1	1	1	1	1
1	0	0	0	1	1	0	1	1	1	1	1	1
1	0	0	1	0	1	1	0	1	1	1	1	1
1	0	0	1	1	1	1	1	0	1	1	1	1
1	0	1	0	0	1	1	1	1	0	1	1	1
1	0	1	0	1	1	1	1	1	1	0	1	1
1	0	1	1	0	1	1	1	1	1	1	0	1
1	0	1	1	1	1	1	1	1	1	1	1	0

3. 全加器

74LS283 是一个 4 位二进制超前进位全加器，其逻辑符号如图 3-3-4 所示，其中 A_3，A_2，A_1，A_0 和 B_3，B_2，B_1，B_0 分别是被加数和加数（两组 4 位二进制数）的数据输入端，C_n 是低位器件向本器件最低位进位的进位输入端，F_3，F_2，F_1，F_0 是和数输出端，FC_{n+1} 是本器件最高位向高位器件进位的进位输出端。二进制全加器可以进行多位连接使用，也可组成全减器、补码器或实现其他逻辑功能等电路。

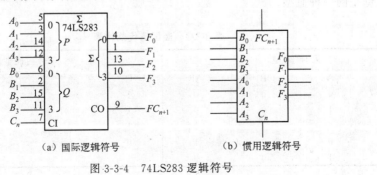

图 3-3-4　74LS283 逻辑符号

利用 4 位二进制全加器可以设计成能进行 NBCD 码加法运算的电路。在进行运算时，若两个相加数的和小于或等于 1001，NBCD 的加法与 4 位二进制加法结果相同；但若两个相加数的和大于或等于 1010 时，由于 4 位二进码是逢十六进一的，而 NBCD 码是逢十进一的，它们的进位数相差 6，因此 NBCD 加法运算电路必须进行校正，应在电路中插入一个校正网络，使电路在和数小于或等于 1001 时，校正网络不起作用（或加一个数 0000），在和数大于或等于 1010 时，校正网络使此和数再加上一个数 0110，从而达到实现 NBCD 码的加法运算的目的。

利用两个 4 位二进制全加器可以组成一个 1 位 NBCD 码全加器，该全加器应有进位输入端和进位输出端，电路由读者自行设计。

三、设计举例

用 3 线—8 线译码器实现全加器的功能。设：A_n 和 B_n 分别是被加数和加数，C_n 是低位向本位的进位，C_{n+1} 是本位向高位进位，S_n 是和数。全加器的逻辑表达式为

$$S_n = A_n \overline{B_n}\,\overline{C_n} + \overline{A_n}B_n\overline{C_n} + \overline{A_n}\,\overline{B_n}C_n + A_nB_nC_n = Y_1 + Y_2 + Y_4 + Y_7 = \overline{\overline{Y_1}\,\overline{Y_2}\,\overline{Y_4}\,\overline{Y_7}}$$

$$C_{n+1} = A_nB_n\overline{C_n} + A_n\overline{B_n}C_n + \overline{A_n}B_nC_n + A_nB_nC_n = Y_3 + Y_5 + Y_6 + Y_7 = \overline{\overline{Y_3}\,\overline{Y_5}\,\overline{Y_6}\,\overline{Y_7}}$$

上述表达式可用如图 3-3-5 所示的电路来实现。

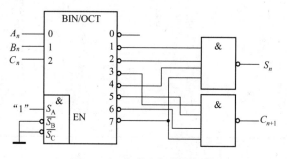

图 3-3-5　实现全加器逻辑图

四、实验内容

（1）利用 4 选 1 数据选择器设计一个表示血型遗传规律的电路，画出设计电路图，检测并记录电路功能。

父母和子女之间的血型遗传规律如表 3-3-3 所示，其中父母血型栏中若仅有一项是 1，则表示父母是同一种血型。

表 3-3-3　血型遗传规律表

父 母 血 型				子女可能血型			
O	A	B	AB	O	A	B	AB
1	0	0	0	1	0	0	0
0	1	0	0	1	1	0	0
0	0	1	0	1	0	1	0
0	0	0	1	0	1	1	1
1	1	0	0	1	1	0	0

续表

父 母 血 型				子女可能血型			
1	0	1	0	1	0	1	0
1	0	0	1	0	1	1	0
0	1	1	0	1	1	1	1
0	1	0	1	0	1	1	1
0	0	1	1	0	1	1	1

（2）使用一个 3 线—8 线译码器和与非门设计一个 1 位二进制全减器，画出设计逻辑图，检测并记录电路功能。

（3）利用两个 4 位二进制全加器和与非门，设计一个 1 位 NBCD 码的全加器，画出设计电路图，检测电路功能。记录下列运算式的实验结果：0000＋0100，0111＋0010，0100＋0110，0101＋0111，1000＋0111，1001＋1001。

五、注意事项

（1）在将 74LS138 作为 3 线—8 线译码器使用时，一定要注意它的使能端 S_A，$\overline{S_B}$，$\overline{S_C}$ 的使用，只有当 $S_A = H$ $\overline{S_B} + S_C = L$ 时，74LS138 才能正常译码。所以，在实验过程中，若 74LS138 译码状态不对，则在检查过电源正确后，还必须用万用表的直流电压挡检查 S_A 是否为高电平，$\overline{S_B}$、$\overline{S_C}$ 是否均为低电平。

（2）当集成片的控制脚必须输入高电平时，不能认为悬空就是高电平而将其悬空，而必须接至高电平上，或直接接至＋5V 上。

六、预习要求

（1）根据设计任务的要求，画出逻辑电路图，并注明引脚号。

（2）完成第八项中的思考题（1），（2）。

七、报告要求

每个实验任务必须写出设计过程，画出设计逻辑图，附有实验记录，并对结果进行分析。

八、思考题

（1）数据选择器是一种通用性很强的功能件，它的功能很容易得到扩展。如何用 4 选 1 数据选择器实现 8 选 1 选择器功能？

（2）如何将两个 3 线—8 线译码器组合成一个 4 线—16 线的译码器？

九、仪器与器材

（1）电路与数字实验箱　　ELL-2 型　　1 台。
（2）直流稳压电源　　　　DF1371S 型　　1 台。
（3）万用表　　　　　　　MF78 型　　1 只。
（4）主要器材　　　　　　74LS153　　2 片；
　　　　　　　　　　　　74LS00　　　1 片；
　　　　　　　　　　　　74LS138　　2 片；

$$74\text{LS}20 \qquad 1\ 片；$$
$$74\text{LS}283 \qquad 2\ 片。$$

实验四　集成触发器的设计应用

一、实验目的

（1）掌握触发器的原理、作用及调试方法。

（2）学习简单时序逻辑电路的设计和调试方法。

二、实验原理

触发器是存放二进制信息的最基本的逻辑单元，是构成时序电路的主要元件。触发器具有两个稳定的状态，即"0"状态和"1"状态。在时钟脉冲的作用下，根据输入信号的不同，触发器可以具有置"0"、置"1"、保持和翻转等不同功能。只有在触发信号作用下，触发器才能从原有的稳定状态转变成新的稳定状态；无触发信号作用时，它就维持原来的稳定状态不变。因此，触发器是一种具有记忆功能的电路，可以作为二进制存储单元使用。

触发器按照逻辑功能可以分为基本 RS 触发器、JK 触发器、D 触发器、T 触发器等。按照电路的触发方式可以分为电平触发器（锁存器）、主从触发器、维持-阻塞触发器、边沿触发器等。

1. 基本 RS 触发器

由两个与非门交叉耦合而成的基本 RS 触发器是各种触发器的最基本组成部分，它能存储一位二进制信息，但存在约束条件。例如，与非门 RS 触发器的 $\overline{R}$ 和 $\overline{S}$ 端不能同时为 0，否则，当 $\overline{R}$ 和 $\overline{S}$ 的 0 电平同时取消后，触发器的状态不稳定。

基本 RS 触发器的特性方程是

$$\begin{cases} Q^{n+1}=S+\overline{R}Q^n \\ \overline{S}+\overline{R}=1 \quad （约束条件） \end{cases}$$

基本 RS 触发器常用来构成无抖动开关电路。在按压按键时由于机械开关的接触抖动，往往在几十毫秒内电压会出现多次抖动，相当于连续出现了几个脉冲信号。显然，用这样的开关产生信号直接作为电路的驱动信号可能导致电路产生错误动作，这在有些情况下是绝对不允许的。为了消除开关的接触抖动，可在机械开关与被驱动电路间接入一个基本 RS 触发器，如图 3-4-1 所示。

图 3-4-1 所示的状态为 $\overline{S}=0$，$\overline{R}=1$，可得出 $A=1$，$\overline{A}=0$。当按下按键时，$\overline{S}=1$，$\overline{R}=0$，可得出 $A=0$，$\overline{A}=1$，改变了输出信号 A 的状态。若由于机械开关的接触抖动，则 $\overline{R}$ 的状态会在 0 和 1 之间变化多次，若 $\overline{R}=1$，由于 $A=0$，因此 G_2 门仍然是"有低

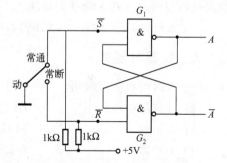

图 3-4-1　无抖动开关电路

出高"不会影响输出状态。同理,当松开按键时,$\overline{S}$端出现的接触抖动亦不会影响输出状态。因此,图 3-4-1所示的电路,开关每压一次,A 点输出信号仅发生一次变化。

2. JK 触发器和 D 触发器

在输入信号为双端的情况下,JK 触发器是功能最全、使用灵活和通用性较强的一种触发器。在输入信号为单端的情况下,D 触发器使用起来最方便。所以目前 JK 触发器和 D 触发器是最常使用的两种集成触发器。它们的逻辑符号分别如图 3-4-2 和图 3-4-3 所示。

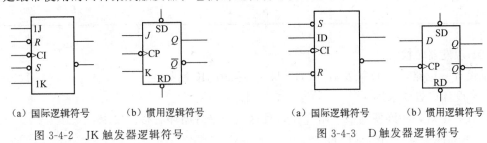

　　(a) 国际逻辑符号　　　(b) 惯用逻辑符号　　　　　　(a) 国际逻辑符号　　　(b) 惯用逻辑符号
　　　图 3-4-2　JK 触发器逻辑符号　　　　　　　　　图 3-4-3　D 触发器逻辑符号

触发器有三种输入端。第一种是直接置位、复位端,用 S 和 R 表示。在 $S=0$(或 $R=0$)时,触发器将不受其他输入信号影响,使触发器直接置 1(或置 0)。第二种是时钟脉冲输入端,用来控制触发器发生状态更新,用 CP 表示(在国家标准符号中称作为控制输入端,用 C 表示)。框外若有小圈表示触发器在时钟脉冲下降沿发生状态更新;若无小黑圈,则表示触发器在时钟脉冲的上升沿发生状态更新。第三种是数据输入端,它是触发器状态更新的依据。

对于 JK 触发器,其状态方程为

$$Q_{n+1}=J_n\overline{Q}_n+\overline{K}_nQ_n$$

对于 D 触发器,其状态方程为 $Q_{n+1}=D_n$

三、实验内容

(1) JK 触发器 74LS112 的功能测试

按表 3-4-1 要求,观察和记录 Q 和 $\overline{Q}$ 的状态。

表 3-4-1　JK 触发器 74LS112 的逻辑功能

S	R	J	K	CP	Q_{n+1}	
					$Q_n=0$	$Q_n=1$
⌐⌐	1	×	×	×		
1	⌐⌐	×	×	×		
1	1	0	0	↓		
1	1	0	1	↓		
1	1	1	0	↓		
1	1	1	1	↓		

(2) D 触发器 74LS74 的功能测试

按表 3-4-2 要求,观察和记录 Q 和 $\overline{Q}$ 的状态。

表 3-4-2　D 触发器 74LS74 的逻辑功能

S	R	D	CP	Q_{n+1}	
				$Q_n=0$	$Q_n=1$
⎍	1	×	×		
1	⎍	×	×		
1	1	0	↑		
1	1	1	↑		

（3）触发器转换

试设计一电路，将 D 触发器（74LS74）转换为 JK 触发器。

（4）设计广告流水灯

共有 8 个灯，始终使其中 1 暗 7 亮，且这 1 个暗灯循环右移。要求：

① 单脉冲观察（用指示灯）；

② 连续脉冲观察（用示波器对应地观察时钟 CP，触发器输出端 Q_0、Q_1、Q_2 和 8 个灯的波形）。

四、注意事项

完成任务 4 时，用双踪示波器观察 CP、计数器输出 Q_0、Q_1、Q_2 及 8 个灯的波形时，应注意技巧。

首先，从需观察的所有波形中选择一个波形作为参考波形；然后，将该参考波形固定地送至双踪示波器触发通道，其他波形依次送至另一通道与之进行比较。在换接其他波形时，示波器屏幕上的参考波形不会发生改变，这样 13 个波形都可在一个相位平面上进行比较，得到对应的波形图。如图 3-4-4 所示为选择 Q_2 的波形作参考波形的对应波形图。

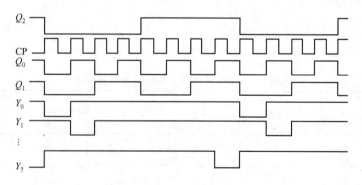

图 3-4-4　广告流水灯波形

选择 CP 作参考波形不合适，原因有两个，其一，CP 的变化频率较之其他波形快，不易稳定；其二，电路中一个周期往往是好几个 CP 周期，而 CP 无始无终，不易寻找电路的一个周期的始末，故而宜在需观察的所有波形中，选一个频率变化最慢、最有特征的波形作为参考波形。图 3-4-4 为选择 Q_2 的波形作参考波形的对应波形图。也可从 8 个灯中任选一个波形作为参考波形，但以选为 Y_0 最佳。

五、预习要求

(1) 完成第七项中的思考题 (1)、(2)、(3)。

(2) 根据实验内容中的要求，设计出电路，并画出逻辑电路图，标出引脚号。

六、报告要求

(1) 按任务要求记录实验数据。

(2) 画出设计的逻辑电路图，并对该电路进行分析，如书中举例所示。

(3) 画出实验内容要求的波形图，将选择的参考波形画在最上面，波形图必须画在方格坐标纸上，且需在同一相位平面上，比较其相位。

七、思考题

(1) 触发器实现正常逻辑功能状态时，S 和 R 应处于什么状态？悬空行不行？

(2) 主从型触发器在 CP＝1 期间对输入端 J、K 有什么要求？

(3) 设计广告流水灯，用一个 3 位二进制异步加计数器，后面再接一个 3 线—8 线译码器，是否可行？

八、仪器与器材

(1) 双踪示波器	YB4320 型	1 台。
(2) 函数发生器	YB1638 型	1 台。
(3) 电路与数字实验箱	ELL-2 型	1 台。
(4) 直流稳压电源	DF1371S 型	1 台。
(5) 主要器材	74LS74	2 片；
	74LS138	1 片；
	74LS112	2 片；
	74LS00	2 片；
	74LS20	1 片。

实验五　MSI 时序功能件的设计应用 (1)

一、实验目的

(1) 掌握中规模集成电路 74LS194 四位双向移位寄存器的逻辑功能。

(2) 掌握移位寄存器 74LS194 的应用。

二、实验原理

MSI 时序功能件常用的有计数器和移位寄存器等，借助于器件手册提供的功能表和工作波形图，就能正确地使用这些器件。对于一个使用者，关键在于合理地选用器件，灵活地使用器件的各控制输入端，运用各种设计技巧，完成任务要求的功能，在使用 MSI 器件时，各控制输入端必须按照逻辑要求接入电路，不允许悬空。

移位寄存器是具有移位功能的寄存器，寄存器的代码能够在移位脉冲的作用下依次左移或右移。既能左移又能右移的称为双向移位寄存器。根据移位寄存器存取信息的方式不同可分为：串入串出、串入并出、并入串出、并入并出四种形式。

移位寄存器的应用范围很广，可以构成移位寄存器型计数器、顺序脉冲发生器、串行累加器；可用做数据转换，即把串行数据转换为并行数据，或把并行数据转换为串行数据等。

74LS194 是一个 4 位双向移位寄存器，它的逻辑符号如图 3-5-1 所示，功能表如表 3-5-1 所示，其中 D_0，D_1，D_2，D_3 和 Q_0，Q_1，Q_2，Q_3 是并行数据输入端和输出端；CP 是时钟输入端；$\overline{CP}$ 是直接清除端；D_{SR} 和 D_{SL} 分别是右移和左移的串行数据输入端；S_1 和 S_0 是工作状态控制输入端。

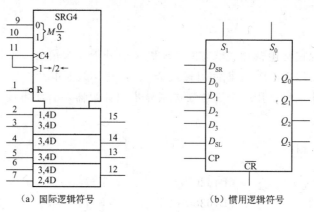

（a）国际逻辑符号　　　　　（b）惯用逻辑符号

图 3-5-1　74LS194 逻辑符号

表 3-5-1　74LS194 功能表

功能	输入										输出			
	$\overline{CR}$	S_1	S_0	CP	D_{SL}	D_{SR}	D_0	D_1	D_2	D_3	Q_0^{n+1}	Q_1^{n+1}	Q_2^{n+1}	Q_3^{n+1}
清除	0	×	×	×	×	×	×	×	×	×	0	0	0	0
保持	1	×	×	0	×	×	×	×	×	×	保持			
	1	0	0	×	×	×	×	×	×	×				
送数	1	1	1	↑	×	×	D_0	D_1	D_2	D_3	D_0	D_1	D_2	D_3
右移	1	0	1	↑	×	1	×	×	×	×	1	Q_0^n	Q_1^n	Q_2^n
	1	0	1	↑	×	0	×	×	×	×	0	Q_0^n	Q_1^n	Q_2^n
左移	1	1	0	↑	1	×	×	×	×	×	Q_1^n	Q_2^n	Q_3^n	1
	1	1	0	↑	0	×	×	×	×	×	Q_1^n	Q_2^n	Q_3^n	0

三、设计举例

移位寄存器还可用来构成计数器，典型的有环形计数器和扭形计数器。如图 3-5-2（a）所示为用 74LS194 构成的 4 位环形计数器电路图，先使得 $S_1S_0 = 11$，进入同步置数工作方式，在时钟脉冲 CP 上升沿的配合下，将 $Q_0Q_1Q_2Q_3$ 预置成 1000；当 S_1 变回 0 后，进入右移工作方式，开始在 CP 上升沿作用下正常计数，波形图如图 3-5-2（b）所示。

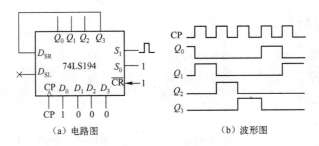

图 3-5-2　74LS194 构成环形计数器

将图 3-5-2（a）所示环形计数器稍加改动：将 Q_3 反相得 $\overline{Q_3}$，再送至 D_{SR}，就构成了 4 位扭环形计数器，如图 3-5-3（a）所示，波形图如图 3-5-3（b）所示。

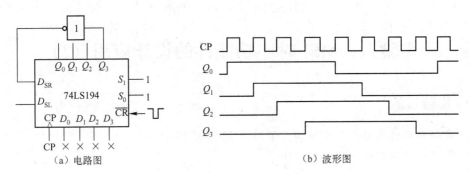

图 3-5-3　74LS194 构成扭环形计数器

四、实验内容

（1）测试双向移位寄存器 74LS194 的逻辑功能，根据表 3-5-1 测试 74LS194 的功能，建立表格将测试条件和测试结果填入其中。

（2）选用下列器件设计具有自启动功能的 01011 序列信号发生器，画出逻辑图，记录实验结果：

① 使用 74LS160 和最少数量的附加门；

② 使用 74LS194 和最少数量的附加门。

五、预习要求

（1）分别按照要求设计实验内容 2 的电路图，并标明引脚号。

（2）完成第七项中的思考题。

六、报告要求

（1）画出实验电路图，对实验记录进行分析。

（2）工作波形图必须画在方格坐标纸上。

（3）设计性任务要写出设计过程（包括设计技巧），并画有逻辑图。

七、思考题

如何用示波器观察实验内容 2 中各个波形的相互关系？对波形应选哪个波形作为触发扫描同步信号？

八、仪器与器材

（1）双踪示波器	YB4320 型	1 台。
（2）函数发生器	YB1638 型	1 台。
（3）电流稳压电源	DF1371S 型	1 台。
（4）电路与数字实验箱	ELL-2 型	1 台。
（5）主要器材	74LS160	2 片；
	74LS194	2 片；
	74LS112	1 片；
	74LS00	1 片；
	74LS74	1 片。

实验六　MSI 时序功能件的设计应用（2）

一、实验目的

（1）掌握常用计数器的工作原理、逻辑功能和使用方法。

（2）熟悉中规模集成计数器的应用。

二、实验原理

计数器是在数字电路中不可缺少的时序器件，它不仅用于统计脉冲个数，而且还用于定时、分频、产生节拍脉冲和脉冲序列以及进行数字运算等。

集成计数器种类很多，这里不一一列举，仅以 74LS160 为例，通过对几个较典型的集成计数器功能和应用的介绍，帮助学生提高借助产品手册上给出的功能表，正确而灵活地运用集成计数器的能力。

74LS160 的功能介绍。

74LS160 为十进制可预置同步计数器，其逻辑符号和工作波形图如图 3-6-1 所示，功能表如表 3-6-1 所示。

表 3-6-1　74LS160 的功能表

输　　　入									输　　　出			
$\overline{CR}$	$\overline{LD}$	CT_P	CT_T	CP	D_0	D_1	D_2	D_3	Q_0^{n+1}	Q_1^{n+1}	Q_2^{n+1}	Q_3^{n+1}
L	×	×	×	×	×	×	×	×	L	L	L	L
H	L	×	×	↑	d_0	d_1	d_2	d_3	d_0	d_1	d_2	d_3
H	H	H	H	↑	×	×	×	×	计数			
H	H	L	×	×	×	×	×	×	保持			
H	H	×	L	×	×	×	×	×	保持			

注：$CO = CT_T \cdot Q_3 \cdot \overline{Q_2} \cdot \overline{Q_1} \cdot Q_0$。

计数器有下列输入端：异步清零端$\overline{CR}$（低电平有效），时钟脉冲输入端 CP，同步并行置数控制端$\overline{\text{LD}}$（低电平有效），计数控制端 CT_T 和 CT_P，并行数据输入端 $D_0 \sim D_3$。它有下列输出端：4 个触发器的输出 $Q_0 \sim Q_3$，进位输出 CO。

根据功能表 3-6-1，可看出 74LS160 具有下列功能：

（1）异步清零功能　若 $\overline{\text{CR}} = 0$（输入低电平），则不管其他输入端（包括 CP 端）如何，实现 4 个触发器全部清零。由于这一清零操作不需要时钟脉冲 CP 配合（即不管 CP 是什么状态都行），所以称为"异步清零"。

（2）同步并行置数功能　在 $\overline{\text{CR}} = 1$、且 $\overline{\text{LD}} = 0$ 的前提下，在 CP 上升沿的作用下，触发器 $Q_0 \sim Q_3$ 分别接收并行数据输入信号 $d_0 \sim d_3$，由于这个置数操作必须有 CP 上升沿配合，并与 CP 上升沿同步，所以称为"同步"的。由于 4 个触发器同时置入，所以称为"并行"的。

（3）同步十进制加计数功能　在 $\overline{\text{CR}} = \overline{\text{LD}} = 1$ 的前提下，若计数控制端 $\text{CT}_\text{T} = \text{CT}_\text{P} = 1$，则对计数脉冲 CP 实现同步十进制加计数。这里，"同步"二字既表明计数器是"同步"结构而不是"异步"结构，又表示各触发器动作都与 CP（上升沿）同步。

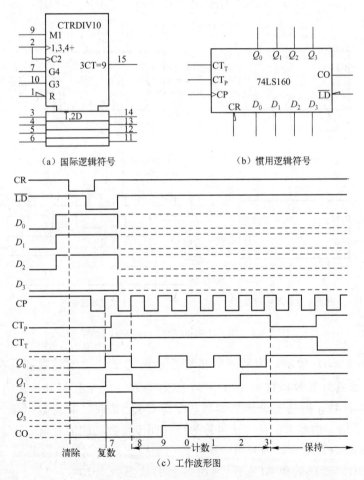

图 3-6-1　74LS160 具有异步清零功能的可置数十进制同步计数器

（4）保持功能　在 $\overline{\text{CR}} = \overline{\text{LD}} = 1$ 的前提下，若 $\text{CT}_\text{T} \cdot \text{CT}_\text{P} = 0$，即两个计数控制端中至少有一个输入 0，则不管 CP 如何（包括上升沿），计数器中各触发器保持原状态不变。

此外，表 4-6-1 指出，进位输出 $CO = CT_T \cdot Q_3 \cdot \overline{Q_2} \cdot \overline{Q_1} \cdot Q_0$，这表明：进位输出端通常为 0，仅当计数控制端 $CT_T = 1$ 且计数器状态为 9 时它才为 1。

三、设计实例

利用输出信号对输入端的不同反馈（有时需附加少量的门电路），可以实现任意进制的计数器。

【例 3.6.1】 用 74LS160 实现八进制计数器

(1) $M = 8$，一片 74LS160 即可。如图 3-6-2 (a) 所示，利用异步清零功能构成八进制计数器。设初态全为 0，则在前 7 个计数脉冲作用下，均按十进制规律正常计数，而当第 8 个计数脉冲上升沿到来后，Q_3，Q_2，Q_1，Q_0 的状态变为 1000，通过与非门使 $\overline{CR}$ 从平时的 1 变为 0，借助"异步清零"功能，使 4 个触发器即被清成 0，从而中止了"十进制"的计数趋势，实现了自然态序模 8 加计数。请注意：主循环中的 10 个状态是 0000～0111，它们各延续一个计数脉冲周期；而 1000 只是一个瞬态，实际上它只停留短暂的一瞬，如图 3-6-2 (d) 中的波形图所示。

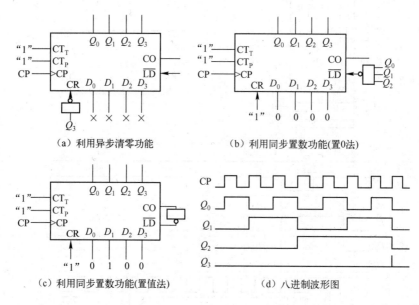

(a) 利用异步清零功能　　　　(b) 利用同步置数功能(置0法)

(c) 利用同步置数功能(置值法)　　　　(d) 八进制波形图

图 3-6-2　用 74LS160 构成八进制计数器

(2) 如图 3-6-2 (b) 所示，为利用同步置数功能构成八进制计数器，在 $Q_3Q_2Q_1Q_0 = 0111$ 的状态下，准备好置数条件——$\overline{LD} = 0$，这样，在下一个计数脉冲上升沿到来后，就不再实现"加 1"计数，而是实现同步置数，$Q_3Q_2Q_1Q_0$ 接收"并行数据输入信号"，变成 0000，从而满足了模 8 的要求。此方法可称为借助同步置数功能的置全 0 法。

(3) 如图 3-6-2 (c) 所示，为利用同步置数功能构成八进制计数器的另一种方法，计数范围为 0010～1001。要求的模 $M = 8$，因而多余的状态数 = 10-8 = 2，十进制数 2 的对应 BCD 码是 0010，于是如果在 1001 状态下准备好同步置数条件，且"并行数据输入" $D_3D_2D_1D_0$ 分别接 0010，则下一个计数脉冲上升沿就能使 $Q_3Q_2Q_1Q_0$ 不变成 0000，而转为 0010，这样就跳过了 0000 至 0001 两个状态，实现了模 8 计数。该法充分利用了 1001 状态下 CO 才为 1 的特点，我们把这种方法称为借助同步置数功能的置值法。

【例 3.6.2】 用 74LS160 实现十二进制的计数器。

(1) 借助"异步清零"功能构成十二进制计数器，如图 3-6-3 (a) 所示。$M=12$，因为 $10<M<100$，所以用两片 74LS160，两片的 CP 端直接与计数脉冲相连，并将低位片（I）的进位输出 CO 送到高位片（II）的计数控制端 CT_T 和 CT_P。模 12，清零条件为 $\overline{CR}=\overline{Q'_1 Q''_0}$。00010010 为瞬态，如图3-6-3 (d) 波形所示（注 Q'_1 为第 I 片 74LS160 的输出 Q_1，Q''_0 为第 II 片 74160 的输出 Q_0）。

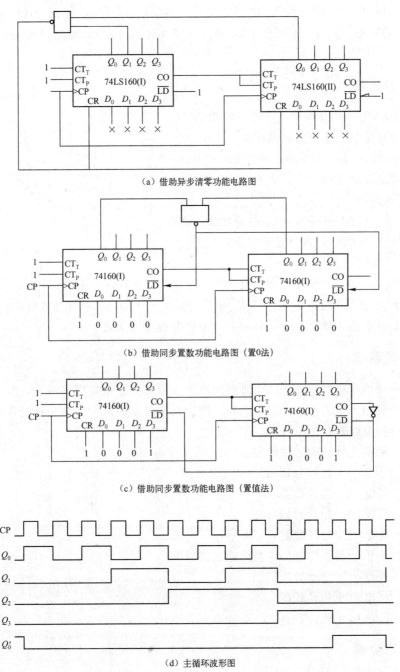

(a) 借助异步清零功能电路图

(b) 借助同步置数功能电路图（置0法）

(c) 借助同步置数功能电路图（置值法）

(d) 主循环波形图

图 3-6-3 74160 构成十二进制加计数器

（2）借助同步置数功能（置 0 位）构成十二进制计数器，如图 3-6-3（b）所示。第一片输出 Q'_0 与第二片输出 Q''_0 同时为 1 时，产生置数信号，使下一 CP 作用时置 0，故此两输出经与非门输出送至两片的 $\overline{LD}$，以构成同步置数的条件。两片数据输入端均接 0。

（3）借助同步置数功能（置值法）构成十二进制计数器，如图 3-6-3（c）所示，要求 $M=12$，因而多余的状态数＝100-12＝88。十进制数对应的码 BCD 是 10001000，于是如果在 10011001 状态下准备好同步置数条件即 $CO=1$，$\overline{LD}=0$，且"并行数据输入 $D'_3D'_2D'_1D'_0D''_3D''_2D''_1D''_0$ 分别接 10001000，则下一个计数脉冲上升沿就能使 $Q'_3Q'_2Q'_1Q'_0Q''_3Q''_2Q''_1Q''_0$ 不变成 000000，而转为 10001000，构成置值法的十二进制计数器。

四、实验内容

用 74LS160 设计简易数字电子钟，说明如下：

（1）设已有周期 1 分钟的时钟脉冲。

（2）显示"时"（0～23）和"分"（0～59）。

在事先完成设计的基础上，要求在实验室完成下列工作：

① 搭好电路；

② 将"分"计数—译码—显示部分调试正常；

③ 将"时"计数—译码—显示部分调试正常；

④ 将整个电路调试正常；

⑤ 用双踪示波器对应地观察并记录"分"计数电路中的时钟脉冲及计数器的各输出波形；

⑥ 用双踪示波器对应地观察并记录"时"计数电路中的时钟脉冲及计数器的各输出波形。

注：基本要求是完成"分钟"部分和"小时"部分两者之一。

五、注意事项

在观察分钟的波形时，由于六十进制的波形在示波器上很难观察清楚，因此，可以分成个位上的十进制和十位上的六进制来观察。因为在十位上的每个周期中都包含有个位上的十进制，所以分钟电路观察两组波形。

第一组：周期 1 分钟的时钟脉冲。

        ① Q_0（个位计数器）；

        ② Q_1（个位计数器）；

        ③ Q_2（个位计数器）；

        ④ Q_3（个位计数器）。

第二组：个位计数器的进位作为六进制的时钟。

        ① Q_0（十位计数器）；

        ② Q_1（十位计数器）；

        ③ Q_2（十位计数器）。

六、预习要求

（1）设计实验内容要求的电路图，并标明引脚号。

（2）从理论上分析实验内容中的分钟及小时电路的波形图，并画出来。

（3）完成第八项中的思考题。

七、报告要求

（1）画出实验电路图，对实验记录进行分析。

（2）工作波形图必须画在方格坐标纸上。

（3）设计性任务要写出设计过程（包括设计技巧），并画有逻辑图。

八、思考题

如何用示波器观察实验内容中第⑤项及第⑥项中各个波形的相互关系？对⑤和⑥中的一组波形，分别对应选哪个波形作为触发扫描同步信号？

九、仪器与器材

（1）双踪示波器	YB4320 型	1 台。
（2）函数发生器	YB1638 型	1 台。
（3）电流稳压电源	DF1371S 型	1 台。
（4）电路与数字实验箱	ELL-2 型	1 台。
（5）主要器材	74LS160	2 片；
	74LS194	2 片；
	74LS112	1 片；
	74LS00	1 片；
	74LS74	1 片。

实验七　脉冲分配器及其应用

一、实验目的

（1）熟悉集成时序脉冲分配器的方法及其应用。

（2）学习步进电机的环形脉冲分配器的组成方法。

二、实验原理

1. 脉冲分配器

脉冲分配器的作用是产生多路顺序脉冲信号，它可以由计数器和译码器组成，也可以由环形计数器构成，如图 3-7-1 所示 CP 端上的系列脉冲经 N 位二进制计数器和相应的译码器，可以转变为 2^N 路顺序输出脉冲。

2. 集成时序脉冲分配器 CC4017

CC4017 是按 BCD 计数/时序译码器组成的分配器。其逻辑符号及其引脚功能如图 3-7-2

所示，功能表如表 3-7-1 所示。为进一步形象地说明 CC4017 的功能，可用输入/输出对应的波形图表示，如图 3-7-3 所示。

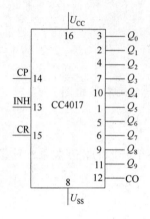

图 3-7-1　脉冲分配器的组成

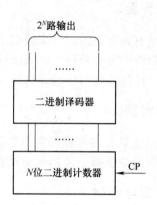

图 3-7-2　CC4017 逻辑符号

表 3-7-1　CC4017 功能表

输入			输出	
时钟输入端	禁止端	清除端	计数脉冲输出端	进位脉冲输出端
CP	INH	CR	$Q_0 \sim Q_9$	CO
×	×	1	Q_0	
↑	0	0	计数	计数脉冲为 $Q_0 \sim Q_4$ 时：CO=1；计数脉冲为 $Q_5 \sim Q_9$ 时：CO=0
1	↓	0		
0	×	0	保持	
×	1	0		
↓	×	0		
×	↑	0		

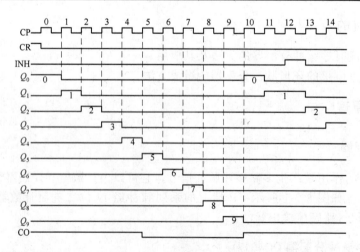

图 3-7-3　CC4017 的波形图

　　CC4017 应用十分广泛，可用于十进制计数、分频、$1/N$ 计数（$N=2\sim10$ 时，只要用一块就可以实现，$N>10$ 可用多块器件级连实现）。如图 3-7-4 所示为由两片 CC4017 级连组成的 60 分频的电路。

　　在图 3-7-5 中，A、B、C 分别表示步进电动机的三相绕组。步进电动机按三相六拍方式运行，即要求步进电动机正转时，控制端 $X=1$，使电动机三相绕组的通电顺序为 A→AB→B→BC→C→CA，步进电动机反转时，控制端 $X=0$，使电动机三相绕组的通电顺序为 A→AC→C→CB→B→BA。如图 3-7-6 所示为三个 JK 触发器构成的按六拍通电方式的脉冲环形分配器。

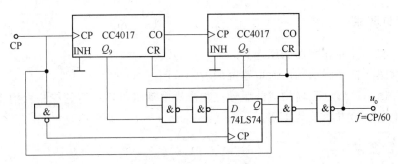

图 3-7-4　60 分频电路图

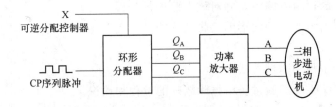

图 3-7-5　三相步进电动机驱动电路示意图

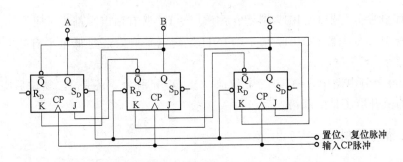

图 3-7-6　六拍通电方式的脉冲环形分配器逻辑图

三、实验内容

（1）CC4017 逻辑功能测试。

　　① 参照图 3-7-2，INH、CR 接逻辑开关的输出插口。CP 接单次脉冲源。$Q_0\sim Q_9$ 十个输出端接至逻辑电平显示输出插口，按功能表要求操作各逻辑开关。清零后，连续送出十个脉冲信号，观察十个发光二极管的显示状态，并列表记录。

② CP 改为 1Hz 连续脉冲，观察记录输出状态。

（2）参照图 3-7-4 的电路连接，自拟实验方案验证 60 分频电路的正确性，记录所观察到的波形。

（3）参照图 3-7-6 的电路，设计一个用环形分配器构成的驱动三相步进电动机可逆运行的三相六怕环形分配器线路，要求如下。

① 环形分配器用 74LS112 双 JK 触发器，74LS00 四二输入与非门组成。

② 由于电动机三相绕组在任何时刻都不应出现同时通电同时断电的情况，在设计中要考虑并实现。

四、预习要求

（1）复习有关脉冲分配器的原理。

（2）根据图 3-7- 4 所示画出此电路图的波形草图。

（3）设计出用环形分配器构成的驱动三相步进电动机可逆运行的三相六拍环形分配器实验电路，并拟定实验方案及其步骤。

五、报告要求

（1）按任务要求记录实验数据、实验波形。

（2）画出设计的逻辑电路图，并对该电路进行分析。

（3）画出实验内容要求的波形图，将选择的参考波形画在最上面，波形图必须画在方格坐标纸上。

（4）写出实验步骤和测试方法。

（5）分析实验结果和实验过程中排除故障的过程和认识。

六、思考题

（1）时序脉冲分配器 CC4017 在复位后，$Q_0 \sim Q_9$ 所有输出端都为 0 吗？

（2）时序脉冲分配器 CC4017 禁止端 INH 是高电平有效还是低电平有效？INH 有效时实现什么功能？

（3）在 60 分频电路中，CC4017 复位前，Q_5、Q_9 分别为 0 还是 1，复位后呢？复位发生在 CP 脉冲的上升沿还是下降沿？

七、仪器与器材

（1）电路与数字实验箱	ELL-2 型	1 台。
（2）双踪示波器	YB4320 型	1 台。
（3）主要器材	CC4017	2 片；
	74LS112	2 片；
	74LS74	1 片；
	74LS700	2 片；
	CC4085	2 片。

实验八　占空比可变方波产生电路

一、实验目的

(1) 熟悉 555 时基电路的电路结构、工作原理及其特点。

(2) 掌握 555 时基电路的基本应用。

二、实验原理

555 定时器是一种应用极为广泛的中规模集成电路。该电路使用灵活、方便，只需外接少量的阻容元件就可以构成单稳、多谐和施密特触发器。因而广泛用于信号的产生、变换、控制与检测。

555 定时器内部结构的简化原理图如图 3-8-1 所示。它由 3 个阻值为 $5k\Omega$ 的电阻组成的分压器、两个电压比较器 C_1 和 C_2、基本 RS 触发器、放电 BJT T 以及缓冲器 G 组成。

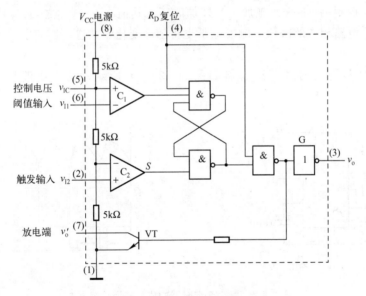

图 3-8-1　555 定时器原理图

定时器的主要功能取决于比较器，比较器的输出控制 RS 触发器和放电 BJT T 的状态。图 3-8-1 中 R_D 为复位输入端，当 R_D 为低电平时，不管其他输入端的状态如何，输出 v_o 为低电平，因此在正常工作时，应将其接高电平。

由图 3-8-1 可知，当 5 脚悬空时，比较器 C_1 和 C_2 的比较电压分别为 $\frac{2}{3}V_{CC}$ 和 $\frac{1}{3}V_{CC}$。

当 $v_{i1} > \frac{2}{3}V_{CC}$，$v_{i2} > \frac{1}{3}V_{CC}$ 时，比较器 C_1 输出低电平，比较器 C_2 输出高电平，基本 RS 触发器被置 0，放电三极管 VT 导通，输出端 v_o 为低电平。

当 $v_{i1} < \frac{2}{3}V_{CC}$，$v_{i2} < \frac{1}{3}V_{CC}$ 时，比较器 C_1 输出高电平，比较器 C_2 输出低电平，基本 RS

触发器被置 1，放电三极管截止，输出端 v_o 为高电平。

当 $v_{i1} < \frac{2}{3}V_{CC}$，$v_{i2} > \frac{1}{3}V_{CC}$ 时，基本 RS 触发器 R＝1、S＝1，触发器状态不变，电路也保持原状态不变。

综合上述分析，可得 555 定时器功能表如表 3-8-1 所示。

表 3-8-1　555 定时器功能表

输　　入			输　　出	
阈值输入（v_{I1}）	触发输入（v_{I2}）	复位（R_D）	输出（v_o）	放电管 VT
×	×	0	0	导通
$< \frac{2}{3}V_{CC}$	$< \frac{1}{3}V_{CC}$	1	1	截止
$> \frac{2}{3}V_{CC}$	$> \frac{1}{3}V_{CC}$	1	0	导通
$< \frac{2}{3}V_{CC}$	$> \frac{1}{3}V_{CC}$	1	不变	不变

如果在电压控制端（5 脚）施加一个外加电压（其值在 0～V_{CC} 之间），比较器的参考电压将发生变化，电路相应的阈值、触发电平也将随之变化，并进而影响电路的工作状态。读者可自行分析。

由 555 定时器构成的多谐振荡器如图 3-8-2（a）所示，其工作波形如图 3-8-2（b）所示。

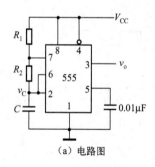
（a）电路图

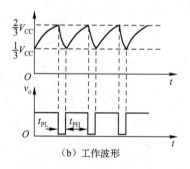
（b）工作波形

图 3-8-2　由 555 定时器构成的多谐振荡器

接通电源后，电容 C 被充电，v_C 上升，当 v_C 上升到 $\frac{2}{3}V_{CC}$ 时，触发器被复位，同时放电 BJT T 导通，此时 v_o 为低电平，电容 C 通过 R_2 和 VT 放电，使 v_C 下降。当 v_C 下降到 $\frac{1}{3}V_{CC}$ 时，触发器又被置位，v_o 翻转为高电平。电容器 C 放电所需的时间为

$$t_{PL} = R_2 C \ln 2 \approx 0.7 R_2 C$$

当 C 放电结束时，VT 截止，V_{CC} 将通过 R_1、R_2 向电容器 C 充电，v_C 由 $\frac{1}{3}V_{CC}$ 上升到 $\frac{2}{3}V_{CC}$ 所需的时间为：

$$t_{PH} = (R_1 + R_2) C \ln 2 \approx 0.7 (R_1 + R_2) C$$

当 v_C 上升到 $\frac{2}{3}V_{CC}$ 时，触发器又发生翻转，如此周而复始，在输出端就得到一个周期性的方波，其频率为：

$$f=\frac{1}{t_{PL}+t_{PH}}\approx\frac{1.43}{(R_1+2R_2)\ C}$$

由于 555 内部的比较器灵敏度较高，而且采用差分电路形式，它的振荡频率受电源电压和温度变化的影响很小。

三、设计实例

下面设计占空比可调的多谐振荡器。

如图 3-8-2 所示电路的 $t_{PL}\neq t_{PH}$，而且占空比固定不变。如果将电路改成如图 3-8-3 所示的形式，电路利用 VD$_1$、VD$_2$ 单向导电特性将电容器 C 充、放电回路分开，再加上电位器调节，便构成了占空比可调的多谐振荡器。图中，V_{CC} 通过 R_A、VD$_1$ 向电容 C 充电，充电时间为

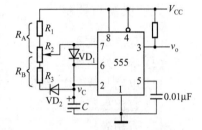

图 3-8-3　占空比可调的多谐振荡器

$$t_{PH}\approx 0.7R_AC$$

电容器 C 通过 VD$_2$、R_B 及 555 中的 BJT T 放电，放电时间为

$$t_{PL}\approx 0.7R_BC$$

因此，振荡频率为

$$f=\frac{1}{t_{PH}+t_{PL}}\approx\frac{1.43}{(R_A+R_B)\ C}$$

可见，这种振荡器输出波形的占空比为

$$q\ (\%)=\frac{R_A}{R_A+R_B}\times100\%$$

四、实验内容

(1) 如图 3-8-2 所示接线构成多谐振荡器，用双踪示波器观测 v_C、v_o 波形，测定频率。电路参数：$R_1=R_2=10k\Omega$，$C=0.1\mu F$。

(2) 在以上内容的基础上，设计占空比为 50% 的方波信号发生器。观测 v_C、v_o 波形，测定波形参数。

五、注意事项

在实验中，要注意示波器的使用方法，测试脉冲波形时，信号采用的耦合方式是 D/C 而不是 A/C。

六、预习要求

(1) 复习有关 555 定时器的工作原理及其应用。

(2) 熟悉集成定时器 555 构成多谐振荡器输出信号脉宽、周期和频率的计算方法。

七、报告要求

（1）绘出详细的实验线路图，并绘出观测到的波形。

（2）分析、总结实验结果。

八、思考题

（1）在集成定时器 555 电路中，比较器输出 0 和输出 1 两种情况下，其同相输出端和反相输入端应满足什么条件？

（2）如何调整集成定时器 555 多谐振荡器振荡波形的占空比？如何实现方波输出？

九、仪器与器材

（1）双踪示波器	YB4320 型	1台。
（2）函数发生器	YB1638 型	1台。
（3）电路与数字实验箱	ELL-2 型	1台。
（4）直流稳压电源	DF1371S 型	1台。
（5）万用表	MF78 型	1只。
（6）主要器材	555 电路	1片；
	电阻、电容、二极管、电位器	若干。

实验九　D/A、A/D 转换电路

一、实验目的

（1）了解 D/A 和 A/D 转换器的基本工作原理和基本结构。

（2）掌握大规模集成 D/A 和 A/D 转换器的功能及其典型应用。

二、实验原理

555 定时器是一种应用极为广泛的中规模集成电路。该电路使用灵活、方便，只要外接少量的阻容元件就可以构成单稳、多谐和施密特触发器。因此广泛用于信号的产生、变换、控制与检测。

555 定时器内部结构的简化原理图如图 3-9-1 所示。它由 3 个阻值为 5kΩ 的电阻组成的分压器、2 个电压比较器 C_1 和 C_2、基本 RS 触发器、放电 BJT T 以及缓冲器 G 组成。

定时器的主要功能取决于比较器，比较器的输出控制 RS 触发器和放电 BJT

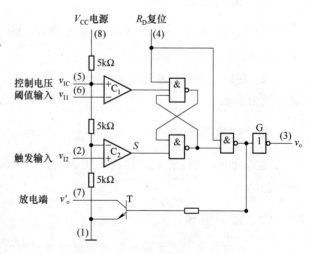

图 3-9-1　555 定时器原理图

T 的状态。图 3-9-1 中 R_D 为复位输入端，当 R_D 为低电平时，不管其他输入端的状态如何，输出 v_o 为低电平。因此在正常工作时，应将其接高电平。

由图 3-9-1 可知，当 5 脚悬空时，比较器 C_1 和 C_2 的比较电压分别为 $\frac{2}{3}V_{CC}$ 和 $\frac{1}{3}V_{CC}$。

当 $v_{I1} > \frac{2}{3}V_{CC}, v_{I2} > \frac{1}{3}V_{CC}$ 时，比较器 C_1 输出低电平，比较器 C_2 输出高电平，基本 RS 触发器被置 0，放电三极管导通，输出端 v_o 为低电平。

当 $v_{I1} < \frac{2}{3}V_{CC}, v_{I2} < \frac{1}{3}V_{CC}$ 时，比较器 C_1 输出高电平，比较器 C_2 输出低电平，基本 RS 触发器被置 1，放电三极管截止，输出端当 v_o 为高电平。

当 $v_{I1} < \frac{2}{3}V_{CC}, v_{I2} > \frac{1}{3}V_{CC}$ 时，基本 RS 触发器 R=1、S=1，触发器状态不变，电路也保持原状态不变。

综合上述分析，可得 555 定时器功能表如表 3-9-1 所示。

表 3-9-1　555 定时器功能表

输入			输出	
阈值输入（v_{I1}）	触发输入（v_{I2}）	复位（R_D）	输出（v_o）	放电三极管
$\times$	$\times$	0	0	导通
$< \frac{2}{3}V_{CC}$	$< \frac{1}{3}V_{CC}$	1	1	截止
$> \frac{2}{3}V_{CC}$	$> \frac{1}{3}V_{CC}$	1	0	导通
$< \frac{2}{3}V_{CC}$	$> \frac{1}{3}V_{CC}$	1	不变	不变

如果在电压控制端（5 脚）施加一个外加电压（其值在 $0 \sim V_{CC}$ 之间），比较器的参考电压将发生变化，电路相应的阈值、触发电平也将随之变化，并进而影响电路的工作状态。读者可自行分析。

定时器具体应用如下。

由 555 定时器构成的多谐振荡器如图 3-9-2（a）所示，其工作波形如图 3-9-2（b）所示。

接通电源后，电容 C 被充电，v_C 上升，当 v_C 上升到 $\frac{2}{3}V_{CC}$ 时，触发器被复位，同时放电 BJT T 导通，此时 v_O 为低电平，电容 C 通过 R_2 和 T 放电，使 v_C 下降。当 v_C 下降到 $\frac{1}{3}V_{CC}$ 时，触发器又被置位，v_O 翻转为高电平。电容 C 放电所需的时间为

$$t_{PL} = R_2 C \ln 2 \approx 0.7 R_2 C$$

当 C 放电结束时，T 截止，V_{CC} 将通过 R_1、R_2 向电容 C 充电，v_C 由 $\frac{1}{3}V_{CC}$ 上升到 $\frac{2}{3}V_{CC}$ 所需的时间为

$$t_{PH} = (R_1 + R_2) C \ln 2 \approx 0.7 (R_1 + R_2) C$$

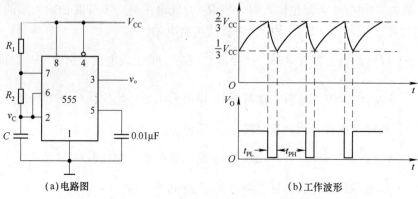

(a)电路图　　　　　　　　　　　(b)工作波形

图 3-9-2　由 555 定时器构成的多谐振荡器

当 v_C 上升到 $\dfrac{2}{3}V_{CC}$ 时，触发器又发生翻转，如此周而复始，在输出端就得到一个周期性的方波，其频率为

$$f = \frac{1}{t_{PL} + t_{PH}} \approx \frac{1.43}{(R_1 + 2R_2)C}$$

由于 555 内部的比较器灵敏度较高，而且采用差分电路形式，它的振荡频率受电源电压和温度变化的影响很小。

三、设计实例

设计占空比可调的多谐振荡器。

如图 3-9-2 所示电路的 $t_{PL} \neq t_{PH}$，而且占空比固定不变。如果将电路改成如图 3-9-3 所示的形式，电路利用 VD_1、VD_2 单向导电特性将电容 C 充电、放电回路分开，再加上电位器调节，便构成了占空比可调的多谐振荡器。图 3-9-3 中，V_{CC} 通过 R_A、VD_1 向电容 C 充电，充电时间为

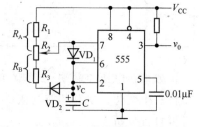

图 3-9-3　占空比可调的多谐振荡器

$$t_{PH} \approx 0.7R_A C$$

电容器 C 通过 VD_2、R_B 及 555 中的 BJT T 放电，放电时间为

$$t_{PL} \approx 0.7R_B C$$

因此，振荡频率为

$$f = \frac{1}{t_{PH} + t_{PL}} \approx \frac{1.43}{(R_A + R_B)C}$$

可见，这种振荡器输出波形的占空比为

$$q(\%) = \frac{R_A}{R_A + R_B} \times 100\%$$

四、实验内容

（1）按照图 3-9-2 接线构成多谐振荡器，用双踪示波器观测 v_C、v_O 波形，测定频率。电路参数：$R_1 = R_2 = 10\text{k}\Omega$、$C = 0.1\mu\text{F}$。

（2）在以上内容的基础上，设计占空比为 50％的方波信号发生器。观测 v_C、v_O 波形，测定波形参数。

五、注意事项

在实验中，要注意示波器的使用方法，测试脉冲波形时，信号采用的耦合方式是 D/C 而不是 A/C。

六、预习要求

（1）复习有关 555 定时器的工作原理及其应用。

（2）熟悉集成定时器 555 构成多谐振荡器输出信号脉宽、周期和频率的计算方法。

七、报告要求

（1）绘出详细的实验电路图，定量绘出观测到的波形。

（2）分析、总结实验结果。

八、思考题

（1）在集成定时器 555 电路中，比较器输出 0 和输出 1 两种情况下，其同相输出端和反相输入端应满足什么条件？

（2）如何调整集成定时器 555 多谐振荡器振荡波形的占空比？如何实现方波输出？

九、仪器与器材

（1）双踪示波器	YB4320 型	1 台。
（2）函数发生器	YB1638 型	1 台。
（3）数字试验箱	YB3262 型	1 台。
（4）直流稳压电源	DF1701S 型	1 台。
（5）万用表	MF78 型	1 只。
（6）主要器材	555 电路	1 片。
	电阻、电容、二极管、电位器	若干。

实验十　数字电子技术综合设计实验

3.10.1　电子脉搏计的设计

一、设计目的

（1）掌握电子脉搏计的原理。

（2）掌握电子脉搏计的设计方法。

（3）掌握电子脉搏计的性能指标的调试方法。

二、设计任务与要求

1. 设计任务

电子脉搏计是用来测量一个人心脏跳动次数的电子仪器，也是心电图的主要组成部分。本次设计要求设计电子脉搏计，并搭建调试实验电路。该电子脉搏计要求在 15s 内测量 1min 的脉搏数，并且显示其数字。正常人脉搏数为 60～80 次/分钟，婴儿为 90～100 次/分钟，老人为 100～150 次/分钟，能根据测试结果对所设计的电子脉搏计进行性能测试。

2. 设计要求

（1）用传感器将脉搏的跳动转换为电压信号，并加以放大、整形和滤波。

（2）15s 内测量 1min 的脉搏数，并且显示其数字。

（3）正常人脉搏数为 60～80 次/分钟，婴儿为 90～100 次/分钟，老人为 100～150 次/分钟，根据测试结果对所设计的电子脉搏计进行性能测试。

三、设计原理

根据设计要求，提出以下两套设计参考方案。

1. 方案 1

该方案测量 15s 内的脉冲个数，然后对信号进行 4 倍频，则数码管显示的就是 1min 内脉搏跳动的次数。该方案的系统框图如图 3-10-1 所示。

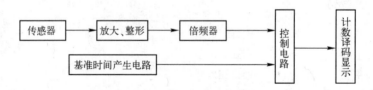

图 3-10-1　方案 1 系统总体框图

该方案中，传感器将脉搏跳动信号转换为与此相对应的电脉冲信号；放大、整形环节将传感器的微弱信号放大，整形去除杂散信号；倍频器将整形后所得到的脉冲信号的频率提高，将 15s 内传感器所获得的信号频率 4 倍频，即可得到对应一分钟的脉冲数，从而缩短测量时间；基准时间产生电路用来产生短时间的控制信号，以控制测量时间；控制电路用以保证在基准时间控制下使 4 倍频后的脉冲信号送到计数、显示电路中；计数、译码、显示电路用来读出脉冲数，并以十进制数的形式由数码管显示出来。该方案由于对信号进行了 4 倍频，虽然计数时间缩短，但是也加大了测量误差。

2. 方案 2

方案 2 系统总体框图如图 3-10-2 所示。

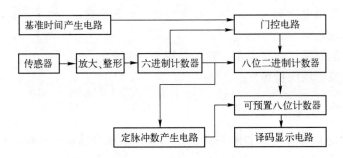

图 3-10-2 方案 2 系统总体框图

该方案首先测出脉搏跳动 5 次所需要的时间，然后再转换为每分钟脉搏跳动的次数，此方案的传感器、放大整形、计数、译码、显示电路等部分与方案 1 完全现同。六进制计数器用来检测 6 个脉搏信号，产生 5 个脉冲周期的门控信号；基准时间产生电路产生周期为 0.1s 的基准脉冲信号；门控电路控制基准脉冲信号进入 8 位二进制计数器。

四、预习要求

学生通过预习了解常用的单稳态触发电路，译码显示电路，A/D 电路的设计方法。

五、报告要求

学生的实验报告应该由以下几部分组成：设计的目的，设计的任务与要求，设计框图，逻辑电路图，系统的功能描述，安装调试及测试结果，系统的元器件清单。

六、思考题

如果你所设计的系统采用另一种显示方案该如何设计系统？

3.10.2 峰值检测系统的设计

一、实验目的

（1）掌握峰值检测系统的原理。
（2）掌握峰值检测系统的设计方法。
（3）掌握峰值检测系统的性能指标的调试方法。

二、设计任务与要求

1. 设计任务

设计峰值检测系统，并搭建调试实验电路。峰值检测系统广泛应用于工业生产和科学研究中，如检测建筑桥梁承受的最大压力、钢材所承受的最大拉力等。不同峰值检测系统之间的区别主要是系统中采用的传感器不同。

2. 设计要求

（1）用传感器和检测电路测量建筑物的最大承受力。

（2）传感器的输出电压为 0～5mV，对应的最大承受的重量为 0～2000kg（1mV 对应的承受的重量为 400kg）。

（3）测量的峰值要采用数字显示，显示范围为 0～1999。

（4）测量的峰值电压保持恒定。

三、设计原理

峰值检测系统的总体结构图如图 3-10-3 所示，该系统只显示当前值以前的最大值。

图 3-10-3　峰值检测系统总体结构图

1. 总体方案设计

系统框图如图 3-10-4 所示。

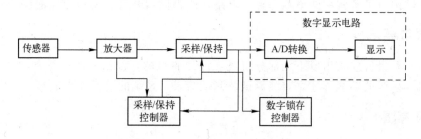

图 3-10-4　峰值检测系统框图

2. 各部分作用

（1）传感器：将压力信号转换为毫伏级的电压信号。

（2）放大器：将传感器输出的电压信号放大，满足 A/D 转换器对输入电压的要求。

（3）采样/保持：对放大后的电压信号进行采样，并保持峰值。

（4）采样/保持控制器：通过控制信号实现对峰值的采样，若当前值小于原峰值，则保持原峰值；若当前值大于原峰值，则进行采样。

（5）A/D 转换：将模拟量转换为数字量。

（6）显示：对峰值进行译码显示。

（7）数字锁存控制器：对 A/D 转换后的峰值数字量进行锁存控制，小于峰值的数字量不锁存。

3. 各单元的电路设计

（1）放大器

放大倍数的确定：根据传感器的输出电压范围（0～5mV）和所采用的 A/D 转换芯片 MC14433 的输入电压范围（0～1.999V），确定为 400。

放大电路性能要求：①放大电路性能稳定；②放大倍数调整方便；③放大电路的共模抑制大。

提供芯片：74LS741。

（2）采样/保持

功能要求：对模拟信号进行采样和保持。提供芯片：LF398。

参考电路：参考电路如图 3-10-5 所示。

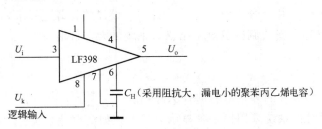

图 3-10-5　采样/保持参考电路

$U_k =$ "1" 时，LF398 芯片进行采样，输出 U_o 等于输入 U_i。

$U_k =$ "0" 时，LF398 芯片利用电容 C_H 进行保持，输出 U_o 保持不变，与输入 U_i 无关。

（3）采样/保持控制器

功能要求：产生一个对峰值采样的控制信号（即 U_k），通过控制信号控制对峰值的采样。当前值小于原峰值时，$U_k =$ "0"；当前值大于原峰值时，$U_k =$ "1"。

电路设计提示：可采用电压比较器实现此功能。

提供芯片：μA741。

（4）数字显示电路

总体功能要求：对保持的峰值进行 A/D 转换，并将转换的结果译码显示，显示范围为0～1999。

A/D 转换器：选用 $3\frac{1}{2}$ 位 A/D 转换芯片 MC14433 实现 A/D 转换功能。

译码电路：采用 CD4511 芯片实现此功能。

显示电路：显示方案有两种，静态显示方案和动态显示方案。静态显示方案是指当显示器显示一个字符时，相应的发光二极管恒定地处于导通或截止状态；动态显示方案是指一位一位地点亮各位显示器，对每一位来讲每段时间点亮一次，若转换周期足够短，则人眼看不出各位显示器是轮流点亮。

（5）数字锁存控制器

功能要求：保证经 A/D 转换后的峰值数字量被锁存在 A/D 转换芯片的输出锁存器里。该锁存电路利用 MC14433 芯片的 DU 端的高电平对峰值数字量进行锁存，提供芯片为 74LS121，参考电路如图 3-10-6 所示。

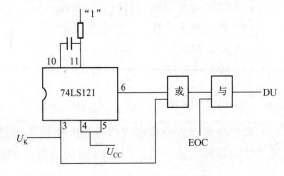

图 3-10-6　锁存控制参考电路

四、预习要求

通过预习了解常用的单稳态触发电路，译码显示电路，A/D 电路的设计方法。

五、报告要求

实验报告应该由以下几部分组成：设计的目的，设计的任务与要求，设计框图，逻辑电路图，系统的功能描述，安装调试及测试结果，系统的元器件清单。

六、思考题

（1）LF398 芯片引脚 6 的外接电容起什么作用？

（2）如果你所设计的系统采用另一种显示方案，该如何设计系统？

3.10.3 数字频率计的设计

一、设计目的

（1）掌握数字频率计测量频率的基本原理。

（2）掌握数字频率计的设计与调试方法。

（3）通过设计 4 位十进制的数字频率计，掌握较复杂的数字系统的设计方法。

二、设计任务与要求

1. 设计任务

采用中小规模芯片设计数字频率计，并搭建调试实验电路。

2. 设计要求

数字频率计是用来测量正弦波、矩形波三角波等周期性信号频率的仪器，其测量结果直接用十进制数字显示。该数字频率计要求具有以下功能。

（1）频率测量范围：1Hz～10kHz；

（2）数字显示位数：4 位数字显示；

（3）测量时间：$t \leqslant 1.5s$；

（4）被测信号幅度：$U_{sm} = 0.5～5V$。

三、设计原理

数字频率器首先将输入信号放大整形为同频率的方波信号，然后利用计数器计算 1s 内流入计数器的方波个数，即可得到输入信号的频率，其各波形时序和总体结构如图 3-10-7 和图 3-10-8 所示。

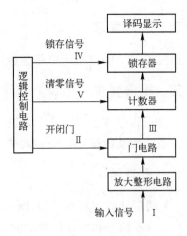

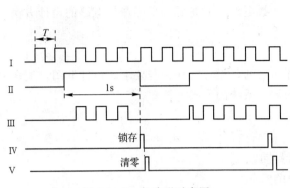

图 3-10-7　各波形时序图　　　　图 3-10-8　数字频率计总体结构图

1. 放大整形电路

功能要求：将输入的周期性信号放大整形为同频率的方波信号，便于计数器计数。

设计方案：可采用电压比较器、施密特触发器、555 定时器实现此功能。

2. 门电路

功能要求：该电路能允许输入信号在一定时间内通过。

设计方案：利用与门实现。

3. 计数器

功能要求：对一定时间段内的方波信号进行计数，根据设计要求，该计数器的计数范围为 0～9999。

设计方案：采用 4 个十进制计数器构成。

4. 锁存器

功能要求：对计数结果进行锁存，以便稳定地显示。

设计方案：采用锁存芯片实现此功能。

5. 译码显示

功能要求：对锁存结果进行译码显示。

设计方案：采用译码芯片和 LED 数码管实现此功能。

6. 逻辑控制电路

功能要求：产生高电平延续时间为 1s 的时基信号（Ⅱ）控制门电路的开、闭；计数周期结束后利用时基信号的下降沿触发锁存信号（Ⅳ），以确保译码显示模块稳定的显示信号频率；锁存完毕后利用锁存信号的下降沿触发清零信号（Ⅴ），以便计数器重新开始计数。

设计方案：可采用 555 定时器和单稳态触发器实现此功能。

四、预习要求

通过预习了解常用的单稳态触发电路，计数电路，时基脉冲信号产生电路的设计方法。

五、报告要求

实验报告应该由以下几部分组成：设计的目的，设计的任务与要求，设计框图，逻辑电路图，系统的功能描述，安装调试及测试结果，系统的元器件清单。

六、思考题

（1）同步计数方式与异步计数方式有何异同？
（2）清零信号和锁存信号的时序能否颠倒？

3.10.4 复印机逻辑控制电路的设计

一、设计目的

（1）掌握复印机逻辑控制电路的设计、组装和调试方法。
（2）进一步熟悉中小规模集成电路的综合应用。
（3）通过对复印机逻辑电路调试，完善设计，提高学生的动手能力和综合应用能力。

二、设计任务与要求

（1）设置复印数：通过键盘输入百位数、十位数和个位数。
（2）按动复印"RUN"运行键，开始复印。
（3）三位显示器显示复印剩余的数目，当减到"0"时，复印结束。

三、设计原理

本设计工作要求是通过键盘输入百位数、十位数和个位数，然后按动复印"RUN"运行键，开始复印。在复印的过程中，三位显示器显示复印剩余的数目。当减到"0"时，复印结束，显示器清零。总体流程如图 3-10-9 所示。

在这个过程中，有这样几点要特别注意。

（1）键盘输入。要求自己设计一个键盘输入电路，使输出信号稳定、完整，干扰振动不能算作一次输入信号。

（2）数码管显示电路与减法计数器电路类同，设计时注意与本设计不同之处。

（3）输入信号要求是可以用 10 个键输入，而显示电路要求是二进制输入，所以要设计十进制转化成二进制电路。

（4）为了将键盘输入信号稳定存储进寄存

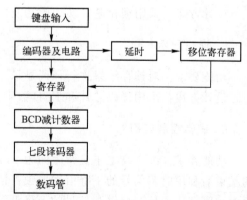

图 3-10-9　复印机逻辑控制电路框图

器中，所以需要设计一个延时电路，注意延时电路的时序关系。

（5）复位电路设计要与减法计数电路清零结合考虑。

四、预习要求

（1）复习减法计数器电路，掌握其工作原理。

（2）查清相应芯片资料。本设计中将使用 D 触发器、编码器、移位寄存器以及减法计数器。

（3）了解译码器电路及工作原理。

（4）了解十进制转成 BCD 码的电路及工作原理。

（5）了解延时电路设计方法及思路。

五、报告要求

（1）叙述复印机逻辑控制电路设计思想及设计过程。

（2）画出设计电路全图。

（3）系统调试过程（包括故障分析与解决方法）。

（4）实验心得体会。

六、思考题

（1）复位电路是怎样设计的？作必要的说明。

（2）为什么要封锁电路？如何实现电路的封锁。

（3）延时电路是怎样延时的？画出时序图。

（4）键盘电路是怎样设计的？有没有其他方法？

3.10.5　交通信号控制系统电路的设计

一、设计目的

（1）掌握交通信号控制系统电路的设计、组装及调试。

（2）进一步熟悉中小规模集成电路的综合应用，加深理解本课程的基本知识。

（3）通过交通信号控制系统电路的实验，提高综合运用知识的工程应用能力。

二、设计任务与要求

1. 设计任务

用中小规模集成电路设计并制作出交通信号控制电路。

2. 设计要求

十字交叉路口的交通信号控制系统平面布置如图 3-10-10 所示。

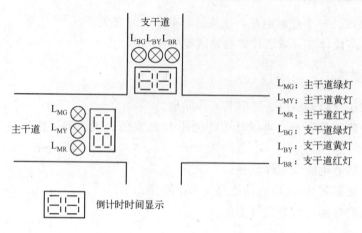

图 3-10-10　十字交叉路口平面图

（1）主干道和支干道各有红、黄、绿三色信号灯。信号灯正常工作时有 4 种可能状态，4 种状态如图 3-10-11 所示，且 4 种状态必须按图 3-10-11 所示的工作流程自动转换。

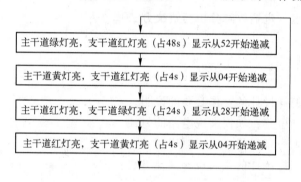

图 3-10-11　交通信号工作顺序及相应的数字显示流程图

（2）主干道车辆多，放行时间长，放行时间为 48s；支干道车辆少，放行时间短，放行时间为 24s。每次绿灯变红灯之前，要求黄灯亮 4s；此时，另一干道的红灯状态不变，黄灯为间歇闪烁。

（3）主干道和支干道均设有倒计时数字显示，作为时间提示，以便人们直观地把握时间。数字显示变化情况与信号灯状态是同步的，如图 3-10-11 所示。

三、设计原理

1. 交通信号控制电路的简介

为保证十字路口的安全畅通，大都采用自动控制的交通信号灯来指挥车辆的通行。红灯（R）亮，表示禁止通行；黄灯（Y）亮表示警示；绿灯（G）亮，表示允许通行。近年来，又增设了数字显示，作为时间提示，便于人们更直观地准确把握时间，以利于人车通行。

（1）时钟信号源：由 NE555 时基电路及定时器件组成，用于产生 1Hz 的时钟信号。

（2）分频器：由 2 片 74LS74 构成。第一级分频，由一片 74LS74 对 1Hz 的秒信号进行 4 分频，获得周期为 4s 的信号；第二级分频，由另一片 74LS74 对 4s 的信号进行 2 分频，获得周期为 8s 的信号。周期为 4s、8s 的信号分时送到主控制器的时钟信号输入端,用于控制信号灯处在不同状态的时间。

(3) 主控制器及信号灯的译码驱动电路。

① 主控制器:主控制器是由一片 74LS164 (MSI 8 位移位寄存器) 构成的十四进制扭环形计数器,是整个电路的核心。用于定时控制两个方向的红、黄、绿信号灯的亮与灭,以及数字显示控制电路的有序工作。

十四进制扭环形计数器的状态转换表如表 3-10-1 所示。令扭环形计数器中 $Q_5 Q_6$ 的四种状态 (00、01、10、11) 分别代表主干道和支干道交通灯的四种状态 (主干道绿灯亮、支干道红灯亮;主干道黄灯亮、支干道红灯亮;主干道红灯亮、支干道绿灯亮;主干道红灯亮、支干道黄灯亮),从而定时控制各色信号灯亮与灭及持续时间。

表 3-10-1　十四进制扭环形计数器的状态转换表

输入 CP 顺序	计数器的状态						
	Q_0	Q_1	Q_2	Q_3	Q_4	Q_5	Q_6
0	0	0	0	0	0	0	0
1	1	0	0	0	0	0	0
2	1	1	0	0	0	0	0
3	1	1	1	0	0	0	0
4	1	1	1	1	0	0	0
5	1	1	1	1	1	0	0
6	1	1	1	1	1	1	0
7	1	1	1	1	1	1	1
8	0	1	1	1	1	1	1
9	0	0	1	1	1	1	1
10	0	0	0	1	1	1	1
11	0	0	0	0	1	1	1
12	0	0	0	0	0	1	1
13	0	0	0	0	0	0	1
14	0	0	0	0	0	0	0

② 信号灯的译码驱动电路:由若干门电路组成,用于对主控制器中 $Q_5 Q_6$ 的四种状态进行译码,并直接驱动红、黄、绿三色信号灯。

③ 令灯亮为 "1",灯灭为 "0",则信号灯译码驱动电路的真值表如表 3-10-2 所示。

表 3-10-2　交通信号灯译码驱动电路的真值表

主控制器状态		主　干　道			支　干　道		
Q_5	Q_6	L_{MG}	L_{MY}	L_{MR}	L_{BG}	L_{BY}	L_{BR}
0	0	1	0	0	0	0	1
0	1	0	1	0	0	0	1
1	0	0	0	1	1	0	0
1	1	0	0	1	0	1	0

由于黄灯要间歇闪烁，所以将 L_{MY}、L_{BY} 要与 1s 时钟信号 CP 相"与"。

（4）数字显示控制电路：数字显示控制电路是由四片 74LS190 组成的两个减法计数器组成，用于倒计时数字显示控制。

当主干道绿灯亮、支干道红灯亮时，对应主干道的两片 74LS190 构成的五十二进制减法计数器工作。从数字"52"开始，每来一个秒脉冲减 1，当减到"0"时，主干道红灯亮，而支干道绿灯亮。同时，主干道的五十二进制减法计数器停止计数，支干道的两片 74LS190 构成的二十八进制减法计数器开始工作，从数字"28"开始，每来一个秒脉冲减 1。减法计数前的初值，是利用另一方面的黄灯信号对 74LS190 的 LD 端控制实现的。黄灯亮时，置入初值；黄灯灭，而红灯亮时开始减计数。

（5）显示电路部分：显示电路部分是由 2 片 74LS245、4 片 74LS48 集成芯片及 4 块 LED 七段数码管构成的，用于倒计时数字显示。

主干道、支干道的减法计数器是分时工作的，而任何时刻两方向的数字显示均为相同的数字。采用两片 74LS5245（八总线三态接收/发送器）可以实现。当主干道减法计数器计数时，对应主干道的 74LS245 工作，将主干道计数器状态同时送两个方向的译码显示。反之，当支干道减法计数器计数时，对应支干道的 74LS245 工作。

2. 整机电路的工作过程

接通电源后，信号电路处于如图 3-10-11 所示的四种工作状态中的某一状态是随机的。可通过清零开关 S_1 置信号灯处在"主干道绿灯亮、支干道红灯亮"状态，数字显示为 52；此时，周期为 8s 的时基位号 CP_2 送到主控制器 74LS164 的 CP 端，经 6 个 CP 脉冲，即 48s 时间，信号灯自动转换到"主干道黄灯亮，支干道红灯亮"状态，数字显示经过 48s，减到 4；此时，周期为 4s 的时基信号 CP_1 送到，经过 1 个 CP 脉冲即 4s 时间，信号灯自动转换到"主干道红灯亮，支干道绿灯亮"状态：数字显示预置为 28；此时，周期为 4s 的时基信号 CP_1，继续送到 74LS164 的 CP 端，经 6 个 CP 脉冲即 24s 时间，信号灯自动转换到"主干道红灯亮，支干道黄灯亮"状态，数字显示经过 24，减到 4；此时，周期 4s 的时基信号 CP1 送到 74LS164 的 CP 端，经过 1 个 CP 脉冲即 4s 时间，信号灯转到"主干道绿灯亮、支干道红灯亮"状态，数字显示预置为 52，下一周期开始。由此可见，信号灯在四种状态之间自动转换，数字显示也随信号灯状态的变化而自动变化，即预置初值，每经 1s 减 1，状态变化时，再预置初值，每经 1s 减 1……

四、预习要求

（1）明确设计的目的和要求。

（2）分析理解整个电路系统的工作原理。

（3）画出整个电路系统的配线图。

（4）设计并画出功能扩展部分的电路。

五、报告要求

（1）写出各部分电路的工作原理及功能分析。

（2）画出逻辑电路原理详图、电路配线图。

（3）根据需要，画出相应电路的时序图、状态转换表或状态转换图等。

（4）整理实验结果，进行故障分析。

（5）写出故障分析及制作体会。

六、思考题

上述要求的设计只实现了交通信号灯的自动控制，功能不全面，请学生开动脑筋，发挥自己的创造力，扩展其功能。

扩展功能要求具备以下几点。

① 手动控制：在某些特殊情况下，往往要求信号灯处在某一特定状态，所以要增加手动控制功能。

② 夜间控制：夜间车辆少，为节约能源，保障安全，要求信号灯在夜间只有黄灯闪烁，并关闭数字显示。

③ 改变主干道、支干道放行时间：主干道放行时间 60s，支干道放行时间 30s，黄灯亮 5s。

第四篇 EDA 技术应用

实验一 1 位全加器原理图输入设计

一、实验目的

学习 Quartus Ⅱ 原理图输入设计方法和步骤，掌握应用 EL-SOPC4000 实验系统，将设计项目编程下载到可编程器件，并进行硬件测试，验证设计的正确性。

二、实验原理

1 位全加器可以用两个半加器及一个或门连接而成，因此需首先完成半加器的设计。

（1）半加器原理图设计

半加器只考虑了两个加数（a、b）本身，而没有考虑由低位来的进位，所以称为"半加"，输出 so 表示和数，co 表示进位数。

一位半加器的加法运算可用真值表 4-1-1 来表示。

表 4-1-1 半加器的真值表

被加数 a	加数 b	和数 so	进位数 co
0	0	0	0
0	1	1	0
1	0	1	0
1	1	0	1

由真值表得逻辑表示式为：

$$\begin{cases} so = \bar{a}b + a\bar{b} = a \oplus b \\ co = ab \end{cases}$$

由逻辑表达式可画出半加器原理图。

（2）全加器原理图设计

全加器进行被加数（ain）、加数（bin）和由低位来的进位（cin）三者相加，得出求和结果（sum），并给出该位的进位信号（cout）。

一位全加器的加法运算可用真值表 4-1-2 来表示。

表 4-1-2　全加器的真值表

被加数 ain	加数 bin	低位进位 cin	和数 sum	进位数 cout
0	0	0	0	0
0	0	1	1	0
0	1	0	1	0
0	1	1	0	1
1	0	0	1	0
1	0	1	0	1
1	1	0	0	1
1	1	1	1	1

由真值表得逻辑表示式为：

$$\begin{cases} sum=ain \oplus bin \oplus cin=（so）\oplus cin \\ cout=ain \cdot bin+ain \cdot cin+bin \cdot cin=\cdots \\ \qquad =ain \cdot bin+（ain \oplus bin）cin=（co）+（so）\cdot cin \end{cases}$$

由逻辑表达式可利用封装的半加器元件来画出全加器原理图。

三、实验内容

（1）利用 Quartus Ⅱ进行 1 位半加器的原理图输入设计。对其进行编辑、编译、综合、适配、仿真，并且进行元件封装入库。

（2）利用半加器元件进行 1 位全加器的原理图输入设计。对其进行编辑、编译、综合、适配、仿真，并进行引脚锁定以及硬件下载测试。

引脚锁定及硬件下载测试：功能选择位 M [3..0] 状态为 0001，即 16 位拨码 SW1～SW16 被选中输出到总线 D [15..0]。输入信号 ain、bin、cin 分别对应 SW1～SW3，输出信号 cout、sum 分别对应 IO1～IO2。

实验接线：IO1～IO2 用导线连接 L1～L2，LED 高电平点亮，改变拨码开关的状态，参照表 4-1-2，观察实验结果。

四、预习要求

（1）完成半加器和全加器的原理图设计。

（2）阅读附录 A，了解 EL-SOPC4000 实验系统的使用方法。

（3）阅读附录 B，掌握 Quartus Ⅱ设计与实验方法。

五、报告要求

实验报告包括：实验原理、过程、仿真波形以及硬件测试结果。

六、思考题

在实验一的启发下，如何用原理图输入设计法实现 4 位全加器？

实验二　组合逻辑 3-8 译码器的设计

一、实验目的

设计并实现一个 3-8 译码器；了解 VHDL 设计技术。

二、实验原理

（1）译码器设计

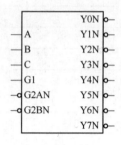

图 4-2-1　3-8 译码器逻辑符号

常用的译码器有：2-4 译码器、3-8 译码器、4-16 译码器，下面使用一个 3-8 译码器的设计来介绍译码器的设计方法。

3-8 译码器逻辑符号如图 4-2-1 所示，其真值表如表 4-2-1 所示。

表 4-2-1　3-8 译码器真值表

输　　入						输　　出							
G1	G2A	G2B	A	B	C	YON	YIN	Y2N	Y3N	Y4N	Y5N	Y6N	Y7N
0	×	×	×	×	×	1	1	1	1	1	1	1	1
1	0	0	0	0	0	0	1	1	1	1	1	1	1
1	0	0	0	0	1	1	0	1	1	1	1	1	1
1	0	0	0	1	0	1	1	0	1	1	1	1	1
1	0	0	0	1	1	1	1	1	0	1	1	1	1
1	0	0	1	0	0	1	1	1	1	0	1	1	1
1	0	0	1	0	1	1	1	1	1	1	0	1	1
1	0	0	1	1	0	1	1	1	1	1	1	0	1
1	0	0	1	1	1	1	1	1	1	1	1	1	0

（2）VHDL 程序基本结构

库（Library）、实体（Entity）、结构体（Architecture），具体参见附录 B。

三、实验内容

（1）对例 4-2-1 中 2-4 译码器的 VHDL 设计，说明例中各语句的作用，并详细描述示例的功能特点。

（2）在例 4-2-1 的基础上进行修改，完成 3-8 译码器的 VHDL 设计，在 Quartus Ⅱ 上进行编辑、编译、综合、适配、时序仿真、引脚锁定及硬件下载测试。

引脚锁定及硬件下载测试：功能选择位 M [3..0] 状态为 0001，即 16 位拨码 SW1～SW16 被选中输出到总线 D [15..0]。输入信号 A、B、C、G1、G2A、G2B 分别对应 SW1～SW6，其中 A、B、C 代表三路数据输入，G1、G2A、G2B 代表使能控制端；输出信号 Y0～Y7 对应 IO9～IO16，代表 8 路译码数据输出。

实验接线：IO9～IO16 用导线连接 L1～L8，LED 高电平点亮，改变拨码开关的状态，参照表 4-2-1，观察实验结果。

四、预习要求

（1）阅读附录 B，掌握 VHDL 基本设计。

（2）理解译码器设计原理。

（3）完成实验内容（1）、（2）的 VHDL 源程序的编写，并逐行加以注释。

（4）理解译码器使能控制端、地址输入端和译码输出端的关系。

五、报告要求

（1）实验报告包括：实验原理、程序设计、软件编译、仿真波形和分析结果、锁定的引脚号，以及硬件测试结果。

（2）对 VHDL 源程序进行必要的注释。

（3）完成思考题。

六、思考题

（1）用 VHDL 语言进行电路设计，文本文件存盘时，应注意哪些问题？

（2）讨论语句"WHEN OTHERS＝＞Y＜＝"XXXX"的作用。如果删除该语句，会产生什么错误？

七、参考程序

【例 4-2-1】

```
LIBRARY IEEE；
USE IEEE. STD _ LOGIC _ 1164. ALL；
ENTITY decoder2 _ 4 IS
    PORT (A，B，E： IN   STD _ LOGIC；
        Y：OUT STD _ LOGIC _ VECTOR (3 DOWNTO 0)；
        M ：OUT STD _ LOGIC _ VECTOR (3 DOWNTO 0))；
END decoder2 _ 4；
ARCHITECTURE fun OF decoder2 _ 4 IS
    SIGNAL indata：STD _ LOGIC _ VECTOR (1 DOWNTO 0)；
BEGIN
    M＜=" 0001"；
    indata ＜＝B&A；
encoder：
    PROCESS (indata，E)
    BEGIN
        IF (E='0') THEN
            CASE indata IS
                WHEN " 00" =>Y<=" 1110"；
                WHEN " 01" =>Y<=" 1101"；
```

```
            WHEN " 10"  =>Y<=" 1011";
            WHEN " 11"  =>Y<=" 0111";
            WHEN OTHERS=>Y<=" XXXX";
        END CASE;
    ELSE
        Y<=" 1111";
    END IF;
END PROCESS encoder;
END fun;
```

实验三　　7 段数码显示译码器设计

一、实验目的

学习 7 段数码显示译码器设计，要求在时钟信号的控制下，使 8 位数码管动态刷新显示 O~F；了解 VHDL 设计技术。

二、实验原理

（1）共阴极数码管及其电路原理

7 段数码是纯组合电路，通常的小规模专用 IC，如 74 或 4000 系列的器件只能作十进制 BCD 码译码，然而数字系统中的数据处理和运算都是二进制的，所以输出表达都是十六进制的，为了满足十六进制数的译码显示，最方便的方法就是利用 VHDL 译码程序在 FPGA 或 CPLD 中实现。本项实验很容易实现这一目的，但为了简化过程，首先完成 7 段 BCD 码译码器的设计。例 4-3-2 作为 7 段 BCD 码译码器的设计，输出信号 LED7S 的 7 位分别接如图 4-3-1 所示数码管的 7 个段，高位在左，低位在右。例如当 LED7S 输出为"1101101"时，数码管的 7 个段：g，f，e，d，c，b，a 分别接 1，1，0，1，1，0，1，接有高电平的段发亮，于是数码管显示"5"。

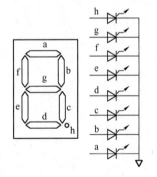

图 4-3-1　共阴数码管及其电路

（2）VHDL 程序基本结构

库（Library）、实体（Entity）、结构体（Architecture），具体参见附录 B。

三、实验内容

（1）对例 4-3-2 中"十进制 BCD 码" 7 段数码显示译码器的 VHDL 设计，说明例中各语句的作用，并详细描述示例的功能特点。

（2）在例 4-3-2 的基础上进行修改，完成"十六进制" 7 段数码显示译码器的 VHDL 设计，在 Quartus Ⅱ上进行编辑、编译、综合、适配、时序仿真，引脚锁定及硬件下载测试。

引脚锁定及硬件下载测试：功能选择位 M［3..0］状态均为 0010，左端 8 个数码管，低 8 位为 7 位段总加小数点选取位, 高 8 位为 8 个数码管 com 端选取, 即若要选取数码管 0, 则发送总线值为 1111 1110 1111 1111, 若要选取数码管 1, 则发送总线值为 1111 1101 1111 1111, 此时所选数码管 7 段和 DP 位将全部亮。CP 对应 IO3; SEGOUT、SELOUT 分别对应数据总线的低 8 位与高 8 位; NUMOUT 对应 IO9～IO12。

实验接线: 用导线连接 IO3 与 ADJ _ CLK, 调整拨码开关 SW17～SW20, 使输出频率为 5MHz; 用导线将 IO9～IO12 连到 L1～L4。

四、预习要求

(1) 阅读附录 B, 掌握 VHDL 的基本设计方法。
(2) 理解 7 段数码显示译码器设计原理。
(3) 完成十进制 BCD 码、十六进制 7 段译码器的 VHDL 源程序的编写, 并逐行加以注释。
(4) 理解数码显示与输入 (A)、输出 (LED7S) 的关系。

五、报告要求

(1) 实验报告包括: 实验原理、程序设计、软件编译、仿真波形和分析结果、锁定的引脚号, 以及硬件测试结果。
(2) 对 VHDL 源程序进行必要的注释。
(3) 完成思考题。

六、思考题

(1) 用 VHDL 语言进行电路设计, 文本文件存盘时, 应注意哪些问题?
(2) 讨论语句 "WHEN OTHERS=＞NULL" 的作用。如果删除该语句, 会产生什么错误?

七、参考程序

扫描频率超过眼睛的视觉暂留频率 24Hz 以上就可以达到点亮单个显示, 却能享有 6 个同时显示的视觉效果, 而且显示也不闪烁。当输入频率为 5MHz 时, 通过加法计数器来产生一个约 300Hz 的信号, 并且由它来产生位选信号, 参考程序段见例 4-3-1。

【例 4-3-1】

```
PROCESS (CP)              ——计数器计数
Begin
    IF CP 'Event AND CP= '1 'then
        Q <=Q+1;
    END IF;
END PROCESS;
NUM <=Q (24 DOWNTO 21);          ——about 1 Hz
S <=Q (15 DOWNTO 13);            ——about 300 Hz
                                 ——扫描信号
SEL <=" 000" WHEN S=0 ELSE
```

```
                    " 001" WHEN S=1 ELSE
                    " 010" WHEN S=2 ELSE
                    " 011" WHEN S=3 ELSE
                    " 100" WHEN S=4 ELSE
                    " 101" WHEN S=5 ELSE
                    " 111111";
```

由计数器 Q 引出到 S 信号，若时钟信号为 5MHz 时，Q13 得到的信号频率约 300Hz，再将它分给扫描信号，最后每个显示器扫描信号频率为：$300/6=50Hz>24Hz$，所以不会有闪烁情形产生。

【例 4-3-2】

```
        LIBRARY IEEE ;
        USE IEEE. STD _ LOGIC _ 1164. ALL ;
        ENTITY DECL7S IS
            PORT ( A : IN STD _ LOGIC _ VECTOR (3 DOWNTO 0);
                   LED7S : OUT STD _ LOGIC _ VECTOR (6 DOWNTO 0);
                   M: OUT STD _ LOGIC _ VECTOR (3DOWNTOO));
        END DECL7S ;
    ARCHITECTURE one OF DECL7S IS
        BEGIN
        M<=" 0010";
        PROCESS ( A )
          BEGIN
          CASE A IS
              WHEN " 0000" => LED7S <= " 0111111" ;
              WHEN " 0001" => LED7S <= " 0000110" ;
              WHEN " 0010" => LED7S <= " 1011011" ;
              WHEN " 0011" => LED7S <= " 1001111" ;
              WHEN " 0100" => LED7S <= " 1100110" ;
              WHEN " 0101" => LED7S <= " 1101101" ;
              WHEN " 0110" => LED7S <= " 1111101" ;
              WHEN " 0111" => LED7S <= " 0000111" ;
              WHEN " 1000" => LED7S <= " 1111111" ;
              WHEN " 1001" => LED7S <= " 1101111" ;
              WHEN OTHERS => NULL ;
          END CASE ;
        END PROCESS ;
    END one;
```

实验四   4 位加法计数器设计

一、实验目的

学习时序逻辑电路的设计、仿真和硬件测试；加深理解 VHDL 设计技术。

二、实验原理

图 4-4-1 是一个含计数使能、异步复位和计数值并行预置功能的 4 位加法计数器,其 VHDL 描述参见例 4-4-1。由图 4-4-1 所示,图中间是 4 位锁存器(即 D 触发器);RST 是异步清零信号,高电平有效;CLK 是时钟触发;D [3:0] 是 4 位数据输入端;PST 是同步并行预置信号,高电平有效,置数值为 Data [3:0];Outy [3:0] 是计数值输出;Cout 是计数溢出信号。

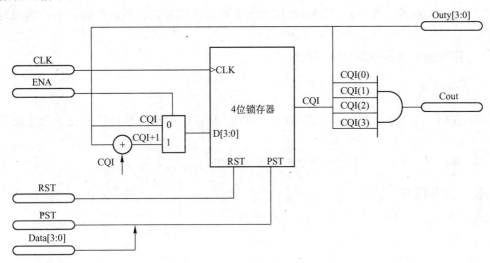

图 4-4-1 含计数使能、异步复位和计数值并行预置功能的 4 位加法计数器

① RST 为异步清零信号,高电平有效,一旦 RST＝1,4 位锁存器输出状态复位为 "0000"。

② ENA 为同步计数使能信号,当 CLK 为上升沿时:

● 当 ENA＝"1"时,加法计数,CQI＝CQI＋1;

● 当 ENA＝"0"时,保持原数,CQI＝CQI。

③ PST 为同步并行预置信号,当 CLK 为上升沿时:

当 PST＝"1"时,进行并行预置,4 位锁存器输出状态预置为 Data [3:0]。

三、实验内容

(1)对例 4-4-1 是含计数使能、异步复位和计数值并行预置功能的 4 位加法计数器的 VHDL 设计,说明例中各语句的作用,并详细描述示例的功能特点。

(2)在例 4-4-1 的基础上进行修改,完成含异步清零和同步时钟使能功能的十进制数加法计数器的 VHDL 设计,在 QuartusⅡ上对其进行编辑、编译、综合、适配、时序仿真、引脚锁定以及硬件下载,并且进行元件封装入库。

引脚锁定及硬件下载测试:功能选择位 M [3..0] 状态为 0001,即 16 位拨码 SW1～SW16 被选中输出到总线 D [15..0],用 SW1(D0)控制 ENA;用 SW2(D1)控制 RST;Outy 是计数输出,对应 IO12～IO9(用导线连接 L1～L4,高位靠左),计数溢出 Cout 对应 IO13,(用导线连接 L5);时钟 CLK 对应 IO3,用导线将 ADJ＿CLK 与 IO3 相连,调节拨码 SW17～SW20 使输出 1Hz 信号。引脚锁定后进行重新编译、下载和硬件测试实验。

四、预习要求

（1）阅读附录 B，掌握时序逻辑电路的 VHDL 设计。

（2）完成实验内容（1）、（2）的 VHDL 源程序的编写，并逐行加以注释。

五、报告要求

（1）将实验原理、设计过程、编译仿真波形和分析结果，以及硬件测试实验结果写进实验报告。

（2）附加实验内容的 VHDL 设计。

六、思考题

（1）在例 4-4-1 中是否可以不定义信号 CQI，而直接用输出端口信号完成加法运算，即 "OUTY $<=$ OUTY $+$ 1"？

（2）修改例 4-4-1，用进程实现进位信号的检出。

七、参考程序

【例 4-4-1】

```
LIBRARY IEEE;
USE IEEE. STD _ LOGIC _ 1164. ALL;
USE IEEE. STD _ LOGIC _ UNSIGNED. ALL;
ENTITY CNT4B IS
PORT (CLK : IN STD _ LOGIC;
RST : IN STD _ LOGIC;
ENA : IN STD _ LOGIC;
PST : IN STD _ LOGIC;
        DATA : IN STD _ LOGIC _ VECTOR (3 DOWNTO 0);
        OUTY : OUT STD _ LOGIC _ VECTOR (3 DOWNTO 0);
        COUT : OUT STD _ LOGIC;
M : OUT STD _ LOGIC _ VECTOR (3 DOWNTO 0)
);
    END CNT4B;
ARCHITECTURE behav OF CNT4B IS
    SIGNAL CQI : STD _ LOGIC _ VECTOR (3 DOWNTO 0);
BEGIN
M<=" 0001";
P _ REG: PROCESS (CLK, RST, ENA, PST)
    BEGIN
        IF RST='1 'THEN    CQI <=" 0000";
        ELSIF CLK 'EVENT AND CLK='1 'THEN
```

```
                IF PST='1'THEN   CQI<=DATA;
                ELSIF ENA='1'THEN   CQI<=CQI+1;
                ELSE   CQI<=CQI;
                END IF;
            END IF;
        OUTY<=CQI;
            END PROCESS P_REG;
        COUT<=CQI（0）AND CQI（1）AND CQI（2）AND CQI（3）;——进位输出
    END   behav;
```

实验五　简易交通信号灯控制电路设计

一、实验目的

(1) 了解交通灯的亮灭规律。

(2) 了解交通灯控制器的工作原理。

(3) 熟悉 VHDL 语言编程，了解实际设计中的优化方案。

二、实验原理

交通灯的显示有很多方式，如十字路口、丁字路口等，而对于同一个路口又有很多不同的显示要求，比如十字路口，车子如果只要东西和南北方向通行就很简单，而如果车子可以左右转弯通行就比较复杂，本实验仅针对最简单的南北和东西直行的情况。

要完成本实验，首先必须了解交通灯的亮灭规律。本实验需要用到实验箱上交通灯模块中的发光二极管，即红、黄、绿各三个。依照交通法规，"红灯停，绿灯行，黄灯提醒"。其交通灯的亮灭规律为：初始态是两个路口的红灯全亮，之后东西路口的绿灯亮，南北路口的红灯亮，东西方向通车，延时一段时间后，东西路口绿灯灭，黄灯开始闪烁。黄灯闪烁若干次后，东西路口红灯亮，而同时南北路口的绿灯亮，南北方向开始通车，延时一段时间后，南北路口的绿灯灭，黄灯开始闪烁。黄灯闪烁若干次后，再切换到东西路口方向，重复上述过程。

三、实验内容

本实验要设计一个简单的交通灯控制器，交通灯显示用实验箱的交通灯模块来显示。系统时钟选择时钟模块的 1Hz 时钟，黄灯闪烁时钟要求为 1Hz，红灯 15s，黄灯 5s，绿灯15s。系统中用 CPU 板上的复位按键进行复位。

实验接线：CLK_1，即对应 IO3（用导线连接 IO3 与 ADJ_CLK，调整 SW17～SW20，使输出频率为 1Hz）。

四、预习要求

(1) 认真阅读实验原理，掌握交通灯控制器的工作原理。

(2) 编写 VHDL 程序，并加以注释。

五、报告要求

给出设计的完整实验报告：实验原理、交通灯控制器的设计过程、编译仿真波形和硬件测试结果。

实验六　多功能数字电子钟设计

一、设计要求

(1) 具有时、分、秒计数显示功能，以 24 小时循环计时。

(2) 具有清零，调节小时、分钟功能。

(3) 具有整点报时功能，整点报时的同时 LED 灯花样显示。

二、实验目的

(1) 掌握多位计数器相连的设计方法。

(2) 掌握十进制、六进制、二十四进制计数器的设计方法。

(3) 继续巩固多位共阴极扫描显示数码管的驱动及编码。

(4) 掌握扬声器的驱动。

(5) LED 灯的花样显示。

(6) 掌握 EPLD 技术的层次化设计方法。

三、实验原理

(1) 时钟计数：秒——六十进制 BCD 码计数；

　　　　　　　分——六十进制 BCD 码计数；

　　　　　　　时——二十四进制 BCD 码计数。

整个计数器有清零、调分、调时功能，在接近整数时间能提供报时信号。

(2) 具有驱动 8 位八段共阴极扫描数码管的片选驱动信号输出和八段字形译码输出，编码和扫描部分可参照前面的实验。

(3) 扬声器在整点时有报时驱动信号产生。

(4) LED 灯在整点时有花样显示信号产生。

四、实验内容

(1) 根据电路持点，可在教师指导下用层次设计概念，将此设计任务分成若干模块，规定每一个模块的功能和各模块之间的接口，让几个学生分别做和调试其中之一模块，然后再将各模块合起来联合测试，以培养学生之间的合作精神，同时加深层次化设计概念。

(2) 了解软件的元件管理深层含义，以及模块元件之间的连接概念。了解如何融合不同目录下的统一设计。

模块说明：各种进制的计数及时钟控制模块（十进制、六进制、二十四进制）；扫描分时显示，译码模块；彩灯、扬声器编码模块；各模块均由 VHDL 语言编写，连接示意图如

图 4-6-1 所示。

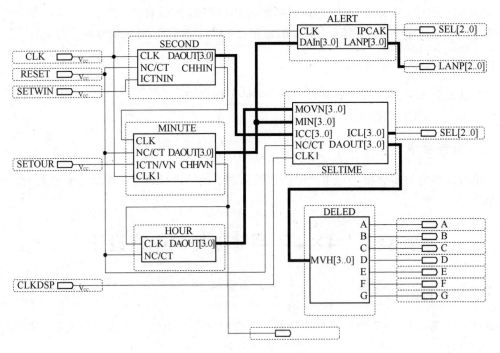

图 4-6-1　数字钟各模块连接示意图

五、实验连线

输入接口：

（1）代表清零、调时、调分信号 RESET、SETHOUR、SETMIN 的引脚已经分别连接按键开关。

（2）代表计数时钟信号 CLK 和扫描时钟信号 CKDSP 的引脚分别已经同 1Hz 时钟源和 32Hz（或更高）时钟源相连。

（3）Reset 键为低电平复位，已经接上。

输出接口：

（1）代表扫描显示的驱动信号引脚 SCAN2、SCAN1、SCAN0 已经接到实验箱上的 SCAN0～SCAN2，A～G 接 8 位数码管显示模块的 A～G。

（2）代表花样 LED 灯显示的信号引脚 LAMP0～LAMP2 已经同 3 个 LED 灯相连。代表到时 LED 灯闪烁提示的 ENHOUR 接 LED 灯。

SETHOUR、SETMIN 分别对应 CPU 板上的 PB0、PB1（有些 CPU 板对应的标识是 SW1、SW2）、RESET 对应 CPU 板上的 RESET、CLKDSP 对应 CPU 板上的 50MHz 固定晶振输入、LAMP 对应 IO9～IO11、CLK，对应 IO3。

功能选择位 M [3..0] 状态为 0010，左端 8 个数码管，低 8 位为 7 位段加小数点选取位，高 8 位为 8 个数码管 com 端选取，即若要选取数码管 0，则发送总线值为 1111 1110 1111 1111，若要选取数码管 1，则发送总线值为 1111 1101 1111 1111，此时所选数码管七段和 DP 位将全部亮。

实验接线：用导线连接 IO3 与 ADJ ＿ CLK，调整 SW17～SW20，使输出频率为 1Hz；IO9～IO11 接到 L1～L3 上；IO5 接到蜂鸣器的 BUZZER 控制端口。

按下 PB0、PB1（有些 CPU 板对应的标识是 SW1、SW2）可以调整时、分。

六、预习要求

（1）认真阅读实验原理，掌握数字电子钟的工作原理。

（2）编写 VHDL 程序，并加以注释。

七、报告要求

给出设计的完整实验报告：实验原理、数字电子钟的设计过程、编译仿真波形和硬件测试结果。

实验七　　4×4 阵列键盘控制电路设计

一、实验目的

设计并实现一个 4×4 键盘接口控制器，含有时序产生电路、键盘扫描电路、弹跳消除电路、键盘译码电路、按键码存储电路、显示电路。要求：当按下某一键时，4 位 LED 上显示对应的键值。

二、实验内容

实验仪器中 4×4 矩阵键盘的电路原理图如图 4-7-1 所示。

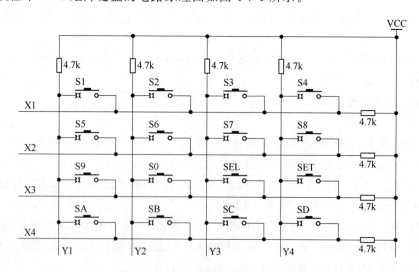

图 4-7-1　　4×4 矩阵键盘电路原理图

当 X1～X4 四条行选线中有其中一位为 0 时，读入 Y1～Y4 的四位行值。若 Y1～X4 输出为 0111，读入的 Y1～Y4 值为 0111，则对应按下的键为 S1；当读入的 Y1～Y4 值为 1111

时，则说明没有按键按下。X1～X4 为扫描信号，程序中我们用 SEL［3..0］表示；Y1～Y4 为键值读取信号，程序中我们用 KEYIN［3..0］表示。

扫描信号为 SEL［3..1］，当 SEL1 为"0"，其他位为"1"时，我们按下第一排第一键，此时 KEYIN0 输出"0"，KEYIN1～KEYIN3 输出全为"1"，按下第二排第二键时，KEYIN1 输出"0"，其他输出"1"；当 SEL2 为"0"，其他位为"1"时，我们按下第一排第二键，此时 KEYIN0 输出"0"，KEYIN1～KEYIN3 输出全为"1"，其他键以此类推。

键盘上的每个按键就是一个开关，当某键被按下时，该按键的接点会呈现"0"状态，反之为"1"。扫描信号为 SEL［3..0］输出到键盘，所以第一次只能扫描一排，依此周而复始。按键位置与数码的关系如表 4-7-1 所示。

若从 KEYIN［3..0］输出的皆为"1"时，表示没有按键按下，代表该列没有按键按下，则不进行按键编码的操作，反之，如果有按键按下时，则应将 KEYIN［3..0］读出的值送到译码电路进行编码。

表 4-7-1　按键位置与键值对应关系

SEL3～SEL0	KEYIN3～KEYIN0	对应的按键
1110	1110	1
	1101	2
	1011	3
	0111	A
1101	1110	4
	1101	5
	1011	6
	0111	B
1011	1110	7
	1101	8
	1011	9
	0111	C
0111	1110	*
	1101	0
	1011	#
	0111	D

仅靠矩阵键盘是无法正确地完成输入工作的，另外还需搭配以下几个电路模块。

（1）时钟产生电路

当一个系统中使用不同操作频率的脉冲波形时，最方便的方法就是利用一个自由计数器来产生各种频率。本电路中就使用三种不同频率的工作脉冲波形。它们分别是系统时钟（它是系统内部所有时钟的提供者，频率最高）、弹跳消除取样信号、键盘扫描信号和七段显示器扫描信号。在很多的电路设计中，键盘扫描信号和七段显示器扫描信号可以使用相同的时钟信号，本设计也采用此方法。

具体做法如下。

- 先建立一个 N 位的计数器，N 的大小由电路的需求所定。N 的值越大，分频的次数就越多，但所占用的空间也越大。
- 若要得到一个脉冲波形信号，可以只取计数器中一个值，如果使用 CLK＜＝Q（4）语句，其值变化为 0-1-0-1-1……。
- 若要得到脉冲波形序列，可以取计数器中的几个值，如使用 CLK＜＝Q（4 DOWN-TO 3）语句，其值变化为 00-01-10-11-00-01……。

（2）键盘扫描电路

键盘扫描电路的作用是用来提供键盘扫描信号（表 4-7-1 中的 SEL3～SEL0）的电路，扫描信号的变化的顺序依次为 1110-1101-1011-0111-1110 的周而复始。扫描时依序分别扫描 4 列按键，当扫描信号为 1110 时，扫描 0 这一列按键……每扫描一列按键，就检查一次是否有按键按下，如果这排有按键按下，就马上停止扫描，立即进行按键编码动作，存储键码，如果没有按键按下，则继续扫描下一列。

（3）弹跳消除电路

因为按键大多是机械式开关结构的，在开关切换的瞬间会在接触点出现来回弹跳的现象，对于激活关闭一般电器并不会有何影响，但对于灵敏度较高的电路，却有可能产生误动作而出错。

弹跳现象产生的原因如图 4-7-2 所示。虽然只是按下按键一次然后放掉，然而实际产生的按键信号却不只跳动一次，经过取样的检查后将会造成误判，以为按键两次。

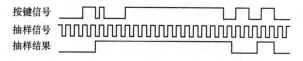

图 4-7-2　弹跳现象产生错误的抽样结果

如果调整抽样频率（见图 4-7-3），可以发现弹跳现象得到了改善。

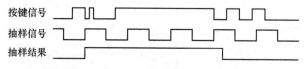

图 4-7-3　调整抽样频率后得到的抽样结果

因此，必须加上弹跳消除电路，避免误操作信号的发生。注意，弹跳消除电路所使用脉冲信号的频率必须比其他电路使用的脉冲信号的频率高；通常将扫描电路或 LED 显示电路的工作频率定在 24Hz 左右，两者的工作频率是通常的 4 倍或更高。

（4）键盘译码电路

上述键盘中的按键可分为数字键和功能键。

数字键主要用来输入数字，但从键盘参数表（见表 4-7-2）发现，键盘所产生的输出 KEYIN3～KEYIN0 无法拿来直接使用；另外不同的数字按键也担负不同的功能，因此必须由键盘译码电路来规划每个按键的输出形式，以便执行相应的动作。

表 4-7-2　键盘参数表

SEL3~SEL0	♯KEYIN3~KEYIN0	对应的按键	键盘译码输出
1110	0001	D	1101
	0010	C	1100
	0100	B	1011
	1000	A	1010
1101	0001	♯	1111
	0010	9	1001
	0100	6	0110
	1000	3	0011
1011	0001	0	0000
	0010	8	1000
	0100	5	0101
	1000	2	0010
0111	0001	*	1110
	0010	7	0111
	0100	4	0100
	1000	1	0001

参考键盘参数表，写出键盘译码电路的 VHDL 程序，针对有表可以对照的电路设计，使用 CASE-WHEN 或 WHNE-ELSE 语句完成设计。

译码电路负责的工作如下。

- 判别是否有按键按下。
- 若被按下的是数字键或字母键，则编码成相对应的十六进制编码。
- 若被按下的是数字键，除进行十六进制编码外，同时还编码成 BCD 码。
- 若按下是的功能键或其他按键，则编码成十六进制编码。

（5）按键码存储电路

因为每次扫描会产生新的按键数据，可能会覆盖前面的数据，所以需要一个按键存储电路，将整个键盘扫描完毕后记录下来。按键存储电路可以用移位寄存器构成，在这里对移位寄存器就不再介绍，请参阅前面相关实验。

矩阵键盘接口模块的引脚如图 4-7-4 所示。

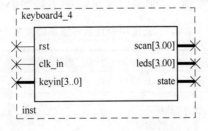

图 4-7-4　矩阵键盘接口模块的引脚

三、实验连线

功能选择位 M [3..0] 状态为 0101，即 4×4 键盘功能选取，此时 16 位数据总线只有最低的 8 位有效，其中高 4 位为键盘的 4 位行扫描输出，即 SCAN [3..0]；低 4 位为键盘的 4 位列查询输入，即 KEYIN [3..0]。

RST 即对应 CPU 板上的 RESET，CLK_IN 即对应 CPU 板上的 50MHz 晶振输入，50MHz 输入时钟经内部分频产生扫描时钟、LEDS0～LEDS3 分别对应 IO9～IO12，STATE 对应 IO16，将 IO9～IO12、IO16 用导线连接 L1～L5。L1～L4 将显示当前按键值。L5 为状态指示灯，当有按键按下时该灯灭。

四、预习要求

（1）认真阅读实验原理，掌握键盘控制的工作原理。
（2）编写 VHDL 程序，并加以注释。

五、报告要求

给出设计的完整实验报告：实验原理、键盘控制的设计过程、编译仿真波形和硬件测试结果。

实验八　乐曲硬件演奏电路设计

一、实验目的

（1）控制蜂鸣器演奏乐曲《梁祝》中的一段。
（2）了解一般乐曲演奏电路设计方法。
（3）进一步熟练掌握 EDA 技术，在乐曲演奏电路设计的基础上培养创新能力。

二、实验原理

组成乐曲的每个音符的发音频率值（音调）及其持续的时间（音长）是乐曲能够连续演奏所需的两个基本要素，设计演奏电路的关键就是获得这两个要素所对应的数值，以及通过纯硬件的手段来利用这些数值实现所希望乐曲的演奏效果。

（1）音调的控制。频率的高低决定音调的高低。简谱中的音名与频率的关系如表 4-8-1 所示。本实验采用 12MHz 作为基频，要演奏的歌曲《梁祝》，各音阶频率及分频比如表 4-8-2 所示。

表 4-8-1　简谱中的音名与频率的关系

音　　名	频率/Hz	音　　名	频率/Hz	音　　名	频率/Hz
低音 1	261.63	中音 1	532.25	高音 1	1046.50
低音 2	293.67	中音 2	587.33	高音 2	1174.66
低音 3	329.63	中音 3	659.25	高音 3	1318.51
低音 4	349.23	中音 4	698.46	高音 4	1396.92

续表

音名	频率/Hz	音名	频率/Hz	音名	频率/Hz
低音5	391.99	中音5	783.99	高音5	1567.98
低音6	440	中音6	880	高音6	1760
低音7	493.88	中音7	987.76	高音7	1975.52

表 4-8-2 音阶频率及分频比

音　名	分　频　比	预　制　数	音　名	分　频　比	预　制　数
低音3	9102	7281	中音2	5111	11272
低音5	7653	8730	中音3	4552	11831
低音6	6818	9565	中音5	3827	12556
低音7	6073	10310	中音6	3409	12974
低音1	5736	10647	高音1	2867	13516

（2）音长的控制。音符的持续时间要根据歌曲的速度及每个音符的节拍来确定。本实验演奏的《梁祝》片段，最短的为四分音符，如果将全音符的持续时间为 1s 的话，则只要提供一个 4Hz 的时钟频率即可产生四分音符的时长。

三、实验内容

本实验要设计《梁祝》乐曲演奏电路，按照自己的想法，编写 VHDL 程序。听蜂鸣器所发出的声音，是否满足要求，可按自己的思路加以完善。

程序中的 12MHz 和 4Hz 时钟都是通过 CPU 板上的 50MHz 固定时钟分频而得的；蜂鸣器的控制引脚对应 IO9。

实验接线：用导线连接 IO9 与 Buzzer 相连。

四、预习要求

（1）认真阅读实验原理，掌握乐曲演奏的工作原理。

（2）编写 VHDL 程序，并加以注释。

五、报告要求

给出设计的完整实验报告：实验原理、乐曲演奏电路的设计过程、编译仿真波形和硬件测试结果。

实验九　EDA 综合设计实验

4.9.1　数字锁设计

一、设计任务及要求

设计一个 8 位串行数字锁，并验证其操作。具体要求如下。

（1）开锁代码为8位二进制数，当输入代码的位数和值与锁内给定的密码一致，且按规定程序开锁时，方可开锁，并点亮开锁指示灯 LT。否则，系统进入"错误"状态，并发出报警信号。

（2）开锁程序由设计者确定，并要求锁内给定的密码是可调的，且预置方便，保密性好。

（3）串行数字锁的报警方式是点亮指示灯 LF，并使喇叭鸣叫来报警，直到按下复位开关，报警才停止。此时，数字锁又自动进入等待下一次开锁的状态。

总体框图如图 4-9-1 所示。

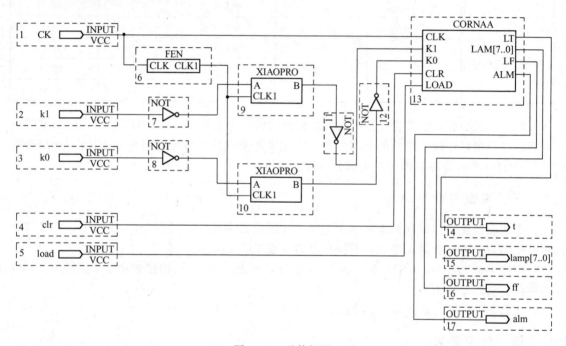

图 4-9-1　总体框图

二、设计说明与提示

数字锁即电子密码锁，锁内有若干密码，所用密码可由用户自己选定。数字锁有两类：一类是并行接收数据，称为并行锁；一类是串行接收数据，称为串行锁。如果输入代码与锁内密码一致，锁被打开；否则，应封闭开锁电路，并发出报警信号。

模块 FEN 如图 4-9-2 所示。此模块分频产生占空比为 1∶10000 的方波，用于消除抖动。

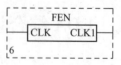

图 4-9-2　模块 FEN

```
library ieee;
use ieee. std _ logic _ 1164. all;
entity fen is
```

```
        port ( clk : in std _ logic;
                clk1: out std _ logic);
end fen;
architecture fen _ arc of fen is
begin
        process (clk)
        variable cnt: integer range 0 to 9999;
        begin
            if clk ' event and clk=' 1 ' then
                if cnt=9999 then
                    cnt: =0;
                    clk1<=' 1 ';
                else
                    cnt: =cnt+1;
                    clk1<=' 0 ';
                end if;
            end if;
        end process;
end fen _ arc;
```

模块 XIAOPRO 如图 4-9-3 所示，它是消抖同步模块。

图 4-9-3　模块 XIAOPRO

```
        library ieee;
        use ieee. std _ logic _ 1164. all;
        entity xiaopro is
            port (a, clk1: in std _ logic;
                b: out std _ logic);
        end xiaopro;
        architecture xiao _ arc of xiaopro is
        signal temp1: std _ logic;
        begin
            process (clk1, a)
            variable temp3, temp2: std _ logic;
            begin
                if clk1 ' event and clk1=' 0 ' then
                    temp1<=a;
temp2: =temp1;
temp3: =not temp2;
                end if;
                b<=temp1 and temp3 and clk1;
            end process;
        end xiao _ arc;
```

模块 CORNAA 如图 4-9-4 所示。该模块是整个程序的核心，它实现密码锁的逻辑功能。

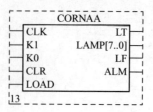

图 4-9-4　模块 CORNAA

```
library ieee;                              ——K1、K0 分别为代表 1 和 0 的按键开关
use ieee. std _ logic _ 1164. all;            ——LOAD 为设置密码的开关
entity cornaa is      ——LAMP 接发光二极管，用来显示已经输入密码的个数
port (clk，k1，k0，clr，load：in std _ logic；
        lt：inout std _ logic；                    ——CLR 用来消除报警信号和关锁
        lamp：out std _ logic _ vector (7 downto 0)；
        lf，alm：out std _ logic)；
    end cornaa；


architecture corn _ arc of cornaa is
signal shift，lock：std _ logic _ vector (7 downto 0)；
signal lam：std _ logic _ vector (7 downto 0)；
signal la：std _ logic；
begin
  process (clk，clr)
  begin
      if clr=' 0 ' then
          la<=' 0 ' ；
      elsif clk ' event and clk=' 1 ' then
        if load =' 0 ' then
            la<=' 1 ' ；
        end if；
      end if；
  end process；
  process (clk，clr)
  variable a：integer range 0 to 8；
  begin
    if clr=' 0 ' then
        lam<=" 00000000"；
        shift<=" 00000000"；
        a：=0；
        lt<=' 0 ' ；
        lf<=' 0 ' ；
        alm<=' 0 ' ；
    elsif clk ' event and clk=' 1 ' then
```

```
        if lt=' 0 ' then
            if a/=8 then
                if k1=' 0 ' then
                    shift<=' 1 ' &shift (7 downto 1);          ——输入一位密码"1"
                    lam<=' 1 ' &lam (7 downto 1);              ——显示输入了一位密码
                    a：=a+1;
                elsif k0=' 0 ' then
                    shift<=' 0 ' &shift (7 downto 1);          ——输入一位密码"0"
                    lam<=' 1 ' &lam (7 downto 1);
                    a：=a+1;
                end if;
            else
                a：=0;
                if shift=lock then                            ——密码正确
                    lt<=' 1 ';
                else                                          ——密码错误
                    lf<=' 1 ';
                    alm<=' 1 ';
                end if;
            end if;
        elsif la=' 1 ' then
            if k1=' 0 ' then
                lock<=' 1 ' &lock (7 downto 1);               ——设置一位密码"1"
                lam<=' 0 ' &lam (7 downto 1);                 ——显示设置了一位密码
            elsif k0=' 0 ' then
                lock<=' 0 ' &lock (7 downto 1);               ——设置一位密码"0"
                lam<=' 0 ' &lam (7 downto 1);
            end if;
        end if;
    end if;
end process;
lamp<=lam;
end corn _ arc;
```

三、实验报告要求

（1）分析数字锁的工作原理。

（2）画出顶层原理图。

（3）编写各功能模块的源程序。

（4）画出各仿真模块的波形。

（5）书写实验报告应结构合理，层次分明。

4.9.2 汽车尾灯的控制电路设计

一、设计任务及要求

用6只发光二极管模拟6盏汽车尾灯（汽车尾部左、右各3盏），用两个开关作为转弯控制信号（一个开关控制右转弯，另一个开关控制左转弯）。

要求：当汽车往前行驶时（此时两个开关都未接通），6盏灯全灭。当汽车转弯时，若右转弯（即右转开关接通），右边3盏尾灯从左至右顺序亮灭，左边3盏灯全灭；若左转弯（即左转开关接通），左边3盏尾灯从右至左顺序亮灭，右边3盏灯全灭。当左、右两个开关同时接通时，6盏尾灯同时明、暗闪烁。

总体框图如图4-9-5所示。

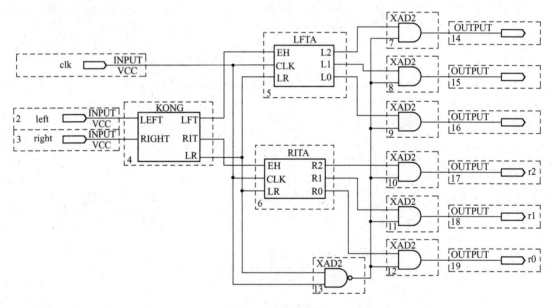

图 4-9-5　总体框图

二、设计说明与提示

模块 KONG 如图4-9-6所示。此模块为整个程序的控制模块。当汽车左转时，LFT 信号有效；汽车右转时，RIT 信号有效；当左、右信号都有效时，LR 信号有效。

```
library ieee;
use ieee. std _ logic _ 1164. all;
entity kong is
    port (left, right: in std _ logic;
        lft, rit, lr: out std _ logic);
end kong;
architecture kong _ arc of kong is
begin
```

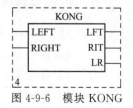

图 4-9-6　模块 KONG

```
process（left，right）
variable a：std_logic_vector（1 downto 0）；
begin
    a：＝left&right；
    case a is
        when " 00" ＝＞lft<='0'；
                    rit<='0'；
                    lr<='0'；
        when " 10" ＝＞lft<='1'；
                    rit<='0'；
                    lr<='0'；
        when " 01" ＝＞lft<='1'；
                    rit<='0'；
                    lr<='0'；
        when others＝＞lft<='1'；
                    rit<='1'；
                    lr<='1'；
    end case；
end process；
end kong_arc；
```

　　模块 LFTA 如图 4-9-7 所示。此模块的功能是当汽车左转时控制左边的 3 盏灯，当左右转信号有效时，输出为全"1"。

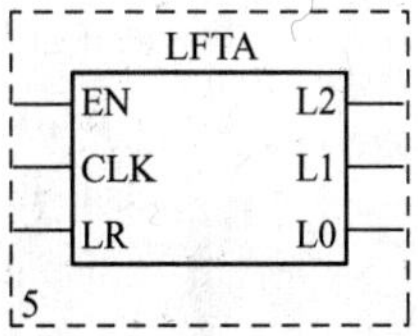

图 4-9-7　模块 LFTA

```
library ieee；
use ieee.std_logic_1164.all；
entity lfta is
    port（en，clk，lr：in std_logic；
        12，11，10：out std_logic）；
end lfta；
architecture lft_arc of lfta is
begin
    process（clk，en，lr）
    variable tmp：std_logic_vector（2 downto 0）；
    begin
        if lr='1' then
            tmp：＝" 111"；
        elsif en='0' then
            tmp：＝" 000"；
        elsif clk'event and clk='1' then
            if tmp=" 000" then
                tmp：＝" 001"；
            else
                tmp：＝tmp（1 downto 0）& '0'；
```

```
            end if;
          end if;
        l2<=tmp (2);
        l1<=tmp (1);
        l0<=tmp (0);
      end process;
    end lft_arc;
```

模块 RITA 如图 4-9-8 所示。此模块的功能是控制右边的 3 盏灯，与模块 LFTA 类似。

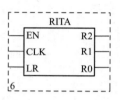

图 4-9-8　模块 RITA

```
      library ieee;
      use ieee. std_logic_1164. all;
      entity rita is
        port (en, clk, lr: in std_logic;
              r2, r1, r0: out std_logic);
      end rita;
      architecture rit_arc of rita is
      begin
        process (clk, en, lr)
        variable tmp: std_logic_vector (2 downto 0);
        begin
          if lr=' 1 ' then
            tmp: =" 111";
          elsif en=' 0 ' then
            tmp: =" 000";
          elsif clk ' event and clk=' 1 ' then
            if tmp=" 000" then
              tmp: =" 100";
            else
              tmp: =' 0 ' & tmp (2 downto 1);
            end if;
          end if;
          r2<=tmp (2);
          r1<=tmp (1);
          r0<=tmp (0);
        end process;
      end rit_arc;
```

三、实验报告要求

（1）分析汽车尾灯控制电路的工作原理。

（2）画出顶层原理图。

（3）编写各功能模块的源程序。

（4）画出各仿真模块的波形。

（5）书写实验报告应结构合理，层次分明。

4.9.3　自动售邮票的控制电路设计

一、设计任务及要求

用两个发光二极管分别模拟售出面值为 6 角和 8 角的邮票，购买者可以通过开关选择一种面值的邮票，灯亮时表示邮票售出。用开关分别模拟 1 角、5 角和 1 元的硬币投入，用发光二极管分别代表找回剩余的硬币。

要求：每次只能售出一枚邮票，当所投硬币达到或超过购买者所选面值时，售出一枚邮票，并找回剩余的硬币，回到初始状态；当所投硬币值不足面值时，可以通过一个复位键退回所投硬币，回到初始状态。

总体框图如图 4-9-9 所示。

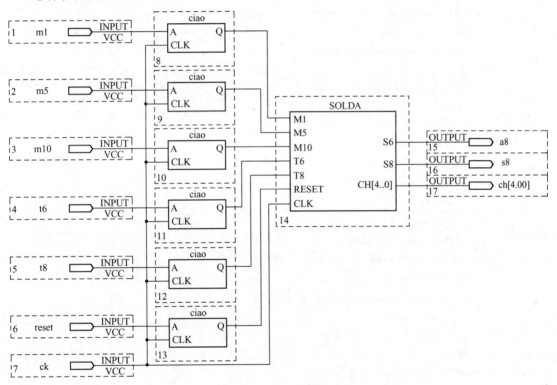

图 4-9-9　总体框图

二、设计说明与提示

模块 SOLDA 如图 4-9-10 所示。

SOLDA 模块实现出售邮票的逻辑功能。M1、M5、M10 分别表示投入 1 角、5 角、1 元钱，T6、T8 分别表示要购买 6 角、8 角的邮票，S6、S8 分别表示售出 6 角、8 角的邮票，CH 表示找回的钱。

library ieee；

图 4-9-10　模块 SOLDA

```
use ieee. std _ logic _ 1164. all；
use ieee. std _ logic _ unsigned. all；
entity solda is
   port （m1，m5，m10：in std _ logic；
       t6，t8：in std _ logic；
       reset：in std _ logic；
       clk：in std _ logic；
       s6，s8：out std _ logic；
       ch：out std _ logic _ vector （4 downto 0））；
end solda；
architecture sold _ arc of solda is
begin
   process （clk，m1，m5，m10，t6，t8，reset）
   variable money：std _ logic _ vector （4 downto 0）；
   variable a：std _ logic；
   variable cnt：integer range 0 to 60；
   begin
     if clk ' event and clk=' 1 ' then
       if a=' 1 ' then
         if m1=' 0 ' then
           money：=money+1；
         elsif m5=' 0 ' then
           money：=money+5；
         elsif m10=' 0 ' then
           money：=money+10；
         elsif reset=' 0 ' then
           ch<=money；
           a：=' 0 '；
         elsif t6=' 0 ' and money>5 then
           ch<=money-6；
           s6<=' 1 '；
    a：=' 0 '；
 elsif t8=' 0 ' and money>7 then
           ch<=money-8；
           s8<=' 1 '；
    a：=' 0 '；
             end if；
           else
             if cnt<60 then
             cnt：=cnt+1；
             else
             cnt：=0；
             money：=" 00000"；
```

```
                s6<='0';
                s8<='0';
                ch<="00000";
                a：='1';
              end if;
            end if;
          end if；
        end process；
      end sold_arc；
```

模块 CIAO 为同步消抖动模块，如图 4-9-11 所示，它的输入、输出均为负脉冲。

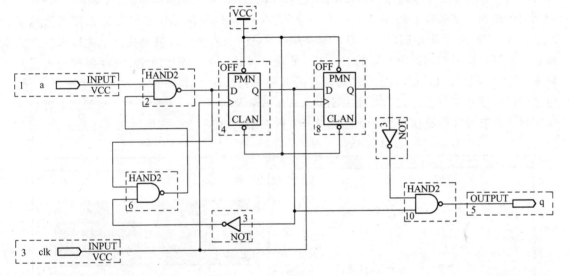

图 4-9-11　模块 CIAO

三、实验报告要求

（1）分析自动售邮票控制电路的工作原理。

（2）画出顶层原理图。

（3）编写各功能模块的源程序。

（4）画出各仿真模块的波形。

（5）书写实验报告应结构合理，层次分明。

附录 A　EL-SOPC4000 实验系统的资源介绍

A.1　系统功能概述

EL-SOPC4000 实验箱是集 EDA 和 SOPC 开发为一体的综合性实验箱，它不仅可以独立完成各种 EDA 设计，还可以完成多种 SOPC 开发。

主 CPU 适配器 E-PLAY-SOPC 配合 EL-SOPC4000 底板，可完成各种基本的 EDA 实验。在实验板上有丰富的外围扩展资源，有常用的按键、拨码开关、LED 灯、蜂鸣器、交通灯、16×16 点阵、数码管、4×4 矩阵键盘、AD/DA、CAN 功能单元、RS232、RS485、可调时钟输出。实验板上还集成了一个 8 寸的 VGA 接口的液晶屏，可完成视频图像的显示。由于 CPU 适配器 E-PLAY-SOPC 本身具有 E_PLAY 接口，只要提供电源即可独立完成功能测试，也可控制用户开发的 E_PLAY 接口模块。由于 EL-SOPC4000 底板加入了两路 E_LAB 外扩接口，可以配合公司现有的多种 E_LAB 模块，来完成大学生毕业设计、电子设计竞赛及创新设计，同时该系统也是从事教学及科研的广大教师和工程师们的理想开发工具，具有极高的灵活性、开放性和可开发性。EL-SOPC4000 布局如图 A-1 所示。

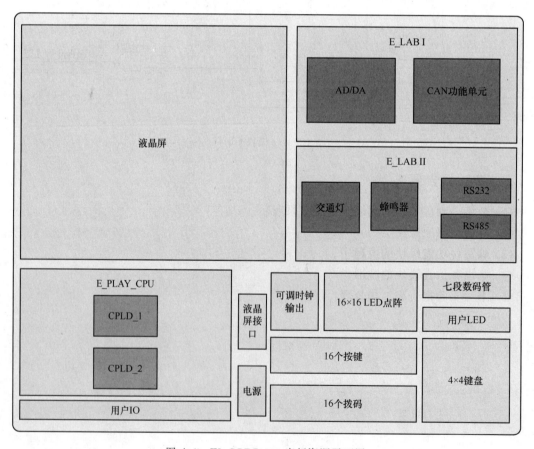

图 A-1　EL-SOPC4000 底板资源平面图

EL-SOPC4000 支持的 CPU 板卡有：具有 E_PLAY 接口的 E-PLAY-SOPC 适配器，主芯片采用 Altera 公司的 CycloneII 系列 E-PLAY-EP235，CycloneIII 系列 E-PLAY-EP3C25-B、E-PLAY-EP3C80，CycloneIV 系列 E-PLAY-EP4CE22。

A.2　系统硬件资源

1. EL-SOPC4000 实验系统的硬件资源总览

- E-PLAY CPU 板接口单元
- E_LAB 模块接口单元（2 组）
- 16 个用户 IO 单元
- 16 个按键单元
- 16 个拨码开关单元
- 4×4 矩阵键盘单元
- 16×16 LED 点阵显示单元
- 8 位数码管显示单元
- 12 个交通灯单元
- 蜂鸣器及 4 个 LED 声光单元
- 8 位用户 LED 单元
- 可调时钟输出单元
- RS232、RS485 接口单元
- 10 位串行 AD（TLV1570）单元
- 10 位串行 DA（TLV5617）单元
- CAN 总线接口单元
- 8 寸 VGA 接口液晶屏单元（带触摸屏）

2. 底板资源的具体介绍

（1）PORT A、PORT B 信号分配分别如表 A-1 和表 A-2 所示。

表 A-1　PORT A 信号分配

PORT A	FPGA 引脚	信号	PORT A	FPGA 引脚	信号
PIN_1		+5V	PIN_2		+5V
PIN_3		GND	PIN_4		GND
PIN_5	PIN_B3	D0	PIN_6	PIN_A4	D1
PIN_7	PIN_B4	D2	PIN_8	PIN_A5	D3
PIN_9	PIN_A14	D4	PIN_10	PIN_B14	D5
PIN_11	PIN_B11	D6	PIN_12	PIN_B10	D7
PIN_13	PIN_P14	D8	PIN_14	PIN_R14	D9
PIN_15	PIN_N14	D10	PIN_16	PIN_K16	D11
PIN_17	PIN_K15	D12	PIN_18	PIN_L16	D13

续表

PORT A	FPGA 引脚	信号	PORT A	FPGA 引脚	信号
PIN_19	PIN_L15	D14	PIN_20	PIN_N16	D15
PIN_21	PIN_C9	A0	PIN_22	PIN_D3	A1
PIN_23	PIN_A2	A2	PIN_24	PIN_C3	A3
PIN_25	PIN_A3	A4	PIN_26	PIN_B5	A5
PIN_27	PIN_A6	A6	PIN_28	PIN_B6	A7
PIN_29	PIN_A7	A8	PIN_30	PIN_B7	A9
PIN_31	PIN_A11	A10	PIN_32	PIN_B12	A11
PIN_33	PIN_A12	A12	PIN_34	PIN_B13	A13
PIN_35	PIN_A13	A14	PIN_36	PIN_D5	A15
PIN_37	PIN_C11		PIN_38	PIN_J13	
PIN_39	PIN_D12		PIN_40	PIN_D11	
PIN_41	PIN_E9		PIN_42	PIN_E11	
PIN_43	PIN_R16		PIN_44	PIN_N15	
PIN_45	PIN_P16		PIN_46	PIN_P15	
PIN_47			PIN_48		
PIN_49	PIN_F8		PIN_50	PIN_F8	
PIN_51			PIN_52		
PIN_53			PIN_54		
PIN_55			PIN_56		
PIN_57	PIN_F16	SPI_I1	PIN_58	PIN_F15	SPI_I2
PIN_59	PIN_D15	SPI_I3	PIN_60	PIN_D16	SPI_I4

表 A-2　PORT B 信号分配

PORT B	FPGA 引脚	信号	PORT B	FPGA 引脚	信号
PIN_1		NC	PIN_2		NC
PIN_3		NC	PIN_4		NC
PIN_5	PIN_N12	SPI_NSS1	PIN_6	PIN_J14	SPI_CLK1
PIN_7	PIN_L13	SPI_MISO1	PIN_8	PIN_J15	SPI_MOSI1
PIN_9	PIN_R12		PIN_10	PIN_G15	
PIN_11	PIN_D6	E_UART_R	PIN_12	PIN_E6	E_UART_T
PIN_13		NC	PIN_14		NC
PIN_15	PIN_M10	E_ALE	PIN_16	PIN_T10	E_IO1
PIN_17	PIN_E10	E_IO2	PIN_18	PIN_T11	E_IO3
PIN_19	PIN_E8	E_IO4	PIN_20		NC

续表

PORT B	FPGA 引脚	信号	PORT B	FPGA 引脚	信号
PIN_21		NC	PIN_22		NC
PIN_23		NC	PIN_24		NC
PIN_25	PIN_T13	E_IO9	PIN_26	PIN_T12	E_IO10
PIN_27	PIN_T15	E_IO11	PIN_28	PIN_T14	E_IO12
PIN_29	PIN_F13	E_IO13	PIN_30	PIN_N9	E_IO14
PIN_31	PIN_E7	E_IO15	PIN_32	PIN_P6	E_IO16
PIN_33	PIN_J16	LCD_C	PIN_34		NC
PIN_35		NC	PIN_36		NC
PIN_37	PIN_N11	E_IO5	PIN_38	PIN_P11	E_IO6
PIN_39	PIN_R11	E_IO7	PIN_40	PIN_R10	E_IO8
PIN_41	PIN_P9	CPLD_1	PIN_42	PIN_F9	CPLD_2
PIN_43	PIN_T7	CPLD_3	PIN_44	PIN_T6	CPLD_4
PIN_45		NC	PIN_46		NC
PIN_47		NC	PIN_48		NC
PIN_49		NC	PIN_50		NC
⋮	⋮	⋮	⋮	⋮	⋮
PIN_69		NC	PIN_70		NC

说明：标有"NC"的引脚，表示没有用到适配器上的引脚。

（2）E-LAB 总线接口。

底板上的两组 E-LAB 接口上的信号线完全相同，如图 A-2 所示。

（3）16 个用户 IO 单元。

IO1～IO16 都是通过 PORT B 从 FPGA 直接引出的，供用户二次开发使用，具体定义请参照 PORT B 的接口定义。

（4）16 个拨码开关、16 个按键、12 个交通灯和蜂鸣器四周 4 个灯、8 位数码管、4×4 矩阵键盘、16×16 点阵 LED 均是从底板的两片 CPLD 引出的，这些资源有 IO 方式和总线操作两种控制方式。

当采用 IO 控制方式时，通过 PORT B 的 41～44 四位设置不同的值来选择不同的资源。4 位功能引脚说明如下。

PORT B	对应标识
41	M[0]
42	M[1]
43	M[2]
44	M[3]
M[3..0]	0001——16 位拨码开关接到 16 位数据总线上。
	0011——16 位按键接到 16 位数据总线上。

0111——12 个交通灯和蜂鸣器四周 4 个灯接到 16 位数据总线上。

0010——8 个数码管，低 8 位为 7 位段总加小数点选取位，高 8 位为 8 个数码管 com 端选取，即如果要选取数码管 0，则发送总线值为 1111 1110 1111 1111；如要选取数码管 1，则发送总线值为 1111 1101 1111 1111。此时所选数码管 7 段和 DP 位将全部亮。

0101——4×4 键盘功能选取，此时只有最低的 8 位有效，高 4 位为键盘的 4 位行扫描输出，低 4 位为键盘的 4 位列查询输入。

0110——16×16 LED 点阵显示功能选取，16 位数据总线作为点阵的行值，4 位地址对应列值编码，（底板上已经过译码）；4 位地址分别对应 E-PLAY-SOPC 主适配器上外扩总线地址的 ADDRESS［4..1］。

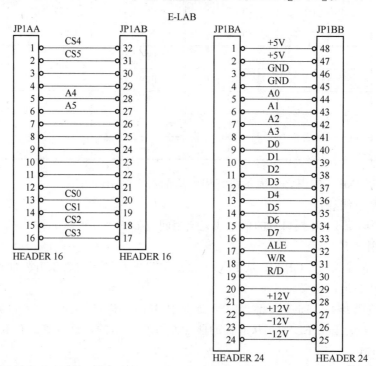

图 A-2　E-LAB 总线接口

在做基本的数字逻辑实验时，如果用到底板的资源时，一定要设置 M［3.0］4 位功能位，并且设置值一定要与上述功能对应，若不对应有可能对硬件造成损伤。

当实验用到的拨码、按键、LED 小于 5 位时，可以使用 E-PLAY-SOPC 适配器上的资源，当实验中仅使用到 E-PLAY-SOPC 适配器就可以完成时，可以不设置 M［3.0］。

当采用总线控制方式时，两片 CPLD 共用同一条片选信号线 CS7，读/写信号线各一条，16 位数据线用于数据读写，4 位地址线 EA1-EA4 可访问 16 个寄存器。

左端 CPLD 对应 CS7，4 位二进制地址为 1000～1111。

1000——16 个 LED

1001——16 个 8 段数码管，16 位数据，低 8 位为 8 段数码管的段选（a、b、c、d、e、f、g、DP），高 8 位的低 4 位为 16 个数码管选择。

1100——16 位按键。

1101——16 位拨码。

1111——复位 LED 及 8 段数码管。

右端 CPLD 对应 CS7，4 位二进制地址为 0000～0111。

0000——4 位行选，写 4 位二进制来决定对哪一行操作。

0001——16 位行数据，要写某一行值时，先写 0000 地址行选，再写 0001 地址行数据。

0100——读出来为：第 5 位状态值＋第 4 位有效标志＋第 3 到 0 位键盘值；写入时，将清除第 4 位有效标志；读完后，紧跟着写一次。第 5 位为 1 时，说明键盘有键正在按下，为 0 时说明按键已弹起；只有当第 5 位为 0，第 4 位为 1 时，读到的值才为有效值。

0101——写键盘复位。

0111——全局复位。

①对 16 个 LED 操作即为对寄存 8（二进制地址为 1000）写操作。

如果执行 NIOS II 指令：

write_bus16（(cs7＋8), 0x0001);

则为向以 cs7 为基地址，以 8 为偏移地址的寄存器写 0x0001，这条指令的功能是使 LED1 点亮，除 LED1 以外的其他 LED 均为不点亮状态。

②对数码管操作时，对应的寄存器为寄存器 9（二进制地址为 1000）。16 个 8 段数码管，16 位数据，低 8 位为 8 段数码管的段选（a、b、c、d、e、f、g、DP），高 8 位的低 4 位为 16 个数码管选择，最高的 4 位数据 D15～D12 未定义，可以不用理会。

如果执行 NIOS II 指令：

write_bus16（(cs7＋9), 0x017f);

则为向以 cs7 为基地址，以 9 为偏移地址的寄存器写 0x007f，使用数码管 0 显示 "8"。

③键盘对应的键值寄存器为寄存器 4（二进制地址为 0100）。

④16 个按键，对应的寄存器为寄存器 12（二进制地址为 1100）。

16 个拨码开关，对应的寄存器为寄存器 13（二进制地址为 1101）。

则读按键值操作指令：

read_bus16（(cs7＋12));

读拨码开关值操作指令：

read_bus16（(cs7＋13));

⑤16×16 LED 点阵对应的寄存器为寄存器 0、1（二进制地址为 0000、0001）。寄存器 0 对应 4 位行选，低 4 位有效，写 4 位二进制值来决定对哪一行操作，底板 CPLD 对 4 位值进行译码，驱动行选信号输出。寄存器 1 对应 16 位行值数据。要写某一行值时，先写寄存器 0 行选，再写寄存器 1 行值数据。在底板的 CPLD 中，分别把 16 行的行值数据保存到 16 个输出寄存器中，当编程对某行数据显示时，只是更新对应行的输出寄存器值。扫描时钟由外部时钟分频得到。底板 CPLD 程序自动完成 16×16 LED 点阵的扫描输出显示。

（5）8 位用户 LED 单元。

L1～L8 为用户 LED 灯，通过②号孔输入高电平点亮。

（6）可调时钟输出单元。

底板上 ADJ_CLK 为 4 位拨码开关 SW17～SW20 来控制输出 40MHz 分频后的可调时钟，具体对应关系如表 A-3 所示。

表 A-3　ADJ_CLK 与 SW17～SW20 的对应关系

SW20	SW19	SW18	SW17	ADJ_CLK	SW20	SW19	SW18	SW17	ADJ_CLK
1	1	1	1	1Hz	1	1	1	0	10kHz
0	1	1	1	5Hz	0	1	1	0	20kHz
1	0	1	1	10Hz	1	0	1	0	50kHz
0	0	1	1	25Hz	0	0	1	0	200kHz
1	1	0	1	50Hz	1	1	0	0	500kHz
0	1	0	1	500Hz	0	1	0	0	2MHz
1	0	0	1	1kHz	1	0	0	0	5MHz
0	0	0	1	2.5kHz	0	0	0	0	20MHz

CLK1～CLK5 为固定时钟单元，CLK1：10MHz；CLK2：1MHz；CLK3：100kHz；CLK4：5KHz；CLK5：100Hz。

（7）RS232、RS485 接口单元。

RS232、RS485 接口控制信号线都是从 PORT 口直接引出的，分别如图 A-3 和图 A-4 所示。

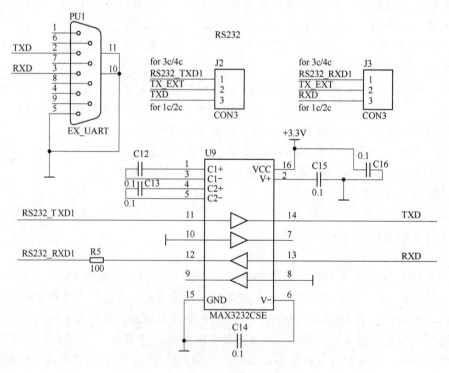

图 A-3　RS232 接口单元

由于 1C12 和 2C35 两块开发板已经在 CPU 板上通过了 RS232 电平转换，无需再通过外部的 MAX3232 芯片了，而 3C、4C 系列的板卡是直接从 FPGA 引出的，没有经过 RS232 电平转换，需要通过外接的 MAX3232 芯片，所以通过跳线选择 1C/2C、3C/4C。

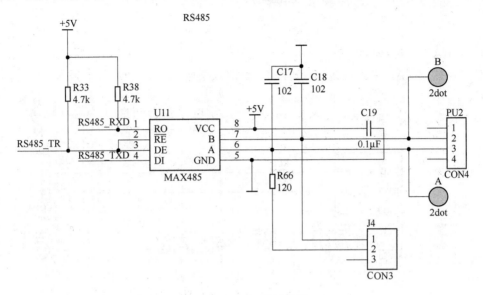

图 A-4   RS485 接口单元

（8）10 位串行 AD（TLV1570）单元。

该模块主要完成模拟量与数字量的转换，使用 TI 的 TLV1570 芯片，该芯片是 10 位的串行 A/D 转换芯片，采用 SPI 的通信模式，如图 A-5 所示。

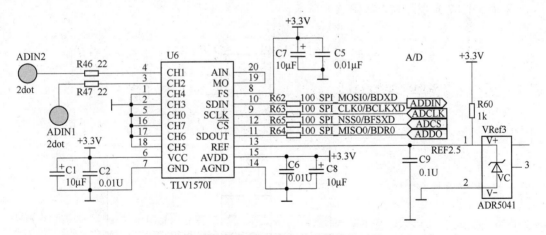

图 A-5   TLV1570 接口单元

（9）10 位串行 DA（TLV5617）单元。

该模块主要完成数字量与模拟量的转换，使用 TI 的 TLV5617 芯片，该芯片是 10 位的串行 D/A 转换芯片，采用 SPI 的通信模式。

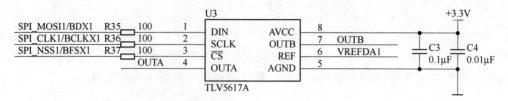

图 A-6　　TLV5617 接口单元

（10）CAN 总线接口单元。

该模块使用 CAN 总线收发器 82C250，如图 A-7 所示。

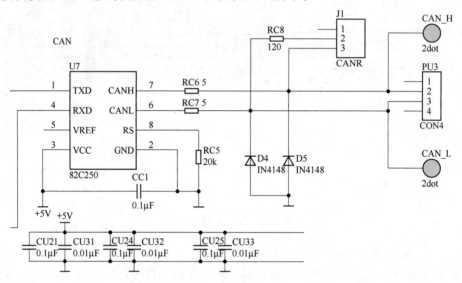

图 A-7　　CAN 总线收发器 82C250 接口单元

采用 6N137 光耦隔离，如图 A-8 所示。

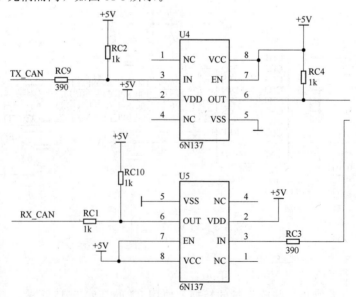

图 A-8　　6N137 光耦隔离

（11）8 寸 VGA 接口液晶屏单元。

该模块使用的是带 VGA 接口的 8 寸液晶屏，最大分辨率为 800×600 像素，可以用于视频图像算法的开发和用于 VGA 时序的验证实验。触摸屏控制芯片 ADS7843 的原理图如图 A-9 所示。

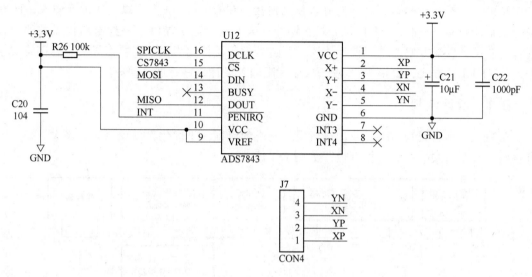

图 A-9　ADS7843 的原理图

ADS7843 控制信号对应的 PORTB 引脚如表 A-4 所示。

表 A-4　ADS7843 控制信号与 PORTB 引脚对应关系

PORT B	信号	PORT B	信号
PIN _ 15	INT	PIN _ 37	MISO
PIN _ 38	MOSI	PIN _ 39	CS7843
PIN _ 40	SPICLK		

附录 B Quartus Ⅱ 应用向导

Quartus Ⅱ软件在 21 世纪初推出，是 Altera 前一代 FPGA/CPLD 集成开发环境 Max＋plus Ⅱ 的更新换代产品，其界面友好，使用便捷。在 Quartus Ⅱ 上可以完成设计输入、HDL综合、布线布局（适配）、仿真和下载和硬件测试等流程，它提供了一种与结构无关的设计环境，使设计者能方便地进行设计输入、快速处理和器件编程。本实验指导书主要围绕文字输入（VHDL）方式、EDA 图形输入（原理图输入设计）进行展开研究。

B.1 设计流程

完整地了解利用 Quartus Ⅱ，进行设计开发的流程对于优化设计项目，提高设计效率大有益处。典型的 Quartus Ⅱ 设计流程如图 B-1 所示。

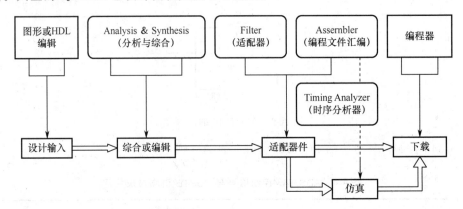

图 B-1 Quartus Ⅱ设计流程

图 B-1 上排所示的是 Quartus Ⅱ 编译设计主控界面，它显示了 Quartus Ⅱ 自动设计的各主要处理环节和设计流程，包括设计输入编辑、设计分析与综合、适配、编程文件汇编（装配）、时序参数提取及编程下载几个步骤。图 B-1 下排的流程框图是与上面的 Quartus Ⅱ 设计流程相对照的标准的 EDA 开发流程。

（1）设计输入。设计输入有多种方式，包括采用硬件描述语言（如 AHDL、VHDL 和verilog HDL 等）进行设计的文本输入方式（Text Editor File）、图形输入方式（Graphic Editor File）和波形输入方式（Waveform Editor File），或者采用文本、图形两者混合的设计输入方式等。

（2）项目编译（编辑/配置）。检查项目是否正确，并对项目进行逻辑综合，然后将其配置到一个 Altera 器件中，同时产生报告文件、编译文件和用于时间仿真的输出文件。

（3）项目校验（仿真）。利用功能或时序仿真对设计者的硬件描述和设计结果进行查错、验证。

（4）硬件测试（下载）。在编译和仿真后，若没发现问题，即满足原设计的要求，就可在引脚锁定后，通过编程器或编程电缆向目标芯片 FPGA/CPLD 进行下载，以便进行硬件测试和验证。

B.2　电路原理图设计法

利用 EDA 工具进行原理图输入设计的优点是，设计者能利用原有的电路知识迅速入门，完成较大规模的电路系统设计，而不必具备许多诸如编程技术、硬件语言等新知识。

与早期的 Max＋plus Ⅱ 相比，Quartus Ⅱ 提供了功能强大，直观便捷和操作灵活的原理图输入设计功能，同时还配备了适用于各种需要的元件库，其中包含基本逻辑元件库（如与非门、反向器、D 触发器等）、宏功能元件（包含了几乎所有 74 系列的器件），以及功能强大，性能良好的类似于 IP Core 的巨功能块 LPM 库。但更为重要的是，Quartus Ⅱ 还提供了原理图输入多层次设计功能，使得用户能设计更大规模的电路系统，以及使用方便精度良好的时序仿真器。

下面详细介绍原理图输入设计方法，但读者应更多地关注设计流程，因为除了最初的图形编辑输入外，其他处理流程都与文本（如 VHDL 文件）输入设计完全一致。

在此拟利用原理图输入设计方法完成全加器的设计。全加器可以用两个半加器及一个或门连接而成，因此需要首先完成半加器的设计。以下将给出使用原理图输入的方法进行底层元件设计和层次化设计的完整步骤，其主要流程与数字系统设计的一般流程基本一致。事实上，除了最初的输入方法稍有不同外，应用 VHDL 的文本输入设计方法的流程也基本与此相同。基本设计步骤如下。

1. 为本项工程设计建立文件夹

任何一项 EDA 设计都是一项工程（Project），都必须首先为此工程建立一个放置与此工程相关的所有文件的文件夹，此文件夹将被 EDA 软件默认为工作库（Work Library）。一般不同的设计项目最好放在不同的文件夹中，而同一工程的所有文件都放在同一文件夹中。还要注意，不要将工程文件夹设在计算机已有的安装目录中，也不要建在桌面上，更不要将其直接放在安装目录中。在建立了文件夹后就可以将设计文件通过 Quartus Ⅱ 的文本编辑器编辑并存盘了。具体步骤如下。

假设本项设计的文件夹取名为 myproject，在 D 盘中，路径为 D：\ myproject。特别注意文件夹名不能用中文也不要用数字。

2. 创建本项目设计工程

打开 Quartus Ⅱ 软件后，直接单击创建工程按钮，也可以利用 New Project Wizard 工具选项来创建设计工程，即令顶层设计 h_adder.vhd 为工程，并设计工程相关信息：工程名、目标器件、综合器、仿真器等。

（1）打开并建立新工程管理窗口。选择 File→New Project Wizard 命令，弹出设置窗口，如图 B-2 所示。其中第一行 D：\ myproject 表示工程所在的工作库文件夹；第二行为此项工程的工程名，工程名可以取任何其他的名，也可直接用顶层文件的模块名作为工程名；第三行为当前工程顶层文件的实体名。

（2）将设计文件加入工程中。单击 "Next" 按钮，在弹出的对话框中单击 File 栏后的按钮，将与工程相关的所有 VHDL 文件（如果有）加入此工程。

（3）选择目标芯片。单击 "Next" 按钮，选择目标器件。首先在 Device Family 下拉列表框中选择芯片系列，在此选择 Cyclone Ⅳ E 系列。选择此系列的具体芯片名 EP4CE22F17C8。这里 EP4CE22 表示 Cyclone Ⅳ E 系列及此器件的规模；F 表示芯片是 FBGA 封装；C8 表示速度级别。便捷的方法是通过图 B-3 窗口右边的三个下拉框选择过滤条件，分别选择 Package 为 FBGA，Pin count 为 256，Speed grade 为 8。

注意：Quartus Ⅱ 9.1 不支持 Cyclone Ⅳ E 系列的仿真，若需进行功能仿真，可以用 Cyclone Ⅱ 系列芯片先进行仿真验证，目标器件这项可先选择默认。

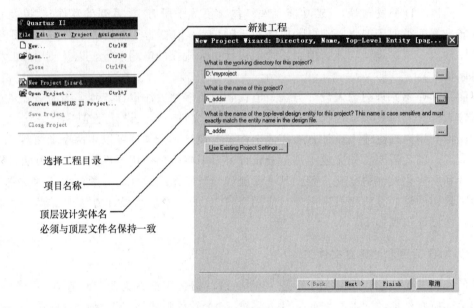

图 B-2 创建工程

（4）工具设置。单击"Next"按钮后，弹出的窗口是 EDA 工具设置窗口，如图 B-4 所示。Design Entry/Synthesis 用于选择输入 HDL 类型和综合工具；Simulation 用于选择仿真工具；Timing Analysis 用于选择时序分析工具，除了可以用自带的工具外，还可以外加工具。因此，若不做选择，表示仅选择 Quartus Ⅱ 自含的 EDA 设计工具。

图 B-3 选择目标器件 EP4CE22F17C8

图 B-4 工具设置

（5）结束设置。继续单击"Next"按钮，弹出工程设置统计窗口，列出了与此项工程相关的设置情况。最后单击"Finish"按钮，出现设好的工程名的工程管理窗口，显示本工程项目的层次结构和各层次实体名。

Quartus Ⅱ 将工程信息存在工程配置文件（Quartus）中。它包含工程所有信息，包括设计文件、波形文件、signalTap Ⅱ 文件、内存初始化文件，以及构成工程的编译器、仿真器和软件构建设置。

建立工程之后，可以使用 Assignment 菜单下的 Setting 对话框中的 Add/Remove 选项卡在工程中添加和删除，设计其他文件。执行分析和综合器件，将按照选项卡中显示顺序处理文件。

3. 输入设计项目和存盘

原理图编辑输入流程如下。

（1）打开编程窗口和配置文件。打开 Quartus Ⅱ，选择 File→New 命令，在弹出的"New"窗口中选择 Design Files 选项卡，再选择 Block Diagram/Schematic File 选项，如图 B-5 所示。单击"OK"按钮，打开原理图编辑窗口。

（2）建立一个初始原理图。在编辑窗口中任何一个位置右击，出现快捷菜单，选择 Insert→Symbol 命令（见图 B-6），或直接双击原理图编辑窗口，弹出如图 B-7 所示的元件输入对话框。在左下部的 Name 栏输入引脚符号 input。然后单击"OK"按钮，将原件调入原理图编辑窗口中。

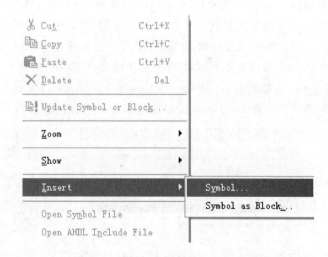

图 B-5　选择编辑文件类型　　　　　　　　图 B-6　选择打开原件输入窗

（3）绘制半加器原理图。双击原理图编辑窗口任意位置，再次弹出如图 B-7 所示的输入原件对话框。分别在 Name 栏调入元件 and2、xor 和输出引脚 output，并连接好，然后用鼠标分别在 input 和 output 的 pin name 上双击使其变为黑色，再用键盘分别输入各引脚名：a、b、co 和 so。半加器原理图如图 B-8 所示，可以看出，图中已添加 4 位功能选择位，设置状态为 0001，即 16 为拨码开关接到 16 为数据总线上（注意，若仅作为全加器的底层调用文件，可暂不添加功能选择位）。

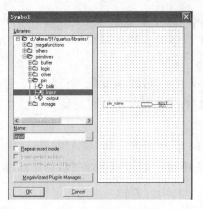

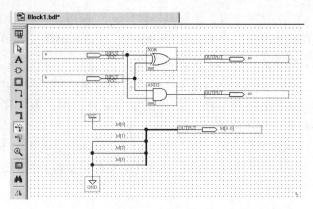

图 B-7　在原件输入对话框输入引脚　　　　　　　　图 B-8　半加器原理图

（4）原理图文件存盘。选择 File→Save As 命令，将此原理图文件先存于刚才建立的目录 D：\ myproject 中，原理图文件名为 h_adder.bdf，并把文件加入到当前的工程中。

4. 设置约束项目

对工程编译处理前，必须做好必要设置，步骤如下。

（1）选择 FPGA 目标芯片。选择 Assignmemts→Setting 命令，选择 Category 项下面的 Device，选择目标芯片，也可以在建立工程时选定。选择目标芯片为 EP4CE22F17C8。

（2）选择器件的工作方式。单击"Device & Pin Options"按钮，进入选择对话框，首先选择 General，在 Options 栏中勾选 Auto-restart configuration after error 复选框，配置失效后能自动重新配置，并加入 JTAG 用户编码，如图 B-9 所示。

（3）选择配置器件和编程方式。如果希望编程配置文件能压缩后下载进配置器件中（Cyclone 器件能识别压缩的配置文件，并实时解压缩），可以在编译前做好设置。选中 Configuration，勾选 Generate compressed bitstreams 复选框，就能产生用于 EPCS 的 POF 压缩配置文件。在 Configuration 选项卡中，选择配置器件为 EPCS16，如图 B-10 所示。

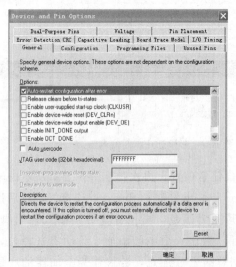

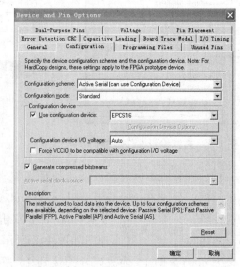

图 B-9　器件工作方式选择　　　　　　　　　　　图 B-10　配置器件和编程方式选择

（4）选择目标器件闲置引脚状态。选择 Unused Pins 选项，可以根据实际需要选择目标器件闲置引脚状态。可选择输入状态或输出状态，或者输出不定状态。这里选择输入状态位高阻态（As input tri-stated），如图 B-11 所示。

（5）选择器件工作电压。选择 Voltage 选项，可以根据实际需要选择目标器件工作电压，这里选择 3.3V LVTTL 电平，如图 B-12 所示。

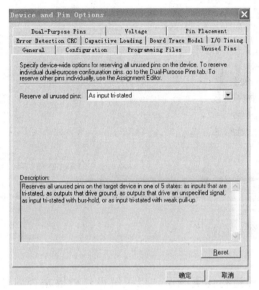
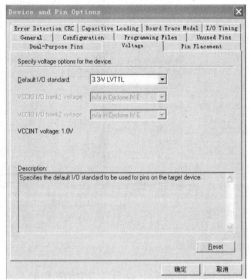

图 B-11　器件闲置引脚状态选择　　　　　　　图 B-12　器件工作电压选择

5. 全程编译与逻辑综合

Quartus Ⅱ编译器是由一系列处理模块构成的，这些模块负责对设计项目的检查、逻辑综合、结构综合、输出结果的编辑配置，以及时序分析。在这个过程中，将设计项目适配到 FPGA/CPLD 目标器件中，同时产生多种用途的输出文件，如功能和时序信息文件、器件编程的目标文件等。编译器首先检查出工程设计中的错误信息，然后产生一个结构化的网表文件表达的原理图文件。

编译前若器件已经选择 Cyclone Ⅳ E 系列，首先打开后缀名为 qsf 的文件，将芯片的供电电压由原来的 1.0V 改成 1.2V，如图 B-13 所示，否则编译时 Fitter 不能通过。

选择 Processing→Start Compilation 命令或单击快捷菜单，启动全程编译，它包括对设计输入的多项处理操作：排错、数据网表文件提取、逻辑综合、适配、装配文件生成及基于目标器件的工程时序分析等，如图 B-14 所示。

编译过程中要注意工程管理窗口下方的 Processing 栏中的编译信息，出现语句根式错误时可以双击条文，在程序中确定错误位置，并进行修

图 B-13　修改供电电压

改。完成后重新保存，再进行编译，直到成功为止。

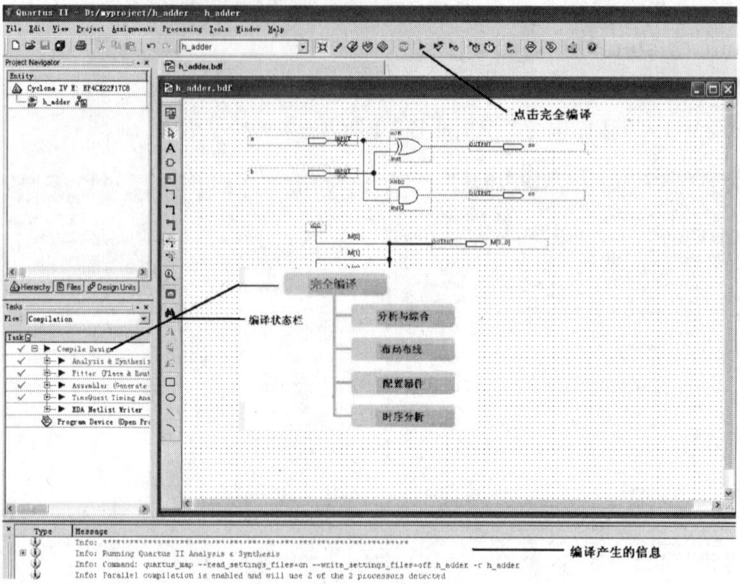

图 B-14　全局编译

6. 仿真测试

工程编译通过后，必须对其功能和时序性质进行仿真测试，以了解设计结果是否满足设计要求。这里可以用针对逻辑电路的仿真软件来完成。仿真软件主要有两类：一类是由 FPGA 供应商自己推出的仿真软件，如 Altera 公司的 Quartus Ⅱ 中自带的仿真软件，此类软件针对性强、易学易用；另一类是 EDA 专业仿真软件商提供的，所谓第三方仿真工具软件，如 Modelsim 等。

以下给出基于 Quartus Ⅱ 中自带的仿真软件的仿真流程详细步骤。

（1）打开波形编辑器，选择 File→New 命令，在窗口中选择 Other Files 选项卡中的 Vector Waveform File 选项，即出现空白的波形编辑器，如图 B-15 所示。

（2）设计仿真时间区域。时序仿真将仿真时间设置在一个合理的时间区域十分重要，通常设置的时间范围在数十微秒间。选择 Edit→End Time 命令，在窗口的 Time 文本框中输入 30，单位为 μs，如图 B-16 所示。

（3）波形文件存盘。选择 File→Save As 命令将默认名为 h＿adder.vwf 的波形文件存入工程文件夹 D：\ myproject 中。

（4）将工程 h＿adder 的端口信号节点选入波形编辑器中。选择 View→Utility Windows→Node Finder 命令（见图 B-17），弹出对话框如图 B-18 所示。在对话框的 Filter 下拉列表中选 Pins：all，然后单击"List"按钮，在下方的 Nodes Found 窗口中出现设计中的 h＿adder 工程的所有端口引脚名，如果 List 不显示 h＿adder 工程的端口引脚，需要重新编译一次。最后将重要的端口节点 a、b、co 和 so 分别拖到波形编辑器窗口后，关闭 Nodes Found 窗口，调整波形窗口，使仿真坐标处于适当位置。

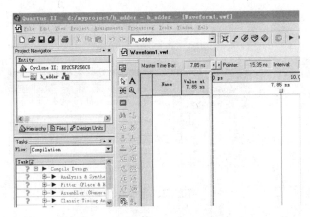

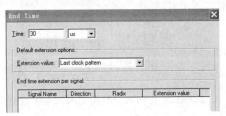

图 B-15　激励信号波形编辑器窗口　　　　　　　图 B-16　设置仿真时间长度

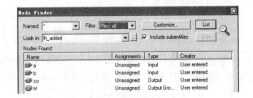

图 B-17　打开信号节点查询窗口　　　　　图 B-18　向波形编辑器拖入信号节点

也可在信号节点空白处右击，选择 Insert→Insert Node or Bus 命令（见图 B-19），选择 Node Finder，然后单击"List"按钮，将重要的端口节点 a、b、co 和 so 选到右栏中，然后单击"OK"按钮即可（见图 B-20）。

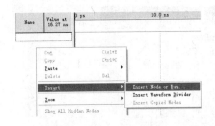

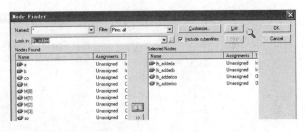

图 B-19　插入节点窗口　　　　　图 B-20　列出并选择所需观察的信号节点

（5）编辑输入波形。现在可以为输入信号 a 和 b 设定测试电平，如图 B-21 所示标注，可利用必要的功能键为 a 和 b 加上适当的电平，以便仿真后能测试 co 和 so 输出信号。对波形文件再次存盘。

（6）仿真器参数设置。选择 Assignment→Setting 命令，在 Settings 窗口下选择 Category→Simulator Settings。在右侧的 Simulation mode 下拉列表中选择 Timing，即时序仿真，并选择激励源文件名 h_adder.vwf。选则 Simulation period 栏，确认选中"Run simulation until vector stimuli are used"。此项默认即可。

（7）仿真器参数设置。启动仿真器。所有设置进行完毕，选择 Processing→Start Simulation 命令，直到出现 Simulation was successful，仿真结束。

（8）观察仿真结果。仿真波形文件 Simulation Report 通常会自动弹出，波形编辑文件

h_adder.vwf与波形仿真报告 simulation report 是分开的。根据半加器真值表，如图 B-22
所示的半加器的时序波形是正确的。

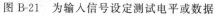

图 B-21　为输入信号设定测试电平或数据

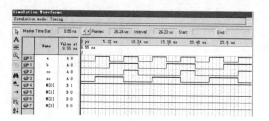

图 B-22　半加器仿真波形输出

注意，Quartus Ⅱ 9.1 版本中自带的仿真软件不支持 Cyclone Ⅳ E 系列，可以使用第三
方仿真工具软件，如 Modelsim 等，或者设置成二代系列进行功能验证。

7. 引脚锁定

为了能对此例中的半加器进行硬件测试，应将其输入输出信号锁定在芯片（如
EP4CE22F17C8）确定的引脚上，编译后下载。测试完成后还需对配置芯片进行编程完成
FPGA 的最终开发。具体步骤如下。

（1）打开已设计好的工程。

（2）选择 Assignments→Pins 命令，用直观的图形方式来完成引脚锁定。以半加器为
例，状态位 M=" 0001" 表示选择功能为 16 位数码开关接到 16 位数据总线上；半加器的两
个输入引脚名为 a、b 对应 SW1、SW2；两个输出 co、so 对应 IO9、IO10。根据表 A-1、表
A-2 进行信号分配，如图 B-23 所示。

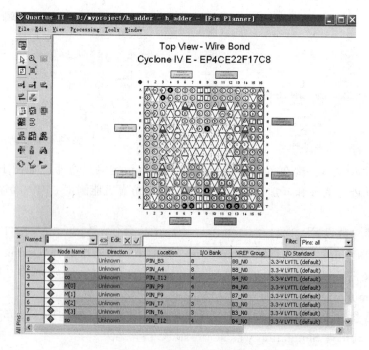

图 B-23　半加器引脚锁定

（3）存储引脚锁定信息后，必须再编译一次（启动 Start Compilation）才能将引脚锁定信息编译进编程下载文件中。

8. 编译文件下载

将编译产生的 SOF 文件配置进 FPGA 中。进行硬件测试步骤如下。

（1）打开编程窗口和配置文件。将设配板上的 JTAG 口和 USB 通信线连接好，打开电源。选择 Tool→Programmer 命令，弹出编程窗口，在编程模式 Mode 中选择 JTAG（默认），并选中下载文件右侧的第一个小方格，核实下载文件与路径，单击"Add file"按钮，手动选择配置文件 h _ adder. sof。

（2）设置编程器。初次安装 Quartus Ⅱ，在编程前还必须进行编程器选择操作。单击"Hardware Setup"按钮，在弹出的窗口中双击 USB-Blaster 之后，单击"Close"按钮，关闭对话框即可。

（3）选择编程器。显示编程方式取决于 Quartus Ⅱ软件对实际连接的硬件实现系统的测试。最后单击下载按钮，进入对目标器件的配置下载操作。当 Progress 显示 100%，出现 configuration Succeeded 表示编程成功，如图 B-24 所示。

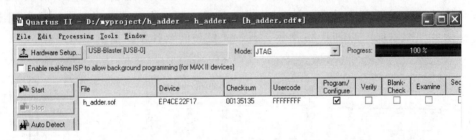

图 B-24　下载配置文件

（4）硬件测试。下载 h _ adder. sof 后通过试验系统来验证器件功能。

到此为止，完整的设计流程已经结束。VHDL 文本输入的设计可参考这一流程。

9. 将设计项目设置成可调用的元件

为了构成全加器顶层设计，必须将以上设计的半加器 h _ adder. bdf 设置成可调用的底层元件。方法如图 B-25 所示，在半加器原理图文件 h _ adder. bdf 处于打开的情况下，选择 File→Creat/Update→Create Symbol Files for Current File 命令，即可将当前文件变成一个元件符号存盘（元件文件名为 h _ adder. bsf），以待在高层次设计中调用。

使用完全相同的方法也可以将 VHDL 文本文件变成原理图中的一个元件符号，实现 VHDL 文本与原理图的混合输入设计方法。转换中要注意：转换好的元件必须存放在当前工程的路径文件夹中；按图 B-25 所示的方式进程转换，只能针对被打开的当前文件。

10. 设计全加器顶层文件

为了建立全加器的顶层文件，必须另外打开一个原理图编辑窗口，方法同上，即再次选择 File→New →Block Diagram/Schematic File 命令，然后将其设置成新的工程。

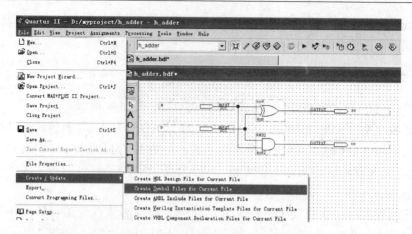

图 B-25　将半加器封装成元件，以便在更高层设计中调用

首先将打开的空原理图存盘于 D：\ myproject，文件可取名为 f _ adder. bdf，作为本项设计的顶层文件，然后按照前面介绍的方法将顶层文件 f _ adder. bdf 设置为工程，如图B-26 所示。

建立工程后，在新打开的原理图编辑窗口中双击，在弹出的窗口（见图 B-27）中单击左侧窗口的 Project，选择先前存入的 h _ adder 元件，调入原理图编辑窗中。最后调出相关元件，连接全加器原理图如图 B-28 所示。其中 4 位功能选择位设置状态为 0001。

图 B-26　全加器 f _ adder. bdf 工程设置

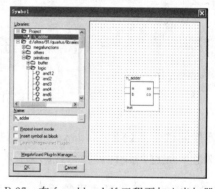

图 B-27　在 f _ adder. bdf 工程下加入半加器

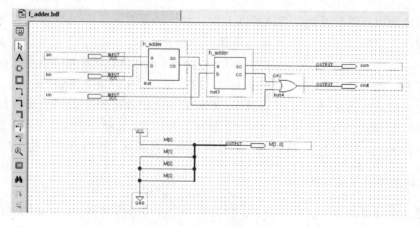

图 B-28　全加器电路原理图

11. 对设计项目进行时序仿真

工程完成后即可进行全程编译。此后的所有流程都与以上介绍的方法和流程相同。如图 B-29 所示是全加器 f＿adder 的仿真波形。

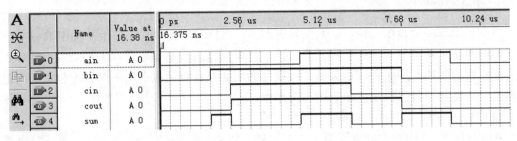

图 B-29　全加器 f＿adder 的仿真波形

12. 硬件测试

按照之前的方法锁定引脚、编译并编程下载，硬件实测此全加器的逻辑功能。

B.3　VHDL 设计初步

硬件描述语言（Hardware Description Language，HDL）是 EDA 技术的重要组成部分，它利用一种人和计算机都能识别的语言来描述硬件电路的功能、信号连接关系及定时关系，比电路原理图更能表示硬件电路的特性。VHDL 是作为主流电子硬件设计的描述语言。VHDL 的英文全称是 VHSIC（Very High Speed Integrated Circuit）Hardware Description Language，即超高速集成电路硬件描述语言。

VHDL 语言具有很强的电路描述功能和建模能力，能从多个层次对数字系统进行建模和描述，从而大大简化了硬件设计任务，提高了设计效率和可靠性。VHDL 具有与具体硬件电路无关和与设计平台无关的特性，并且具有良好的电路行为描述和系统描述的能力，并在语言易读性和层次化结构化设计方面，表现了强大的生命力和应用潜力。用 VHDL 进行电子系统设计的一个很大的优点是：设计者可以专心致力于其功能的实现，而不需要对不影响功能的与工艺有关的因素花费过多的时间和精力。

B.3.1　VHDL 程序基本结构

我们通过介绍一个组合逻辑电路的多路选择器的设计示例，力图使读者能迅速地从整体把握 VHDL。

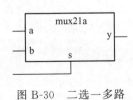

图 B-30　二选一多路
选择器

图 B-30 是一个二选一的多路选择器逻辑图，a 和 b 分别是两个数据输入端，s 为通道选择控制信号输入端，y 为输出端。其实现的逻辑功能为：若 s＝0，则 y＝a；若 s＝1，则 y＝b。

此二选一多路选择器（mux21a）的功能可用例 B-1 的 VHDL 程序描述。

对于一个可综合的完整的 VHDL 程序，我们可以选用任何特定的 CPLD/FPGA 芯片和厂家提供的综合适配工具对它进行综合、适配并下载到芯片中，从而实现此二选一多路选择器。

从例 B-1 可以看出，可综合的 VHDL 程序至少包含了 3 个基本的结构：库（Library）使用说明、实体（Entity）和结构体（Architecture）。下面进行介绍。

1. 库（Library）

库由一个或多个程序包构成，其功能类似于 UNIX 和 Windows 操作系统中的目录，而程序包则对应于其中的一个或一组磁盘文件。将库划分为多个程序包，主要是为了管理和使用方便。我们往往把一些密切相关的、可重复利用的设计资源放在同一个程序包中，再把性质相近、功能相类似的程序包归于同一个库中。

（1）库的种类

在 VHDL 语言中存在的库大致有以下几种：IEEE 库、STD 库、VITAL 库、用户或厂家自定义库和 WORK 库。

- IEEE 库中汇集着一些 IEEE 认可的、设计上经常用到的标准程序包，如 STD_LOG-IC_1164 等。
- STD 库是 VHDL 本身提供的标准库，其中存放着的 STANDARD 程序包，是 VHDL 的标准配置。
- VITAL 库是工业标准格式的 VHDL 仿真库，只用于仿真而不用于可综合的设计。用户所开发的资源（数据定义、设计实体等）可以汇集在一起，定义为用户定义库，方便以后进行复用。厂家为了用户开发的方便，往往也提供一些设计中经常用到的库资源。
- WORK 库是现行工作库，设计者所描述的 VHDL 语句不加任何说明时，都将存放在 WORK 库中。

【例 B-1】二选一多路选择器 VHDL 程序 mux21a.vhd

```
IEEE 库使用说明  LIBRARY IEEE;
                USE IEEE.STD_LOGIC_1164.ALL;

实体            ENTITY mux21a IS
                  PORT (a,b : IN  STD_LOGIC;
                        s : IN  STD_LOGIC;              端口说明，用于描述器件
                        y : OUT STD_LOGIC );           的接口（输入、输出引脚）
                END ENTITY mux21a;

结构体          ARCHITECTURE one OF mux21a IS
                BEGIN
                  PROCESS(a,b,s)
                  BEGIN
                    IF s='0' THEN
                      y <= a;                          进程语句，用于描述器件内部
                    ELSE                               工作的逻辑行为
                      y <= b;
                    END IF;
                  END PROCESS;
                END ARCHITECTURE one;
```

（2）库的使用

除 STD 库和 WORK 库外，其他 3 类库在使用前都要首先进行显式说明。库使用说明后还应该用 USE 语句开放库中的资源，使其可见，其一般格式如下：

　　　　LIBRARY 库名；
　　　　USE 库名. 程序包名. 项目名；

其中，LIBRARY 语句指明所使用的库；USE 语句指明开放库中某个程序包的特定资源，即使得所说明的程序包中的项目对于紧随其后所描述的设计实体可见。如果需要开放所有的项目，项目名用"ALL"代替。例如：

　　　　LIBRARY IEEE；
　　　　USE IEEE. STD _ LOGIC _ 1164. ALL；--开放该程序包的所有项目
　　　　USE IEEE. STD _ LOGIC _ UNSIGNED. "＋"；--只开放"＋"运算操作符

（3）库的使用范围

库使用说明总是放在每一项设计实体的最前面，成为这项设计的最高层次的设计单元。一旦作了库使用说明，并用 USE 语句开放了资源的可见性，整个设计实体都可对库的可见资源进行调用，但其作用范围仅限于紧随其后的当前所说明的设计实体（从实体说明开始到该实体所属的结构体为止）。当一个 VHDL 源程序中出现两个及以上的实体时，每一个实体的前面都必须有自己完整的库使用说明语句和 USE 语句。

2. 实体（Entity）

如例 B-1 中，由关键词"ENTITY"引导，以"END ENTITY mux21a"结尾的语句部分，称为实体，其描述电路器件的外部情况及各信号端口的基本性质。

在实体中应给出实体名，并用 PORT 端口说明语句描述实体的外部接口情况。此时，实体被视为"黑盒"，不管其内部结构功能如何，只描述它的输入/输出接口信号。

（1）实体表达

VHDL 完整的、可综合的程序结构，必须完整地表达出一片专用集成电路 ASIC 器件的端口结构和电路功能用，无论是一片 74LS138 还是一片 CPU，都必须包含实体和结构体两个最基本的语言结构，这里将含有完整程序结构（包含实体和结构体）的 VHDL 表述称为设计实体。如前所述，实体描述的是电路器件的端口构成和信号属性，它的最简表式如下：

【例 B-2】

　　　　ENTITY e _ name IS
　　　　PORT (p _ name : port _ m data _ type；
　　　　⋮
　　　　p _ namei : port _ m data _ type)；
　　　　END ENTITY e _ name；

或

【例 B-3】

　　　　ENTITY e _ name IS

PORT（p _ name : port _ m data _ type ;

　　⋮

p _ namei : port _ m data _ type ）;

END e _ name;

　　上面两种表式的唯一区别是 IEEE 93/87 标准不同。前者为 IEEE 93 标准，而后者是 IEEE 87 标准，一般 VHDL 综合器都兼容两种不同标准。上式中"ENTITY"、"IS"、"PORT"和"END ENTITY"都是描述实体的关键词，在实体描述中必须包含这些关键词。在编辑中，关键词不分大写和小写。

　　（2）实体名

　　例 B-2/B-3 中的"e _ name"是实体名，具体取名由设计者自己定义。由于实体名实际上表达的是该设计电路的器件名，所以最好根据相应电路的功能来确定，如 4 位二进制计数器，实体名可取为 counter4b；8 位二进制加法器，实体名可取为 adder8b，等等。

　　特别注意：一般不单独应用数字或中文定义实体名，也不应用与 EDA 工具库中已定义好的元件名作为实体名，如 or2、latch 等，也不能用数字带头的实体名，如 74LSX。

　　（3）端口信号名

　　描述电路的端口及其端口信号，必须用端口说明语句"PORT（）"引导，并在语句结尾处加分号"；"。例 B-2/B-3 中的"p _ name"是端口信号名，可由设计者自己确定，如例 B-1 中的端口信号名分别是 a，b，s 和 y。

　　（4）端口模式

　　例 B-2/B-3 中的"port _ m"表示端口模式，可综合的端口模式有 4 种，它们分别是"IN"、"OUT"、"INOUT"和"BUFFER"，用于定义端口上数据的流动方向和方式。

- IN：IN 定义的通道为单向只读模式，规定数据只能通过此端口被读入到实体中。
- OUT：OUT 定义的通道为单向输出模式，规定数据只能通过此端口从实体向外流出，或者说可以将实体中的数据向此端口赋值。
- INOUT：INOUT 定义的通道确定为输入、输出双向端口，即从端口的内部看，可以对此端口进行赋值，也可以通过此端口读入外部的数据信息；而从端口的外部看，信号既可以从此端口流出，也可以向此端口输入信号，如 RAM 的数据端口，单片机的 I/O 口。在实际电路描述中，INOUT 模式的正确使用还应该考虑其他因素，详细情况将在后文介绍。
- BUFFER：BUFFER 的功能与 INOUT 类似，区别在于当需要输入数据时，只允许内部回读输出的信号，即允许反馈。如计数器的设计，可将计数器输出的计数信号回读，以作为下一计数值的初值。与 INOUT 模式相比，BUFFER 回读（输入）的信号不是由外部输入的，而是由内部产生、向外输出的信号。

　　（5）数据类型

　　例 B-2/B-3 中的"data _ type"是数据类型名。在例 B-1 中，端口信号 a，b，s 和 y 的数据类型都定义为 STD _ LOGIC。

　　VHDL 作为一种强类型语言，任何一种数据对象（信号、变量、常数）必须严格限定其取值范围，即对其传输或存储的数据类型进行明确的界定。在 VHDL 中，预先定义好的数据类型有多种，如整数数据类型 INTEGER、布尔数据类型 BOOLEAN、标准逻辑位数据类型 STD_LOGIC 和位数据类型 BIT 等。

- BIT 数据类型的信号规定的取值范围是逻辑位'1'和'0'。BIT 数据类型可以参与逻辑运算或算术运算，其结果仍是位的数据类型。VHDL 综合器用一个二进制位表示 BIT。

注意：在 VHDL 中，逻辑位 0 和 1 的表达必须加单引号''，否则 VHDL 综合器将 0 和 1 解释为整数数据类型 INTEGER。

- STD_LOGIC 数据类型的信号规定的取值有 9 种：'U'：未初始化的；'X'：强未知的；'0'：强逻辑 0；'1'：强逻辑 1；'Z'：高阻态；'W'：弱未知的；'L'：弱逻辑 0；'H'：弱逻辑 1；'-'：忽略。它们较完整地概括了数字系统中所有可能的数据表现形式。而 STD_LOGIC_VECTOR（标准逻辑位矢量）数据类型在数字电路中常用于表示总线。

在仿真和综合中，将信号或其他数据对象定义为 STD_LOGIC 数据类型非常重要，它可以使设计者精确地模拟一些未知的和具有高阻态的线路情况。对于综合器，高阻态'Z'和'-'忽略态（有的综合器为'X'）可用于三态的描述。但就目前的综合器而言，STD_LOGIC 型数据能够在数字器件中实现的只有其中的四种值，即'X'（或'-'）、'0'、'1'和'Z'。

- BOOLEAN 是布尔类型，取值为 FALSE、TRUE。
- INTEGER 是整数类型，可用做循环计数或常数，通常不用做 I/O 信号。

注意：BIT、BOOLEAN 和 INTEGER 数据类型的定义或者说是解释包含在 VHDL 标准程序包 STANDARD 中，程序包 STANDARD 包含在 VHDL 标准库 STD 中；而 STD_LOGIC 数据类型的定义或者说是解释包含在库 IEEE 的标准程序包 STD_LOGIC_1164 中，使用前需首先进行使用说明。

3. 结构体（Architecture）

实体名称和外部端口已经在实体中定义，下一步就是打开"黑盒"，解释实体内部的具体细节，这就是结构体所要描述的内容。结构体主要是描述实体的硬件结构、元件之间的互连关系、实体所完成的逻辑功能以及数据的传输变换等方面的内容。具体编写结构体时，可以从其中的某一方面来描述。结构体对其实体的输入/输出关系描述有三种方式：行为（Behavioral）描述方式、数据流（Dataflow）描述方式（又称为寄存器传输级 RTL 描述）和结构（Structure）描述方式。

（1）结构体表达

结构体的一般表达如例 B-4 和例 B-5 所示。

【例 B-4】

```
ARCHITECTURE arch_name OF e_name IS
    （说明语句）
BEGIN
    （功能描述语句）
END ARCHITECTURE arch_name；
```

【例 B-5】

```
ARCHITECTURE arch _ name OF e _ name IS
  （说明语句）
BEGIN
  （功能描述语句）
END arch _ name ;
```

与例 B-2 和例 B-3 一样，上下两种表式的唯一区别是 IEEE 93/87 标准的不同。前者为 IEEE 93 标准，而后者是 IEEE 87 标准。上例中 ARCHITECTURE、OF、IS、BEGIN 和 END ARCHITECTURE 都是描述结构体的关键词，在描述中必须包含，arch _ name 是结构体名。

有关说明如下：

- 结构体名：由设计者自行定义，是结构体的唯一名称。"OF"后面的实体名表明了该结构体对应哪个设计实体，当有些实体有多个结构体时，这些结构体的命名不可相同。

- 结构体说明语句：该部分位于关键字"ARCHITECTURE"和"BEGIN"之间，对功能描述语句将要用到的信号、数据类型、常数、元件、函数和过程加以说明，需要注意的是，这是在结构体内部，而不是实体内部，所说明的内容只能用于这个结构体。另外，实体说明中定义的 I/O 信号为外部信号，而结构体定义的信号为内部信号，两者区别一定要搞清楚。且在结构体中，不能给常量或信号定义与实体声明中任何实体端口相同的名称。

- 功能描述语句：位于"BEGIN"和"END"之间，具体描述了结构体的行为及其连接关系，有多种不同的描述方式，可以用并行语句，也可以用顺序语句。

说明语句包括在结构体中需要说明和定义的数据对象、数据类型、元件调用声明等。说明语句并非是必需的，功能描述语句则不同，结构体中必须给出相应的电路功能描述语句，可以是并行语句、顺序语句或它们的混合。在 VHDL 程序设计中，一般首先出现的是各类库及其程序包的使用声明，包括未显式表达的 WORK 库的使用声明，然后是实体描述，然后是结构体描述，而在结构体中可以含有不同的逻辑表达语句结构。

注意：在 VHDL 中使用的标识符，如实体名、端口名、结构体名等，需遵从 VHDL 标识符的命名规则。鉴于 VHDL '93 标准的扩展标识符不一定被综合器所支持，在此，我们只讲述所有综合器均支持的 VHDL '87 标准的标识符命名规则：

- 可使用的有效字符为英文字母（A～Z 和 a～z）、数字（0～9）以及下画线"_"。
- 任何标识符必须以英文字母开头，以字母或数字结尾。
- 必须是单一下画线"_"，不能有两个或两个以上的下画线"_"紧连在一起。
- 不能与 VHDL 中的关键字同名。
- 标识符中的英文字母不分大小写。

注意：由于某些 EDA 软件的限制和 VHDL 程序的特点，程序存盘的文件名应该与该程序的实体名一致。

（2）PROCESS 进程语句

从例 B-1 可见，顺序语句"IF THEN ELSE END IF；"是放在由"PROCESS.．END

PROCESS"引导的语句中的,由"PROCESS"引导的语句称为进程语句。"PROCESS"旁的(a,b,s)称为进程的敏感信号表,通常要求将进程中所有的输入信号都放在敏感信号表中。由于"PROCESS"语句的执行依赖于敏感信号的变化,当某一敏感信号(如 a)从原来的'1'跳变到'0',或者从原来的'0'跳变到'1'时,就将启动此进程语句。而在执行一遍整个进程的顺序语句后,便进入等待状态,直到下一次敏感信号表中某一信号的跳变才再次进入"启动-运行"状态。在一个结构体中可以包含任意多个进程语句,所有的进程语句都是并行语句,而由任一进程 PROCESS 引导的语句结构属于顺序语句。

(3)信号属性函数 EVENT

例 B-1 描述的是组合逻辑电路,在时序逻辑电路中,对升降沿的检测是非常重要的,需用到信号属性函数 EVENT。

关键词"EVENT"是信号属性函数,VHDL 通过以下表式来测定跳变边沿:

　　　<信号名>'EVENT

例如:语句"CLK'EVENT AND CLK ='1'"用于检测时钟信号 CLK 的上升沿。

语句"CLK'EVENT AND CLK='0'"用于检测时钟信号 CLK 的下降沿。

短语"clock'EVENT"就是对 clock 标识符的信号在当前的一个极小的时间段 δ 内发生事件的情况进行检测。所谓发生事件,就是 clock 的电平发生变化,从一种电平方式转变到另一种电平方式。如果 clock 的数据类型定义为 STD_LOGIC,则在 δ 时间段内,clock 从其数据类型允许的 9 种值中的任何一个值向另一个值跳变,如由'0'变成'1'、由'1'变成'0',或由'Z'变成'0',都认为发生了事件,于是此表式将输出一个布尔值 TRUE,否则为 FALSE。如果将以上短语"clock'EVENT"改成语句"clock'EVENT AND clock ='1'",则一旦"clock'EVENT"在 δ 时间内测得 clock 有一个跳变,而小时间段 δ 之后又测得 clock 为高电平'1',从而满足此语句右侧的"clock='1'"条件,而两者相与(AND)后返回 TRUE,由此便可以从当前的"clock='1'"推断,在此前的 δ 时间段内,clock 必为 0(假设 clock 的数据类型为 BIT)。因此,以上的表达式可以用来对信号 clock 的上升沿进行检测。

附录 C USB 下载线驱动安装

(1) 将 USB 电缆一端接到仿真器，另一端插入计算机 USB 接口，在桌面任务栏将提示检测到 Altera USB-Blaster。接着会弹出提示，如图 C-1 所示。

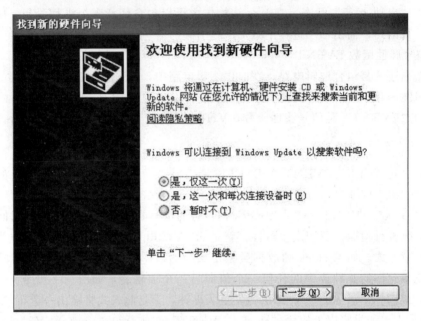

图 C-1

(2) 选择"是，仅这一次"，单击"下一步"按钮继续，如图 C-2 所示。

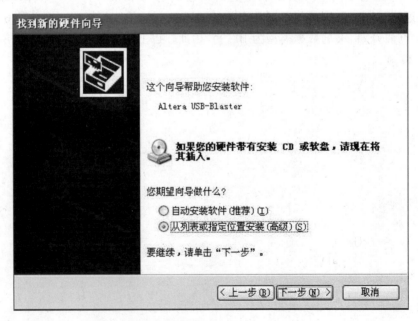

图 C-2

（3）选择"从列表或指定位置安装（高级）"，单击"下一步"按钮继续，如图 C-3 所示。

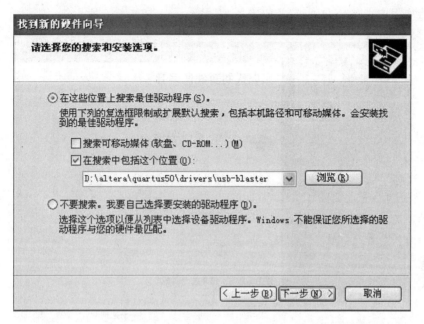

图 C-3

（4）选择"在搜索中包括这个位置复选项，单击"浏览"按钮找到驱动程序的位置。驱动程序就位于 Quartus Ⅱ 安装目录的 Drivers/usb-blaster 子目录下。本例的 Quartus Ⅱ 安装在 D：\ altera \ quartus50 目录下。

（5）单击"仍然继续"按钮，如图 C-4 所示。

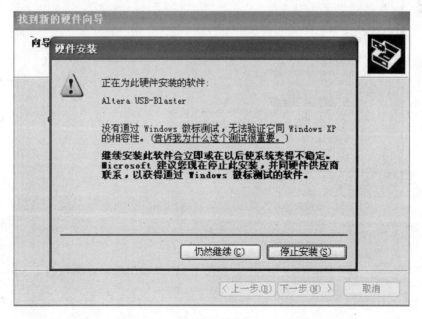

图 C-4

（6）单击"完成"按钮，结束驱动安装，如图 C-5 所示。进入设备管理器，在通用串行总线控制器列表中，将会看到 ALTERA USB-Blaster，如图 C-6 所示。

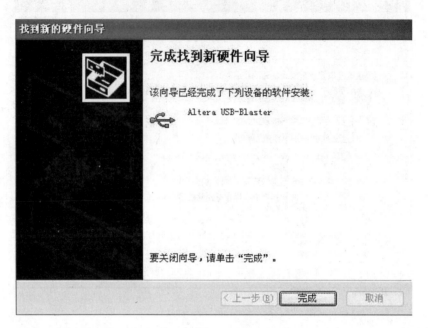

图 C-5

图 C-6

（7）在 Quartus Ⅱ Hardware Setup 中将能看到 USB-Blaster，端口是 USB-0，如图 C-7 所示。

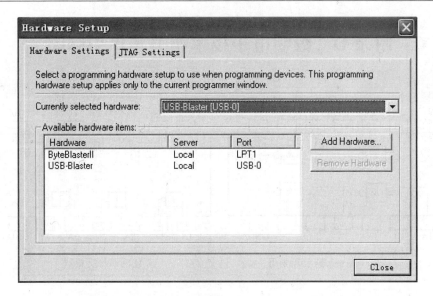

图 C-7

附录 D 数字电子技术相关芯片引脚图

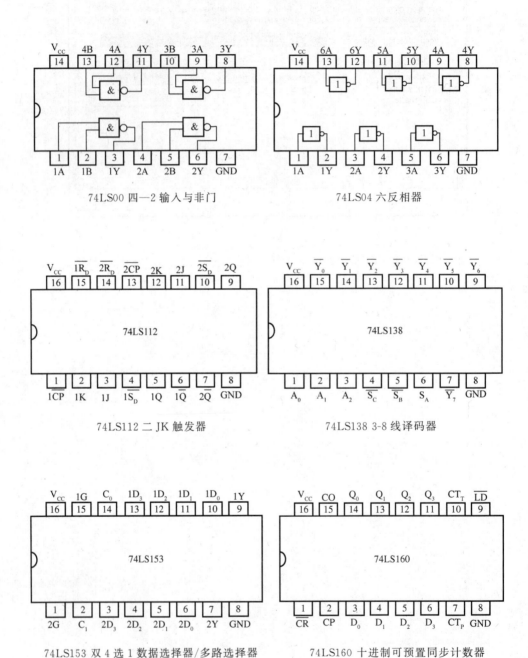

74LS00 四—2 输入与非门

74LS04 六反相器

74LS112 二 JK 触发器

74LS138 3-8 线译码器

74LS153 双 4 选 1 数据选择器/多路选择器

74LS160 十进制可预置同步计数器

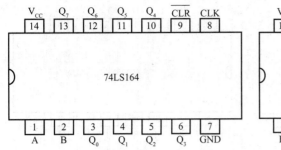

74LS164 MSI 八位移位寄存器

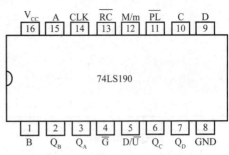

74LS190 可预置 BCD 十进制同步可逆计数器

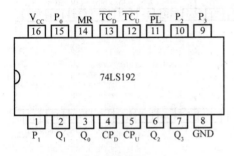

74LS192 十进制可逆计数器

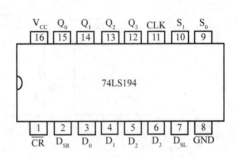

74LS194　4 位双向移位寄存器

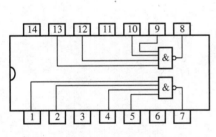

74LS20 二—4 输入与非门

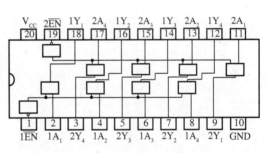

74LS244 八缓冲器/线驱动器/线接收器

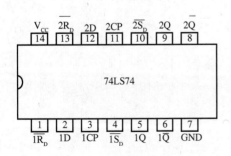

74LS74 二 D 触发器

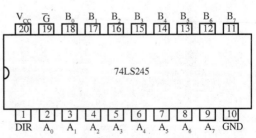

74LS245 双向驱动器/八总线三态接收/发送器

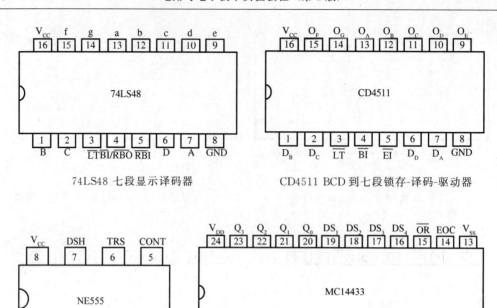

74LS48 七段显示译码器

CD4511 BCD 到七段锁存-译码-驱动器

NE555 555 定时器

MC14433 $3\frac{1}{2}$ 位 A/D 转换器

附录 E 实验预习报告和实验报告模板

××大学××××学院

实验预习报告

第　　次实验

实验名称：_____

学　　院：_____　　班　　级：_____

姓　　名：_____　　学　　号：_____

预习成绩：_____　　审阅老师：_____

实验时间：　　　年　月　日

一、实验目的

二、实验仪器设备与器件

仪器设备名称	规格型号	编　号	备　注

三、实验原理分析

四、实验步骤设计

五、思考题

××大学××××学院

_____实验报告

第　　次实验

实验名称：_____

学　　院：_____　班　　级：_____

姓　　名：_____　学　　号：_____

成　　绩：_____　审阅老师：_____

实验时间：　　　年　月　日

一、实验目的

二、实验仪器设备与器件

仪器设备名称	规格型号	编 号	备 注

三、实验过程记录

四、实验结果处理与分析

五、实验心得体会

附录 F 实验预习报告和实验报告撰写说明

实验预习报告和实验报告是各专业实验教学的重要组成部分，实验预习报告和实验报告可独立成册，也可组合到一处。

实验预习报告主要侧重于实验前的准备工作，回答做什么实验？如何做？目的是使学生在进实验室前对所需进行的实验有完整的了解，深入熟悉实验原理、全面掌握实验步骤和所需测量的数据或希望得到的实验结果。力图达到学生进实验室前对实验已烂熟于心，而不需要老师讲解就可以直接进行实验的目的。

实验报告侧重于对实验结果的处理，实验结论的得出，实验的总结、反思和收获。下面就实验预习报告和实验报告的各部分进行说明。

一、实验预习报告撰写说明

1. 实验目的

具体内容参见实验指导书，撰写时可直接抄录实验指导书。

2. 实验仪器设备与器件

具体内容参见实验指导书，包括实验设备、检测设备、必要的软件，撰写时可直接抄录实验指导书。

3. 实验原理分析

这一部分内容主要对照实验目的和要求，分析实验项目、实验系统的工作原理；对设计性实验进行相关设计并给出设计出的参数。

关键点如下。

（1）画出实验原理图（系统框图及系统电气原理图），分析实验原理；对实验电路进行设计和计算实验结果的理论值。

（2）对器件、设备进行选型，给出所选器件接近设计计算值的标称值，器件、设备的引脚图或外接线端口。

（3）阐述对实验数据处理方法的原理，介绍数据处理软件。

4. 实验步骤设计

这一部分内容主要给出实验的主要过程，必须考虑完成实验的每一个细节。

关键点如下。

（1）根据所设计原理图画出实验接线图，明确芯片、实物器件每一个引脚、端子的接线方式、要求（要指导学生查阅相关手册，或者实验指导书中给出相关数据）。如果不同实验步骤的接线不同，则要按实验步骤分别给出接线图。

（2）给出接线图中所测量参数的测量点，指明所测参数的变化范围。

（3）指明测量每个参数的方法和所对应测量仪表及选用依据。

（4）指明在测量数据之前对实验电路、实验装置所必需的调试整定工作。

（5）对于需要有数据测量的实验，设计出测量数据记录的表格，如果需要测量实验波形的，先画出波形坐标系，对于可以算出理论数据值的，必须先进行理论值的计算并填入表中。

（6）表格和波形的单位和坐标在实验进行过程中，学生根据所测得的数据和波形进行填写，并作为老师实验操作步骤的给分依据之一。

（7）仿真实验必须从原理出发设计仿真图、程序，每一个功能块必须细化到仿真的基本元件、部件，功能块中如果有编制的程序，程序必须给出流程图并设计编制好。

说明：这一部分内容要求较高，需要学生在预习工作上花费较多的时间和精力，同时对实验指导书要求也较高，请各位老师自行考虑如何帮助学生做好预习工作（显然，在此之前老师细致的上课辅导是必不可少的）。

5. 思考题

这部分内容主要是对实验指导书上所提的思考题进行回答，目的是检查学生对相关理论知识的掌握程度，以及考虑实验过程中可能遇到的问题和解决方法。

二、实验报告

1. 实验目的

2. 实验仪器设备与器件

说明：因为这两部分内容在预习报告中已有体现，如果预习报告和实验报告组合到一处，则可以在实验报告中填写：见预习报告。

3. 实验过程记录

这部分内容如下。

（1）画出实验电路图（有了设计元器件数据的原理图）和接线图。

（2）给出实验的详细步骤，给出记录实验数据的表格，并填入实验所测数据和理论计算值，画出实验所得波形图。

4. 实验结果处理与分析

这部分内容主要是对实验数据和实验波形进行处理，具体内容如下。

（1）实验数据的整理和选择，必须有对实验结果处理所进行的计算过程。如果需要借助于软件获得一些结果或曲线，必须指明使用的是什么软件，软件的什么工具，如果是自己编制了处理程序，则必须给出程序框图或源程序。

（2）所得计算值和预习所得理论值的比较，实验结果的误差分析。

（3）实验波形的描述和分析。

（4）对实验过程中遇到的问题和错误进行分析。

5. 实验心得体会

这部分内容主要是对本次实验的总结，具体内容如下。

（1）实验过程当中遇到什么困难和问题（特别是在预习过程中没有预料到的），如何解决？

（2）通过这次实验掌握了哪些知识，哪些理论得到了印证和巩固，还有什么不足的地方。

（3）通过本次实验所得的收获。

（4）对实验内容和实验过程有什么意见和建议。

必须指出，实验预习报告和实验报告的具体内容不是千篇一律的，与开展实验的课程有着密切的关系，在不同的要求下，上述内容不是全部要撰写的，同时各位老师应根据自己课程的特点添加必要的内容。

参 考 文 献

[1]　邱关源主编. 电路（第四版）. 北京：高等教育出版社，1999.

[2]　康华光主编. 电子技术基础模拟部分（第四版）. 北京：高等教育出版社，2000.

[3]　康华光主编. 电子技术基础数字部分（第四版）. 北京：高等教育出版社，2000.

[4]　秦曾煌主编. 电工学（第六版）. 北京：高等教育出版社，2004.

[5]　马鑫金主编. 电工仪表与电路实验技术. 北京：机械工业出版社，2007.

[6]　汪一鸣主编. 数字电子技术实验指导. 苏州：苏州大学出版社，2006.

[7]　王澄非主编. 电路与数字逻辑设计实践. 南京：东南大学出版社，1999.

[8]　王振红，张常年编. 综合电子设计与实践（第二版）. 北京：清华大学出版社，2008.

[9]　李万臣主编. 模拟电子技术基础设计 仿真 编程与实践. 哈尔滨：哈尔滨工程大学出版社，2005.

[10]　刘华章主编. 电子技术实验教程. 北京：电子工业出版社，2005.

[11]　谭会生，翟遂春编. EDA 技术综合应用实例与分析. 西安：西安电子科技大学出版社，2004.

[12]　罗中华，杨戈主编. EDA 与可编程实验教程. 重庆：重庆大学出版社，2007.

反侵权盗版声明

    电子工业出版社依法对本作品享有专有出版权。任何未经权利人书面许可，复制、销售或通过信息网络传播本作品的行为；歪曲、篡改、剽窃本作品的行为，均违反《中华人民共和国著作权法》，其行为人应承担相应的民事责任和行政责任，构成犯罪的，将被依法追究刑事责任。

    为了维护市场秩序，保护权利人的合法权益，我社将依法查处和打击侵权盗版的单位和个人。欢迎社会各界人士积极举报侵权盗版行为，本社将奖励举报有功人员，并保证举报人的信息不被泄露。

举报电话：(010) 88254396；(010) 88258888

传　　真：(010) 88254397

E-mail：dbqq@phei. com. cn

通信地址：北京市万寿路 173 信箱

          电子工业出版社总编办公室

邮　　编：100036